뉴턴、 음양오행설을 만나다

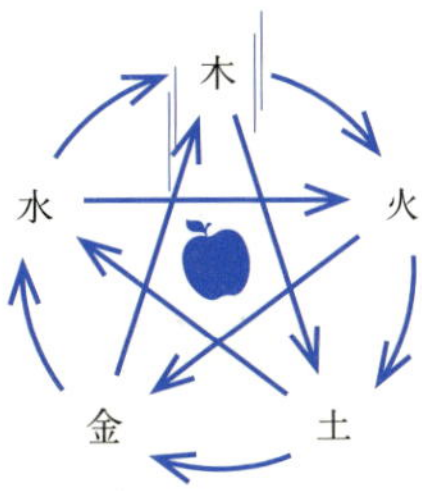

윤용진

知&you
지앤유

책을 펴내며

대학원 시절 과학사학계 원로이신 송상용 교수님(당시 성균관대학교 교수)을 만나면서 과학사에 관심을 가지게 되었습니다. 이를 계기로 15년이 넘는 동안 학교에서 교양으로 '자연과학발달사'를 강의하게 되었습니다. 사실 이 강좌를 구상하게 된 것은 훨씬 오래전 일이었습니다. 처음에는 과학철학과 물리학을 가르치시는 교수님들과 뜻을 같이하여 교양강좌로 개설하였습니다. 비자연계인 인문사회계열 학생들에게 자연과학에 대한 이해가 꼭 필요하다는 것이 개설 이유였습니다. 그러나 몇 년이 지나면서 이런저런 사유로 초기 개설에 참여한 세 담당교수 대신 다른 교수님들이 강좌를 맡아 왔습니다. 개설 초기에는 인문 사회계열 학생만 수강하도록 했던 수강지침도 전 계열로 확대되었습니다. 화학분야에서 이 강좌를 맡고 계시던 교수님의 퇴임으로 다시 이 강좌를 맡게 되면서 오늘에 이르렀습니다.

새롭게 강의를 시작하면서, 단순한 과학의 역사적 고찰보다는 왜, 무엇이, 동서양 과학의 발달에 이런 차이를 가져오게 하였는가를 함께 토론하고 싶었습니다. 나는 본래 유기화학자여서 과학철학이나 과학사적 측면에서는 지식이 깊지 않습니다. 그러나 연구 과정이나 일상에서, 그것도 자주 우리의 전통적인 동양 과학적 사고와 서양 과학적 사고의 충돌을 경험하게 되었습니다. 게다가 고등학교 시절부터 문과와 이과로 나뉘어 공부하고 대학에 들어온 문과 학생은 물론이고, 이과 학생들에게서도 강의 중에 이러한 사고의 충돌을 자주 경험하게 되었습니다. 이러한 사고의 충돌은 곧바로 자연 과목 교과를 이해하지 못하므로 학업이수조차 어렵게 했습니다. 문제는 여기서 멈추지 않았습니다. 그런 학생 중에는 진로를 변경하거나 심지어 학업을 포기하는 학생도 생겼습니다. 이것이 "동서양 과학의 발달상 차이"를 강의하게 만든 동기였습니다. 이 책은 그동안 저자의 강의 내용들을 정리한 것입니다. 어떤 이론을 제시하고 논박하기보다는 관련된 다양한 정보와 지식을 통해 동서양 과학의 발달에 대한 이해를 도우려고 했습니다.

강의는 다음과 같은 내용들을 전개하려고 합니다. 먼저 제1강에서는 간단히 과학과 기술에 대해 생각해 보고 동시에 오늘날 우리가 사용하는 자연과학의 어원에 대해 강의하려고 합니다. 제2강에서는 과학과 기술은 어떻게 발전하고, 무엇이 이들을 발전시키는데 영향을 미쳤는가를 몇 가지 관점으로 살펴 볼 것입니다. 이들 관점에는 사회정치적 관점과 과학의 수단이 된 숫자, 기호와 문자 등을 포함하려고 합니다. 제3강에서는 오늘날 첨단과학의 뿌리가 되는 서양의 근대과학이 어떻게 성립되었으며, 성립에 영향을 미친 요인들은 어떤 것들인가도 간단히 살펴보려고 합니다. 제4강에서는 동서양 자연과학의 발달에 영향을 미쳤을 것이라고 주장하는 학자들의 견해를 중심으로 전개하고 토론해보려고 합니다. 동서양에서는 과학의 전통, 학문의 연원적 특성도 달랐고 물질관이나 자연의 운용원리도 다르게 설명하였던 것 같습니다. 제5강에서는 흔히 과학혁명이라 일컫는 사건이 무엇이며, 어떤 특징을 가지며, 이를 보는 시각이 어떤가를 다룹니다. 아울러 제6강에서는 20세기 새로운 과학기술 시대를 열게 한 사건들을 살펴보고, 이 사건들이 사회나 과학 분야에 어떤 영향을 미쳤는가도 논의할 것입니다. 제7강에서는 오늘날 과학 분야 최고의 명예로 생각하는 노벨상의 사회학적 의미를 생각해보고, 제8강에서는 20세기 과학을 바탕으로 한 오늘날의 첨단과학기술을 보는 사회적·철학적 시각과, 과학의 윤리에 대해 생각해 보려고 합니다. 아울러 미래에 새로운 과학기술이 어떻게 전개될 것인가도 이야기해 보려고 합니다. 마지막 제9강에서는 우리나라의 과학사를 간단히 살펴보고, 동시에 간단한 한의학 역사도 살피려고 합니다.

저는 이 강의를 하면서 한 사람의 과학자로서 늘 제가 해야 할 일들이 무엇인지를 새롭게 깨닫는 시간들이었습니다. 모쪼록 부족하지만 이 강의가 과학을 하는 자나 현대과학의 혜택을 누리는 자 모두에게 왜 동서양 과학이 이렇게 다르게 발달하였는가를 이해하는데 조금이나마 도움이 되기를 바랍니다.

2013년 겨울 가좌동에서

윤용진

차 례

제1강

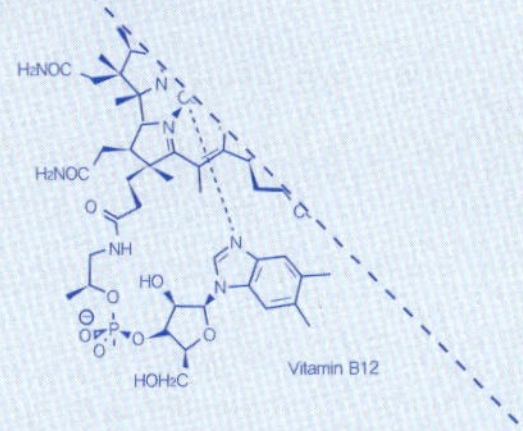

서 론

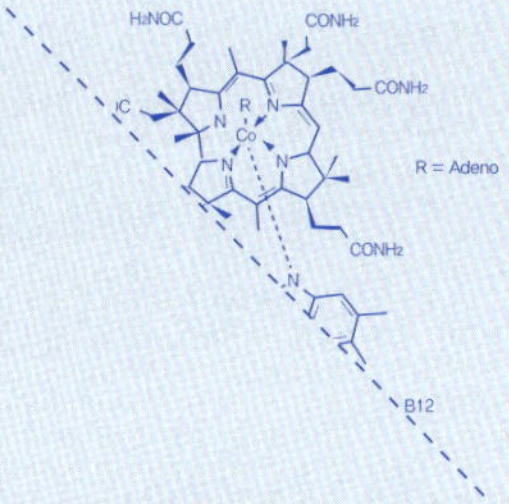

"이성(理性)은 실체요, 동시에 무한한 힘이요 자연적인 생활과 정신적인 생활의 근저(根底)에 놓여있는 그것 자신의 무한한 질료(質料)다. 그리고 질료를 운동시키는 무한한 형식이기도 하다. 이성은 모든 사물이 그것에서 그것들의 존재를 끌어내는 실체이다"

- H. Reichenbach -

제1강

들어가기 전

우리는 오늘날 불과 10여 년 전만 해도 상상하지 못했던 첨단 과학기술 문명의 이기의 혜택을 누리며 살아가고 있습니다. 그러나 이런 과학기술 문명이 어디서 어떻게 우리의 삶 속으로 들어왔는지를 생각하는 것도, 현대를 사는 우리에게 필요합니다. 인류는 언제, 어떻게 기술을 습득하고, 과학을 하게 되었을까? 일반적으로 사용하는 'Natural science'와 자연과학(自然科學)이란 단어는 어디에 근거하는가? 이 강좌에서 이런 내용을 살펴보고자 합니다.

제1강 서 론

1.1 과학과 기술

- 인간은 생각하는 존재이고 만드는 존재이며, 이 속성의 산물이 과학과 기술이다.
- 물질세계의 이해가 곧 자연과학의 시작이다.

과학과 기술은 어떤 차이가 있으며, 그런 차이가 과학과 기술의 태동이나 발전 과정에서 어떤 영향을 미쳤는가를 이해하는 것은 동서양 과학과 기술의 발달을 이해하는데도 필요합니다. 여기서는 먼저 과학과 기술의 본질적 차이가 무엇인가? 살펴보려고 합니다.

사전적으로는 '과학'은 "보편적인 진리나 법칙의 발견을 목적으로 한 체계적인 지식". 넓은 뜻으로는 '학(學)'을 이르고, 좁은 뜻으로는 '자연과학'을 이르는 것으로 정의하며, '기술'은 "과학이론을 실제로 적용하여 자연의 사물을 인간생활에 유용하도록 가공하는 수단"이라고 정의합니다.[1] 여기서는 보다 근원적인 면에서 과학과 기술의 근원을 생각해 보기로 하겠습니다. 물질세계에 대한 연구는 두 가지 관점, 즉 기술적인 면(또는 실적인)과 철학적인 면(또는 이론적인 면)이 있습니다. 과학의 기원은 인간의 본질과 관계가 있습니다. 인간은 "생각하는 존재(Homo sapiens, wise man)"인 동시에 "만드는 존재 (Homo faber, man the creator)"입니다. 이러한 인간의 사색(思索)과 공작(工作)이라는 두 가지 측면의 산물이 곧 '과학(科學, science)'과 '기술(技術, technology)'이라 생각합니다.[2]

과학은 생각하는 인간이 만든 머릿속의 지식체계인데 반해, 기술은 만드는 존재인 인간이 손과 발을 돕기 위해 만들어 낸 일종의 행동양식이라 볼 수 있습니다. 과학과 기술은 추구하는 목적이나 행동양식의 본질적인 차이 때문에 역사적으로 서로 다른 길로 발전해 왔습니다. 과학은 자연현상과 사물의 규칙성을 이해하기 위한 탐구적 활동이며, 과학의 동기는 어떤 자연현상에 대한 호기심과 흥미입니다. 기술은 이런 과학지식을 응용하거나 자연을 통제하는 기능적인 활동입니다. 과학자들은 복잡한 자연현상들을 일반적인 어떤 틀로 일반화시킬 수 있으며, 그러한 일반화된 체계를 통해 또 다른 자연현상을 분석하고 타당성을 부여함으로서 일관성, 합리성, 정확성, 체계성 등을 추구하려고 합니다. 과학자들은 연구결과를 발표하여 관련 정보를 여러 사람에게 제공하고, 결과에 대한 동료 과학자들의 비판과 동의를 구합니다. 과학자들에게 과학적 사실에 대한 논쟁은 아주 당연한 것으로 생각하므로, 얻어진 과학적 결과에 대해 발표할 필요성을 느낍니다. 그러나 기술자들에게는 당면한 과제를 해결하는 것이 더 중요하며, 다른 기술자들의 동의나 비판은 중요하지 않기 때문에 새로운 기술 정보를 발표해야할 필요성을 느끼지 않는다는 점에서도 차이가 있다고 보는 겁니다[3]. 그러나 과학과 기술은 서로 영향을 주고받으면서 상호 보완적으로 발전하기도 합니다. 과학과 기술의 관련성에 대해서는 제8강에서 더 논의하기로 하겠습니다.

실용적인 목적으로 지식을 적용하는 기술은 과학이 시작되기 전부터 발생했고 선사시대부터 유래되었습니다. 초기 인류는 불을 사용하여 물질에 화학변화를 일으켰습니다. 예를 들어, 초기 인류는 음식을 익히고 도자기를 굽고, 구리 같은 금속 생산을 위해 불을 사용하여 광석을 녹였습니다. 또, 발효에 의해 맥주와 포도주를 만들었고, 식물로부터 염료와 약품을 얻었습니다. 이런 기술과 다른 많은 기술들이 과학적 원리에 대한 근본적인 이해 없이 이루어졌습니다. 고대 서양이나 그리스 또는 중세 서양에 까지 서양의 과학은 사회적으로는 지배층의 학문이었고, 기술은 노동자나 농민 또는 노예계층의 생산수단이었으며 노동의 도구요 전재의 무기였다고 봅니다.

1.2 기술이 먼저일까? 과학이 먼저일까?

- 기술은 과학 이전부터 있었다.
- 학문은 기술, 철학 그리고 과학의 순으로 발생했다.

과학 철학의 시대는 인간이 신화에서 이미 설명하고 있는 사실에 대해 '물음'을 제기함으로써 시작되었다고 봅니다. 최초의 철학자라 알려지는 탈레스(Thales, 기원전 6세기)는 "세상이 무엇으로 되어 있을까?"라고 물었습니다. 이러한 물음은, "이미 세상이 어떻게 생겨났는지"에 대한 신화적 설명에 의문을 품었다는데 그 중요성이 있습니다. 철학이 모든 학문의 시작이라고 부르는 이유도 이러한 태도와 연관된다고 생각합니다. 신화의 세계에서는 '앎'의 진보가 있을 수 없습니다. 학문의 시작과 진보는 인간 자신과 주변 환경을 새로운 눈으로 바라보고, 그에 대해 의문을 품을 때 시작됩니다.

오늘날 눈부신 과학기술의 발전의 밑바탕에는 철학적 태도가 있는 것은 물론입니다. 기술과 철학의 관련성이 여기에서 시작된다고도 할 수 있습니다. 소크라테스(Socrates, 약BC470-BC399)나 플라톤(Platon, 약BC428-BC 347)의 정신철학은 "삶의 방법"과 관련이 있는 것이라 볼 수 있으므로, 곧 과학은 이 시기부터 시작되었다고 봅니다. 스승 플라톤이 초감각적인 이데아의 세계를 존중한 것에 대해, 아리스토텔레스(Aristoteles, BC 384-BC 322)는 인간에게 가까운, 감각되는 자연물을 존중하고 이를 지배하는 원인들의 인식을 구하는 현실주의 입장을 취하였다고 합니다. 아리스토텔레스는 학문적인 "인식은 사물이 지닌 필연적인 관련을 그 원인에 따라 인식하는 것에 있다"고 생각하고, 운동하고 변화하는 감각적 사물의 원인에 대한 연구가 자연학(自然學)이라고 하였습니다. 아리스토텔레스는 다음과 같이 네 종류의 원인(사인론, 四因論)으로 자연을 설명하였습니다. 첫째는 사물을 이루고 있는 소재나 성분인 질료인(質料因), 둘째는 사물의 형상이나 모양의 원인인 형상인(形相因), 셋째는 사물이 형성되는 원인이 되는 힘의 원인인 동력인(動力因), 마지막 넷째는 사물 형성의 운동이 지향하여 이루어지는 목적 내지는 목표의 원인인 목적인(目的因)이 그것입니다. 이 가운데 형상인, 동력인 및 목적인은 자연물에서는 하나이므로, 결국 질료(質料)와 형상(形相)으로 자연물은 이루어지고, 질료 내에서 형상이 자기를 실현해 가는 생성발전의 과정으로서 자연의 존재는 파악된다고 본 것 입니다.

한편, 인류가 번성하면서 시대적으로 만들어진 문명의 산물을 기준으로 살펴보는 것도 흥미가 있습니다. 고대부터 근대까지 자연과학의 몇 몇 분야가 어떻게 발전되어 왔는가를 서구를 중심으로 인류 문명사 측면에서 간단히 살펴봅시다. 인류 과학기술의 시작은 구석기 이전에 불의 발견과 더불어 이미 시작되었습니다. 불을 다루게 되면서 인류는 추위를 극복하고 맹수로부터 보호받을 수 있게 되었고, 추위와 맹수들의 위험으로부터 벗어나면서 인류는 자연을 다스리는 위치를 확보할 수 있었습니다. 그 결과로 집단생활이 가능하고, 식물을 재배하며 동물을 길들이기 시작하였습니다. 불의 사용을 이용하면서 불에 구운 단단한 토기의 생산이 가능해졌고, 기술의 발달로 구석기시대에는 타제석기나 주먹도끼의 생산도 가능해졌던 겁니다. 신석기에 들어와 돌을 갈아서 용품을 만들고 청동기에 와서 구리를 이용한 청동 검을 만들게 되었습니다. 철광석에서 철을 제련하는 기술이 발견되면서 철기시대를 맞게 되고, 놀라운 발전을 거듭해 산업혁명시기를 이루게 되었습니다. 따라서 중석기 시대에 농업과 생태학이 태동하였다고 볼 수 있으며, 제련이 가능해지면서 청동기를 맞고 이어서 철기시대가 도래되었다고 보여 집니다. 청동기에 금속 제련기술이 발달하였으므로 야금학(冶金學)의 태동기로 볼 수 있습니다. 철기시대에는 이미 기하학을 비롯한 천문학, 물리학 그리고 화학 등이 발생하였다고 봅니다. 이어서 근대 자연과학이 형성되었고, 근대 자연과학은 16세기 중엽 코페르니쿠스(Nicolaus Copernicus, 1473-1543)의 지동설에서 시작되어 케플러(Johannes Kepler, 1571-1630)와 갈릴레이(Galileo Galilei, 1564-1642)를 거친 다음 17세기 후반 뉴턴(Sir Isaac Newton, 1642-1727)에 의해 종합화되고 체계화되었다고 생각합니다. 따라서 근대 자연과학의 과학혁명은 코페르니쿠스에서 시작되어 뉴턴에 의해 마감되었다고 볼 수 있습니다. 이시기부터 자연과학은 놀라운 속도로 발전하고, 여기에 컴퓨터와 계산기의 개발로 인류는 과학문명을 꽃을 피우게 되었습니다. 아울러 자연과학은 관련 있는 주변 과학의 발전으로 만질 수 있고 눈으로 볼 수 있는 시각적인 과학으로부터, 매우 작은 분자 수준의 미시적인 과학으로 발전해왔습니다. 그 결과 오늘날 나노 및 초분자과학이나 생명공학 기술이 탄생하고 발전하게 되었습니다. 미래의 과학은 얼마나 더 크고 작은 것과 얼마나 더 빠른 과학의 세계를 보여줄 수 있을까? 매우 흥분되고 기다려지기도 합니다.

인류 문명사 분류표*[4]

문명시대	시 기	산 물	발생 학문
불의발견	142만 년 전**	불의 이용	
토기시대	70만년 이전	각종 토기	
구석기시대	약70 만 년 전부	타제석기, 주먹도끼, 동굴 터	
중석기시대	BC8000년경부터	동물 길들이기, 식물재배	생태학, 농학(농업혁명)
신석기시대	BC6000년경부터	마제석기, 움집, 부족 공동체	
청동기시대	BC10세기경부터	간 돌검, 고인돌, 청동 검, 금속제련, 도시혁명	야금학
철기시대	BC4 세기경부터	장식용 철제 검에서부터 산업혁명까지	기하학, 천문학, 물리학, 화학
과학혁명기	16-17세기	근대과학 형성, 발달	지동설, 근대수학
반도체시대	20세기 중반부터	컴퓨터, 계산기 등 현대 문명	전산학, 컴퓨터공학
나노시대	21세기 초부터	?	나노과학, 초분자과학, 융합과학

*1) 인류가 사용한 소재 (Material)와 공정 (Processing)에 따라 분류한 것이다.
2) 오늘날에는 중석기시대라는 용어는 인류문화의 범세계적인 발전단계를 반영해주는 말로 잘 쓰이지 않지만 이해를 돕기 위해 사용하였다.[5]

1.3. Natural science의 어원

- 'Nature자연'은 라틴어 Nasci의 과거분사인 Natus 에서 유래되었다.
- Science라는 용어는 라틴어의 Scientia 로부터 유래되었다.
- 자연철학(natural philosophy)이라는 명칭이 자연과학(natural science)이라는 명칭으로 대체되었다.

고대 인류는 자연의 모든 변화에 대한 지식이 적었기 때문에 천재지변과 같은 특별한 자연현상은 신(神)에 의해 지배된다고 생각하였고, 따라서 서구에서는 신과 인간을 분리하여 생각하게 되었습니다. 따라서 우주는 신의 세계와 인간의 세계로 구분하게 되고, 신의 세계는 종교 형태로 발전하였습니다. 나아가서 인간의 세계는 물질의 세계와 인간인 자기 자신을 이해하려고 시도하였습니다. 그러한 시도가 학문의 형태로 발전해왔다고 봅니다. 이러한 물질세계의 이해를 위한 시도가 곧 자연과학(自然科學)의 시작이라 보는 것입니다.

고대로부터 근현대까지, 철학은 자연철학과 윤리철학으로 나뉘어 있었습니다.

물질세계의 이해를 구체적이고도 체계적으로 시도한 시초의 사람들은 그리스인이었을 것이라 생각합니다. 그들은 “이러한 지식의 추구”를 ‘Phiosophia(영어로 philosophy)’라고 했는데, 이 말은 그리스어의 ‘philos(love라는 뜻)’와 ‘sophia(wisdom의 뜻)’에서 유래된 것이며, “지식을 사랑한다”라는 의미입니다.

한편, ‘Nature(자연)’은 라틴어 ‘Nasci’의 과거분사인 ‘Natus(to be born; 부존한다)’에서 나온 말로 보고 있습니다. 따라서 ‘Nature’라는 말은 “이미 실존하는 모든 것, 즉 기존의 모든 창조물이 포함”된 말입니다. 내적인 정신보다 자연을 대상으로 하는 철학을 ‘자연철학(Natural philosophy, 오늘날 물리학)’이라고 하였습니다. 그러나 이런 생각은 잘못된 것으로 인식되면서, 오늘날에는 ‘자연과학(Natural Science)’혹은 ‘과학(Science)’이라고 합니다. ‘Science’라는 용어는 라틴어의 ‘Scientia(지식)’로부터 유래된 것으로 생각합니다. 1800년대에 자연철학(natural philosophy)이라는 명칭은 서서히 자연과학(natural science)이라는 명칭으로 대체되었습니다. 자연과학은 점차 물리학, 생물학 및 화학 등의 현재 존재하는 분야들로 세분화되었습니다.

1.4 自然科學의 어원

- 도덕경에 '자연(自然)' 이란 단어가 나타난다.
- '과학(科學)' 이란 용어를 처음 사용한 사람은 일본의 철학자 니시 아마네이다.
- 自然(자연)과 科學(과학)이라는 두 단어를 관련 지운 사람은 이토 도꾸타로이다.

한자문화권에서 사용하는 '자연(自然)'이라는 단어는 언제부터 사용했을까? 이에 대한 답은 명확하지 않으나 기원전 300 년경에 노자가 쓴 중국의 도덕경에 '인법지(人法地), 지법천(地法天), 천법도(天法道), 도법자연(道法自然)'과 '희언 자연(希言 自然)'[1]이라는 말에 나타납니다. 이 도덕경에서의 '自然(자연)'이라는 의미는 "외적 사물의 집합적 총체가"가 아니라, "원래부터 그대로 있는 것" 또는 "우주의 순리"를 뜻합니다.[6, 7]

후한 시대의 허신(許愼)이 쓴 '설문해자(說文解字)'에 의하면 상형문자인 '自'는 코의 형상을 하고 있다고 합니다. 즉 자신을 지칭할 때 코를 가르치는 것으로 '自'는 곧 자기 자신 또는 스스로를 의미한다고 합니다. 나아가 '然'은 고대문헌에서 사물의 어떤 상태 등을 표현하므로, 자연은 "스스로 있는 그러한 상태"를 의미합니다. 중국에서 탄생한 상형문자인 '自然'이 우리나라에는 12세기 중엽까지, 일

---

1 "인법지(人法地), 지법천(地法天), 천법도(天法道), 도법자연(道法自然): 사람은 대지의 변화에 따라 생활하고, 대지는 하늘의 운행을 따라 변하고, 하늘은 도에 따라 운행되고, 도는 그 자신을 따라 운동 한다"라는 의미입니다.

본의 경우는 에도시대(江戶時代) 이전 까지는 전파되었으나, 오늘날 'nature'의 번역어로 사용되는 "외적 사물의 집합적 총체"라는 의미의 '自然'과는 다르게 "스스로 그러하다"라는 사물의 자발적 상태를 표현했다고 보여 집니다.

동양에서 '과학(科學)'이란 용어를 처음 사용한 사람은 일본의 철학자 니시 아마네(西周, 1829-1897)로 알려져 있습니다. 그가 처음으로 '과학'이란 말을 만든 것은 1874(明治 7)년 '명륙잡지(明六雜誌)'에 연재하던 '지설(知說)'이란 글에서 '과학'이란 단어를 처음으로 그것도 단 한 번 사용했습니다. 당시만 해도 전문화되는 각 "분과(分科)의 학(學)"이란 정도의 뜻으로 쓴 표현이었습니다. 아울러 니시 아마네(西周)는 그가 쓴 책 '백학연환(百學連環)'에서 그 외의 많은 학술 번역어를 만들어 냈던 것으로 알려져 있습니다. 예로, 학술(學術, science and art), 기술(技術), 예술(芸術), 철학(哲學) 등이 있습니다.

한편 중국에서는 언제부터 '과학'이란 말을 사용하기 시작했는지 분명하지는 않으나, 중국의 '중국역사대사전'의 과학기술사 편에 이 말이 원래 일본에서 번역어로 처음 만들어졌으며, 그 후 중국에서도 이를 채택해 쓰게 되었다고 밝히고 있습니다.[8]

자연(自然)과 과학(科學)이라는 두 단어가 관련 지워진 근거는 19세기말 이토 도꾸타로(伊藤 篤太郎)의 1898년 6월 발간된 박물학 잡지에 최초로 나타납니다. 이때 '자연적 과학'에 'Natural science'라는 영어를 붙였습니다. 이 용어가 등장하자 빠르게 파급되었습니다. 이러한 영향은 유학생들을 통해 우리나라에도 미쳤습니다.

우리나라에서 "외적사물의 집합적 총체"의 의미로 자연을 사용한 것은 1906년 '태극화보'의 논설에서 부터라고 봅니다. 비슷한 시기에 당시의 일본 유학생들을 통해 자연스럽게 '자연과학'이라는 용어도 습득된 것으로 보입니다.

제2강

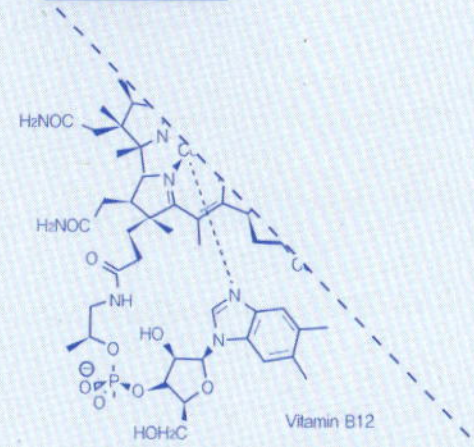

과학기술의 발달에 영향을 준 요인은 무엇인가?

2.1 세계관은 과학에 어떤 영향을 미치는가?
2.2 전쟁도 과학을 발전시켰다
2.3 과학이 정치를 만나다
2.4 기호와 문자가 과학발달을 가속화했다
2.5 숫자의 발견이 과학발달에 영향을 미쳤다
2.6 문자의 발견과 정보 전달 방법도 과학발달에 기여했다
2.7 과학단체의 출현도 과학발달에 영향을 줬다

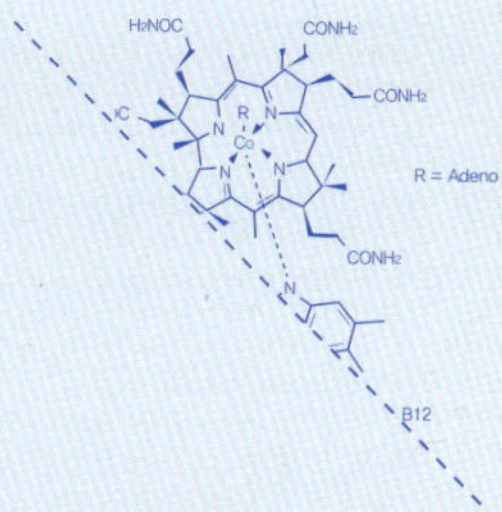

"과학은 우리가 아는 것이고, 철학은 모르는 것이다."

- Bertrand Russel -

제2강

들어가기 전

과학과 기술은 필요에 따라 진보하고 발전하지만, 과학을 표현하고 전달하는 방법이나 동시대를 살아가는 사람들의 생각에 의존되기도 합니다. 논리적이고 객관적이라는 과학의 속성 때문에 과학을 표현하고 서술하기 위해서는, 이에 걸맞은 표현과 서술 방법이 필요합니다. 인류는 과학의 내용을 담는 기호와 문자를 창안했고, 논리적 표현의 방법으로 수학화를 선택하였습니다. 따라서 기호와 문자의 발견과 수학의 발전 정도, 그리고 그 시대의 세계관 등에 따라 과학과 기술의 진보 방향이나 수준이 결정되었다고 봅니다. 그렇다면 실제로 어떤 요인들이 얼마나 영향을 미쳤는가를 살펴보기로 하죠. 기호와 문자의 발견, 과학의 수학적 표현, 근대 서양에서의 과학단체의 출현, 인쇄술과 같은 과학정보의 전달방법과 시대의 사상과 권력자의 생각이 과학발달에 미친 영향들을 간단히 살펴보기로 하죠.

제2강 과학기술의 발달에 영향을 준 요인은 무엇인가?

2.1 세계관은 과학에 어떤 영향을 미치는가?

- 그리스인의 세계관에서 지속적인 변화와 성장의 개념은 없었다.
- 과학은 세계관의 영향을 받기도 하고, 영향을 미치기도 한다.
- 기독교 중심으로 변하면서 새로운 세계관이 형성되었다.
- 현대인에게 있어 역사는 기술발달의 과정이다.

세계관(世界觀)이란 "자연적 세계 및 인간 세계를 이루는 인생의 의의나 가치에 관한 통일적인 견해"로 정의합니다. 오랫동안 인간은 자신의 생활을 구성하는 기준이 되는 틀을 만들어야 하는 필요성을 느껴왔습니다. 일상에서 마주치는 '어떻게(How)?' '왜(why)?'를 설명할 수 있는 질서 확립의 필요성은 어느 시대 사회에서든지 발견되는 문화형성의 필수요소입니다.[1]

이 세계관은 민족성, 전통, 교육, 운명 따위를 기반으로 하며, 낙천주의, 염세주의, 숙명론, 종교적 세계관, 도덕적 세계관, 과학적 세계관 따위로 구분될 수 있습니다. 과학적 세계관을 따로 구분한다고 해도 같은 시대를 살아가는 사람들의 종교적 세계관이나 도덕적 세계관에 크든 작든 영향을 받을 수밖에 없습니다. 세계관은 인간이 자신의 생활을 구성하는 기준이 되는 틀이기 때문입니다. 즉, 어느 사회의 사람이든 이 세계관이 자신의 행동방식이나 인식방법에 어떻게 영향을 미치고 있는 가를 의식하지 못한다 해도, 세계관은 우리의 현실 인식과정에 강력한 영향을 미칩니다. 따라서 과학이나 학문의 발달과정을 이해하려할 때 그 시대의 세계관을 살펴볼 필요가 있습니다.

철학자 노트로프(Filmer S. C. Northrop)는 "양자역학이나 물리학의 이론이 물리적이고 또 철학적인 가정을 바탕으로 만들어져서 이것을 이해하기 위해서는 또한 서양문명을 이해해야 합니다. 이러한 과정에 개인의 가치관과 사회관이 바뀌게 된다"고 주장합니다. 즉, 과학문명은 개인의 가치관과 사회관에 대한 변화, 다르게는 세계관에 대한 변화를 유발하게 된다는 것입니다.

우리가 평소에 생각하고 행동하고 느끼는 방식의 근원은 그 삶이 가지고 있는 사상이나 경험을 바탕으로 생각하는 것에서부터 시작되며, 이러한 개개인의 생각이 모여지고 엮여져 시대의 큰 패러다임이 만들어지는 것입니다. 여기서는 고대 서양에서 근대과학이 발생하는 시기의 그리스인의 세계관과 기독교적인 세계관, 그리고 오늘날의 세계관은 어떠한지 간단히 살펴보기로 하겠습니다.

그리스 신화시대의 세계관은 순환과 몰락으로 표현할 수 있습니다. 즉, 그리스 신화의 역사는 "황금시대-은의시대-청동시대-영웅시대-철기시대" 등 5단계로 구분되며, 고대 로마 시인인 호라티우스(Quintus Horatius Flaccus, BC65-BC8)는 "시간은 세계의 가치를 떨어뜨

린다"라고 했습니다.[2] 이런 생각은 세상은 신이 창조하였고, 창조된 그 순간부터 쇄락의 길로 가고 있다고 생각하는 것이죠. 결국 우주는 혼돈을 향해 가고 있고, 역사는 쇄락해 가는 과정의 순환이라고 생각했습니다. 따라서 당시 그리스 인의 세계관에서 지속적인 변화와 성장의 진보적 개념을 엿 보기는 어렵습니다.

유럽의 다신(多神) 종교가 유일신적인 기독교 중심으로 변하면서 새로운 세계관이 형성되는 계기를 맞습니다. 많은 학자들이 근대과학의 성립과 발전에 기독교가 지배적인 영향을 미쳤다고 주장하지만, 구체적으로 어떤 역할을 했는가? 에는 의견이 많습니다. 여기서는 기독교 세계관을 역사와 자연인식이라는 두 가지 관점에서만 간단히 살펴보기로 합니다. 하나는 기독교가 서유럽을 지배하면서 중세 전반에 걸쳐 그리스의 신화적인 순환의 개념에서, 역사를 쇄락의 과정으로 인식하는 변화가 일어났습니다. 즉, 기독교 신학에서는 창조, 구원, 최후의 심판의 과정으로 보았고, 사회를 구원을 얻기 위한 거대한 유기체로 인식하기도 하였습니다. 이 시대의 역사적 틀은 자유와 권리가 아니라 책임과 의무에 의해 유지되었다고 보는 것입니다. 또 다르게는 기독교적 세계관의 신학적 배경은 "하나님의 절대주권(칼뱅주의 관점에서)"이고 "인간에게는 자연의 지배권이 주어져 있다."고 하는 인식입니다. 이러한 사고는 곧 자연이 성스러운 숭배의 대상이 아니라, 단순한 물적인 대상으로 인식하는 계기가 되었다고 봅니다. 이런 주장에 동의하는 어떤 학자들은 오늘날의 환경오염 책임을 기독교에 돌리기도 합니다. 이러한 자연에 대한 인식의 변화는 당시 시대를 지배하던 스콜라 신학에 반하는 것이어서, 종교와 과학이 충돌하는 계기가 되었다고 봅니다. 즉 스콜라 학파의 신앙과 이성의 관계는 "알기위해 믿고, 믿기 위해 알며, 나는 지식과는 상관이 없다"는 식이었습니다. 그렇다면 당연히 이들 다른 세계관을 가진 두 집단의 자연에 대한 인식이 다를 수밖에 없었을 것이라는 생각입니다.

한편, 오늘날의 기계론적 세계관은 프랜시스 베이컨(Francis Bacon, 1561 -1626), 르네 데카르트(Rene Descartes, 1596-1650), 아이작 뉴턴(Isaac Newton, 1642-1727)에 의해 시작되었습니다. 소르본 대학의 자크 튀르고(Jacques Turgot, 1727-1781) 교수가 말하는 현대적 세계관은 "역사는 일직선으로 진행하는 것이 아니며, 각 단계는 앞선 단계보다 진보한 모습을 보여 준다"는 것입니다. 역사는 축적의 산물임과 동시에 진보한다는 것입니다. 튀르고는 역사의 순환과 지속적인 쇄락을 거부한 것이며, 세계사에 진보라는 새로운 개념을 처음으로 부여하였습니다. 오늘날 인간은 우주의 정교함에 감탄하고 이를 지구상에서 그대로 재현해 보려고 합니다. 현대인에게 있어 역사는 기술발달의 과정입니다. 결국, 과학은 지난 시대나 당시의 세계관의 영향을 받으며, 당연히 미래 인류의 세계관에 영향을 미치기도 할 것입니다. 그렇다면 오늘날의 첨단과학이 미래 인류에게는 어떤 세계관을 형성할까요?

2.2 전쟁도 과학을 발전시켰다

- 과학과 권력은 공생관계에 있다.
- 과학도 전쟁 때문에 비약적으로 발전했다.

권력과 과학 양자 간의 상호의존은 누구로부터 비롯된 것인가? 정치가나 군인과 같은 권력의 소유자와 과학자의 불가분의 관계를 생각해 보는 것도 과학사적 측면에서 흥미가 있습니다. 권력을 향한 인간의 끝없는 욕망과 경쟁의 역사를 보면, 과학사와 정치/전쟁의 역사를 결코 따로 분리시켜 이해할 수 없게 만듭니다. 권력을 얻기 위해 과학이 어떻게 이용되고, 또 그 경쟁에 어떻게 이바지했는지 그들의 공생관계를 이해하는 것은 과학 사회학적으로 중요합니다. 여기서는 어니스트 볼크먼(Ernest Volkman)의 "전쟁과 과학, 그 야합의 역사" **[3]**에서 언급하고 있는 내용을 중심으로 간단히만 살펴보기로 하죠.

과거를 돌아보면, 대포나 원자폭탄 등과 같은 대량 살상 무기 개발에 얽힌 과학의 역할과, 아울러 당대의 대과학자들이 군사기술 개발에 연류 될 수밖에 없었던 뒷이야기를 살펴보는 것도 흥미롭습니다. 또 일상에서 쉽게 접하는 컴퓨터, 통조림과 전자 랜인지 등이 군사과학의 산물임도 알 수 있습니다. 과학이 불순한 의도를 가진 정치가나 군인이 전쟁에 이용하기 위해 일방적인 지원을 해왔다고 생각하는 것은 무리가 있습니다. 전쟁이 과학의 힘을 빌려 흉포화 되기도 하였지만, 과학 자체도 전쟁 때문에 비약적인 발전을 하게 되었음은 인정해야 합니다. 몇 가지 사건들을 통해 과학과 전쟁의 상호의존성과 그 산물들을 살펴보죠.

인쇄기술이 기술전쟁 시대를 열었다

전쟁사에서는 근대 전쟁시대를 15세기 이후부터 현대까지로 구분하는데, 이 시기는 인쇄술과 화약이 발명되고 교통이 발달한 시대입니다. 이시기를 기술전쟁시대라고도 합니다. 이 기간을 다시 여명시대(1450-1520)와 종교전쟁시대(1520-1648), 전제정치시대(1648-1789), 산업·국가주의시대(1789-1914), 세계대전시대(1914-1945) 및 현대(1945-)로 구분합니다. 여명시대의 주 무기였던 칼, 창, 활과 화살 등이 화약과 총포로 바뀌고, 기사(騎士)나 기병대신 소총을 휴대한 보병으로 교체되었으며, 성곽과 망루 같은 요새시설이 대포의 발달로 인해 빛을 잃었습니다. 에스파냐와 스위스 등의 군대에서 처음으로 채택된 화기가 16세기 초에는 이미 각국 군대의 표준무기가 되었고, 30년 전쟁(종교전쟁)과 전제정치시대에 군인들의 주 무기가 되었습니다. 종교전쟁시대와 전제정치시대를 거치면서 인쇄술의 발달로 다양한 군사지식이 전파되었고, 그 영향으로 유럽 대부분의 국가들이 군사력의 조직화/체계화 방법, 병참지원 방법/조직화가 이루었습니다. 아울러 원정계획의 사전준비 등이 가능하게 되었습니다. 곧 군사지식의 확산이 군사혁명을 이끌었고, 전쟁에서의 과학의 필요성을 알게 되었습니다.

다빈치와 수학자 네이피어도 무기를 고안하다

레오나르도 다 빈치(Leonard da Vinci, 1452-1519)는 이탈리아 르네상스를 대표하는 화가이자 조각가, 발명가, 건축가, 기술자, 해부학자, 식물학자, 도시계획가, 천문학자, 지리학자 및 음악가였습니다. 다 빈치는 호기심이 많고 창조적인 사람이었고, 여러 가지 착상 등을 즉시 스케치하였다고 합니다. 다 빈치가 남긴 연구 노트 목록에는 독화살, 큰 낫을 단 전차, 박격포, 소형 무기용 탄약통, 공기총, 증기동력 캐터펄트[1], 로켓발사기, 헬리콥터, 철갑차량 그리고 독가스도 포함되어 있었다고 합니다. 그러나 그 스케치와 더불어 해당 무기들이 개발되어 사용됨으로서 일어날 수 있는 예상된 일에 대한 일종의 양심선언 같은 기록의 흔적도 찾을 수 있다고 합니다. 다 빈치는 어떤

1 캐터펄트(catapult)는 항공모함의 비행기 사출장치이며, 비행기를 발사하여 이륙하는 것을 돕는데 이용한다.

생각을 했을까요?

한편, 수학의 로그(log)를 발명한 것으로 유명한 스코틀랜드의 학자인 존 네이피어(John Napier, 1550-1617)는 귀족 가문에서 태어나 그 시대의 정치와 종교적 논쟁에 대부분의 정열을 쏟았던 상류층 사람이었습니다. 그는 격렬한 반천주교주의자였고, 동시에 수학과 과학의 전문가였습니다. 네이피어가 사망한 후에 신기한 무기들을 공책에 설계해놓았다는 사실이 밝혀졌습니다. 그는 어떤 이유에서 미래의 여러 가지 잔인한 전쟁무기들에 대하여 설계도와 그림을 곁들여 예언한 책을 저술하였는지는 명확하지 않습니다. 공책에는 잠수함과 탱크도 그려져 있었지만, 그 중에서도 가장 믿어지지 않는 무기는 그가 단지 '대량살상무기'라고만 기술해놓았던 작품이었습니다. 그것은 4제곱마일 안에 있는 모든 생명체를 전멸시킬 수 있는 무기였습니다. 몇몇 전문가들은 그가 고안한 무기가 일종의 핵무기 같은 것이었을 수 있다고 말하기도 합니다. 그러면, 네이피어가 원자(atom) 안에 엄청난 에너지가 숨어 있다는 사실을 깨달은 것일까? 그러나 네이피어가 살던 시대는 원자에 대한 구체적인 정보가 없었고, 또한 돌턴의 원자설이 나오기 훨씬 전이었으므로 이러한 추측은 다소 무리가 있어 보입니다. 그의 작품 일부는 실제로 제 1차 세계대전 중에 이것들은 기관총, 잠수함 및 탱크로 각각 실현되기도 하였습니다.

세계대전 때문에 많은 생활용품이 만들어졌다

오늘날 우리가 일상생활에서 사용하는 많은 제품들이 1, 2차 세계 대전을 치루면서 얻어진 산물들입니다. 전쟁 중에 밀폐된 공간에서 사용하기 위해 만든 살충제가 오늘날의 에어로졸 캔(aerosol can)

을 낳고, 2차 대전 당시 동남아가 주 생산지였던 천연고무를 대체할 목적으로 개발된 것이 합성고무입니다. 이렇게 제조한 합성고무는 천연고무에 비해 가공성이 뛰어나고 강도나 내구성이 우수하여 다양한 용도로 이용될 수 있었습니다. 그 중 대표적인 것이 고무바퀴나 고무 벨트의 개발과 생산입니다. 이 고무바퀴의 개발은 오늘날 전 세계의 자동차 산업이나 비행기 산업 등을 가능하게 한 엄청난 과학적 산물입니다. 지금은 웬만한 가정이면 가지고 있는 전자레인지도 레이더에 사용된 공동 마그네트론[2] 곁을 지나가다가 주머니에 있던 초콜릿이 녹아 있는 것을 보고 우연히 발명하게 된 군사과학의 산물이며, 군사용 낙하산 천의 대체 용도로 개발된 나일론(nylon), 전투식량으로부터 유래한 냉동건조식품, 트럭용 고성능 디젤엔진, 그리고 포병대 관측병과 포병중대 사이의 교신을 위해 개발된 전화기술 등이 전쟁과 군사과학의 산물들입니다.

또, '트리니티(Trinity)'라는 암호명으로 불린 맨해튼 프로젝트(Manhattan Project)는 인류 최초의 핵실험에 사용된 핵무기입니다[3]. 1945년 7월 14일, 미국 뉴멕시코 주 로스 알라모스(Los Alamos) 인근에서 실험이 실시되었고, 여기에 사용된 폭탄은 플루토늄 폭탄으로 일본 나가사키에 투하되었던 팻맨(Fat Man)[4]과 같은 종류입니다. 이 폭탄은 TNT 20 킬로톤(kiloton) 규모였고, 이 실험을 통해 인류의 원자력 시대가 열리게 되었습니다.

---

2 마그네트론(magnetron)은 전자레인지에 주로 사용되는 밀리미터파 발진장치로서, 중심에 캐소드를 배치하고 원형으로 양극을 배치한 후 위아래를 자석으로 자기장을 만든 장치다. 전자레인지에 사용하는 마이크로파는 주파수가 2,450 MHz인 고주파로 파장이 12cm 정도이다.

3 맨해튼 프로젝트의 책임자였던 오펜하이머(Julius Robert Oppenheimer, 1904-1967)는 이 실험이 성공한 직후 만족감 대신, 점차 죄책감을 느끼기 시작했다고 한다.

4 팻맨(Fat Man)은 제2차 세계대전 말기 미국이 개발한 원자 폭탄의 코드 네임. 핵물질로는 플루토늄 239를 사용하였다.

지금은 이 결과로 인류가 원자력 시대를 맞이했다고 긍정적인 평가도 하지만, 당시 이 프로젝트에 참여했던 많은 과학자들은 개발된 원자폭탄이 실제로 전쟁에 사용되지 않기를 바랐습니다. 이 산물이 인류에게 엄청난 재앙을 가져 올 수도 있다는 생각이었습니다. 이들의 우려는 맨해튼 프로젝트의 책임자였던 오펜하이머가 실험에 성공한 직후에 "나는 죽음의 신이요, 세상의 파괴자이다."라고 한 말에 잘 나타나 있습니다. 그러나 원자폭탄은 개발된 순간 이미 과학자들의 통제권을 벗어났고, 단 한 번의 폭발로 몇 십만 인구의 도시를 순식간에 폐허로 만들 수 있음을 실제로 보게 되었습니다. 얼마지 않아 과학자와 정치가 모두가 이 과학적 산물에 대해 회의적인 생각을 가지게 되었습니다. 인류번영을 위해 원자력은 필요한가? 만일 필요하다면, 이미 과학자들의 통제권을 벗어난 원자력을 통제·관리 할 수는 있는가? 원자력은 그 위협적인 면에서만이 아니라, 에너지 해결을 위한 평화적 이용 면에서도 오늘날의 인류가 당면한 과제 중 하나입니다.

수학은 현대식 암호생성기계의 보안장치를 뚫을 수 있다

수학이 전쟁에 개입하게 된 이유는 수학이라는 학문만이 유일하게 현대식 암호생성기계의 보안장치를 뚫을 수 있는 방법이기 때문입니다. 옛날 전쟁에서는 수학자가 전사(戰士)가 된다는 것은 생각할 수 없는 일이었습니다. 그러나 정보를 암호화해야 했고, 이를 해독해야 하는 전쟁터나 군사전문가들에게 수학의 군사적 용도는 엄청난 가치를 가지게 되었습니다. 오늘날과 같은 냉전시대라도 군사적으로나 국가적으로 중요한 수백만 개의 전자신호가 창공을 오가고 있기 때문입니다. 그러한 신호들은 현대전의 필수요소이자, 또한 현대의 군대가 가장 읽어내고 싶어 하는 내용이기도 합니다. 오늘날 디지털회로 설계에서 필수적 지식인, 불 대수(Boolean algebra)[5]가 군사적 용도로 사용되기 시작했습니다.

제2차 세계대전 당시 연합군이 독일 U-보트를 격침시킨 것은, 폴란드의 수학자가 독일의 암호를 해독했기 때문에 가능했습니다. 또 진주만전쟁에서 미군이 일본 비행기를 격추시킨 것도 암호해독의 결과이며, 미국의 부시 전 대통령이 걸프전을 승리로 이끌고 난 후 "이번 전쟁은 수학의 승리"라고 말했을 정도로 수학은 군사적으로 중요하게 되었습니다. 현재도 미국을 비롯한 각국의 정보기관에서는 수학자들이 암호 연구를 계속하고 있습니다.

아폴로 우주선은 페이퍼클립 작전의 산물이다

제2차 세계대전이 끝나면서 당시 독일이 상당한 수준의 과학기술을 보유하고 있음을 알았던 미국은 나치의 최첨단 군사과학기술 획득을 위해 정보기관들이 나치 인사들의 미국행을 도울 수 있는 '페이퍼클립 작전(Operation Paper clip)'을 폈습니다. 이 작전을 통해 1973년까지 과학자를 포함한 수 백 명의 나치 인사들이 미국으로 건너왔고, 이들은 미국 정부가 추진하는 심리학 실험에도 참가하고, 타분(Tabun)과 사린가스(Sarin)가스와 같은 신경가스에 대한 연구에도 참

---

5 불 대수(Boolean algebra)는 어떤 명제가 참인가, 거짓인가를 나타내는 것으로, 논리 값이 참일 때에 '1'로, 거짓일 때에는 '0'으로 표현해 명제나 명제의 관계를 수학적으로 표현한 것이다. 다르게는 논리 대수라고도 부른다.

여했습니다[6]. 이시기에 건너간 과거 나치독일에서 미사일을 건조했던 독일 로켓 과학자들이 미국의 군사 로켓과 우주선 사업에 참여하였죠. 독일의 V-2 프로그램 생산 책임자였던 아르투르 루돌프(Arthur Rudolph)는 달에 아폴로 우주선을 쏘아 올릴 때 사용했던 추력 750만 파운드의 거대한 새턴 로켓(Saturn rocket)의 개발 주역이며, 미국의 군사 로켓과 우주 프로그램 양쪽에서 없어서는 안 될 존재였습니다.

2.3 과학이 정치를 만나다

▪ 과학적 산물이 정치세력의 지지를 받을 때 과학은 진보할 수 있다.

과학이 정치를 만나면 훨씬 더 큰 힘을 얻어 크게 발전할 수도 있고 그렇지 못할 수도 있습니다. 과학 활동에는 돈이 필요하기 때문입니다. 정치권력의 지원을 받으면 그 분야의 과학은 큰 진전을 이룰 수 있으나, 정책에서 소외되면 자연히 그 분야 과학 활동이 크게 위축됩니다. 기술 결정론적(技術 決定論的) 입장에서 단순하게 보면 정치 세력이 기대하는 과학적 결과가 기대만큼 우수하다면 그 과학적 산물은 지지를 받겠지만 그렇지 않다면 소외될 것입니다. 아울러 사회 결정론적(社會 決定論的) 입장에서 보면 얻어진 과학적 산물이 대중의 지지를 받는가, 아니면 그렇지 못하는 가도 과학 활동의 발전에

6 타분(Tabun)과 사린(Sarin)가스는 유기인제 화합물로, 타분은 P(=O)(CN)(OCH_2CH_3)(NCH_3)$_2$의 분자식을 가지고, 사린은 P(=O)(CH_3)(F)(OCH(CH_3)$_2$)의 분자식을 가지는 유기물질이다.

영향을 미칠 것입니다. 이런 대중의 지지는 과학적 산물에 대한 일반 대중의 이해에 달려있습니다. 이 두 가지가 모두 만족될 때 정치적 지원이 가능하겠죠. 그러면 어떤 이유로 정치권력의 힘을 얻기도 하고, 얻지 못하게도 되는가? 여기서는 과학이 정치를 만나 이루었던 몇 가지 사건들을 예로 들어 이점에 대해 생각해 보기로 하죠.

갈릴레이도 총독의 지원을 받아 연구했다

1609년에 갈릴레이(Galileo Galilei, 1564-1642)는 네덜란드의 안경 제조공인 한스 리페르스헤이가 두 개의 렌즈와 경통으로 망원경을 발명했다는 소식을 듣고는 자신이 망원경을 만들었습니다. 이것을 개량된 형태로 만들어서 베네치아의 가장 높은 건물 옥상에 설치하고는 베네치아의 총독을 데리고 올라가 망원경으로 멀리 내다보게 하였습니다. 갈릴레이는 망원경으로 "적의 함선이나 돛을 맨눈으로 보는 것보다 2시간이나 빨리 발견할 수 있다"는 것을 알려주고 총독으로부터 재정적 지원을 받았다고 합니다. 갈릴레이는 지원 받은 지원금으로 망원경을 이용해 천체 관측을 시작했습니다. 풍요로운 자금은 또한 이 뛰어난 거장에게 현대 물리학의 토대가 되는 천체 운동에 관한 실험을 수행할 수 있게 해주었던 거죠. 그는 망원경을 발명하지는 않았지만 현대 천문학을 탄생시켰던 겁니다. 하늘에서 지구가 아닌 다른 천체가 돌고 있다는 사실을 확인한 것은 이때가 처음 이었습니다. 물론 그 이전에 코페루니크스가 지구가 태양을 돌고 있다는 태양중심설을 내놓았지만 당시 학자들이나 교회는 받아드리지 않았습니다. 갈릴레이가 당시 발견한 목성의 달은 지금도 갈릴레이 위성이라고 부릅니다. 갈릴레이가 목성을 관찰하고 60여년이 지난 후에

덴마크 천문학자 올라우스 뢰메르가 목성 위성을 관찰해서 빛의 속도를 측정하려는 동기가 되었을 것으로 생각됩니다.

통일벼로 식량난을 극복하고 육종학의 발전을 가져왔다

우리나라가 극심한 식량난을 극복한 것은 그리 오래전 일이 아닙니다. 해방이후 정부가 수립되었으나 여전히 심한 식량난에 시달려 왔습니다. 그렇다면 이런 심각한 식량난이 어떻게 해결되었을 까요? 우리의 식량난을 해결해준 것은 통일벼의 개발이었습니다. 어떻게 이 통일벼가 개발되었는가? 를 2008년에 발표된 '한국과학사학회지, 제30권제2호'[4]을 중심으로 간단하게 살펴보려고 합니다.

1970년대 이전의 우리나라는 극심한 식량난에 허덕이고 있었습니다. 우리나라는 초대 이승만 정부부터 식량문제 해결을 위해 큰 관심을 가져왔습니다. 우리나라와 일본에서 자라던 자포니카(Japonica) 벼의 교배를 통한 품종개량을 시도했으나 자포니카 품종이 지닌 한계성, 부실한 정부지원, 정부정책 부재와 어수선한 사회분위기 때문에 성공하지 못했습니다.[5] 그러다가 군사혁명이 일어나고 새로운 정부가 생겼습니다. 새로 들어선 혁명정부는 국민의 지지를 받을 수 있는 가시적인 성과가 필요하게 되었습니다. 그 중 하나가 식량난 해결이었습니다. 박정희는 다수확 품종을 개발하여 식량난 문제의 해결과 동시에 정치적 정당성을 확보하고 정권을 인정받고자 하였습니다. 다수확 벼의 도입은 농촌진흥청과 중앙정보부가 담당하여 1963년부터 본격화되었습니다. 처음에는 열대지방에서 자라던 인디카(Indica)를 이용한 개발을 시도했으나 1964년 정보요원들이 가져온 이집트의 나다(Nada, 후에 박정희가 희농 熙農이라 이름함)종자의 수원농사시험장 결과에 희망을 걸고 있었으나 결국 농가 보급에 실패했습니다. 그 즈음 국제 미작연구소에 파견되었던 허문회가 다수확 벼를 개발하였습니다. 계속된 연구를 통해 소위 통일벼라고 하는 IR667을 개발합니다. 허문회는 인디카종과 자포니카 종을 원연교잡(遠緣交雜)[7]하고 얻어진 교잡종을 또 다른 인디카 종과 3원 교잡하는 방식으로 IR667을 개발하였습니다.

YUKARA(자포니카 종) + **TN1**(인디카 종) – (원연교잡) ⇨ **TN1/YUKARA**(교잡종) + **IR8**(인디카 종) – (3원 교잡) ⇨ **IR8//YUKARA/TN1** (IR667) (출처: 참고문헌 [4])

IR667이 개발되었으나 한 번도 실용화하지 않았던 벼를 농가에 보급하기는 쉽지 않았죠. 그러나 우여곡절 끝에 IR667이 다수확 품질이고 국내에서 잘 자랄 수 있다는 결론에 이르게 됩니다. 시험재배 성공으로 박정희는 1972년 전국 확대보급을 지시하였습니다. 전국보급 첫해는 기상이변으로 실패했고 이듬해 재보급하여 성공하였습니다. 통일벼의 성공사례는 국민적 염원인 식량난 해결과 함께 정치적 능력을 국민에게 입증하고 인정받는 기회가 되었던 것입니다.

허문회가 개발한 IR667은 우수한 과학적 산물이었습니다. 이는 또한 다수확 벼를 필요로 했던 박정희의 보급의지가 만들어 낸 합작품이라 볼 수 있습니다. 여기에는 과학적 측면과 사회·정치적 측면이 다양하고 복잡하게 얽혀져 있으나, 그 결과로 나온 역사적 산물이기도 합니다. 또한 한국농학사적으로는 허문회의 IR667의 개발은 한국육종의 독립을 알리는 이정표라고 보기도합니다.[6]

---

7 원연교잡(遠緣交雜)은 유전자형의 유사성이 적은 품종을 교배하여 새로운 형질을 도입하는 육종방식이다.

2.4 기호와 문자가 과학발달을 가속화했다

- '@' 는 어떤 기호인가?
- 사용하기 편하고 뜻이 명확한 기호가 살아 있다.
- 데카르트는 미지의 양을 x, y, z로, 알고 있는 양을 a, b, c로 표현했다.
- 원소 기호가 물질과학의 발전에 기여했다.
- 화학 반응은 화학의 언어로 서술한다.

기호(記號, symbol)는 어떠한 의도된 뜻을 나타내기 위해 사용되며, 이들은 우리의 일상생활과 과학을 포함한 여러 학문 분야에 깊숙이 자리 잡고 있어서 마치 당연한 것들처럼 보이지만, 그 안에는 여러 가지 정보가 담겨져 있습니다. 과학에서 사용하는 한개 기호의 의미가 바뀌면, 과학의 내용이 바뀜과 동시에 우리의 삶 자체가 바뀔 수도 있습니다. 과학의 세계는 처음부터 끝까지 기호로 표현되기 때문입니다. 기호는 정보를 전달하거나 생각하는 행위의 기능을 돕는 매체입니다. 오늘날 과학이나 기술이 놀라운 발전을 이루는 데는 여러 가지 요인이 있겠지만, 그 중에서 기호가 매우 중요한 역할을 했다고 생각합니다. 여기서는 간단히 수학기호가 과학의 발달에 미친 영향과 요즈음 컴퓨터 자판이나 이메일 주소에 흔하게 사용되는 @의 기호를 통해 기호가 미치는 사회적 영향을 살펴보기로 합니다.

이메일(e-mail)이 대중화 보편화되면서 '@'라는 기호는 이메일의 가운데에 위치하여, 각 개인의 아이디와 도메인 주소를 구분해주는 역할을 하게 되었습니다. '@'는 영어로는 'at'표시라고 읽고 우리말로는 '골뱅이'기호라고도 부르며, 각기 나라에 따라 다르게 불립니다. 스페인과 포르투갈에서는 'arroba', 프랑스에서는 이를 수입하여 'arobase'라고 쓰고 있고, 영국과 미국에서는 'at'기호라고 부르고 있어 독일이나 에스토니아, 일본 등에서도 비슷한 용어를 사용하고 있습니다. 그러면 '@'는 언제부터 지금의 의미로 사용 되었을까?

이메일 주소에 처음으로 '@'표시를 도입한 사람은 컴퓨터 과학자인 레이 톰린슨(Ray Tomlinson)이고, 1971년에 세계 최초로 사용하였습니다. 톰린슨은 '@'가 컴퓨터 키보드에 표시되어 있는 문자들 가운데 사람 이름에 쓰이지 않는 문자이어서 선택했다고 합니다. 그렇다면 이 표시가 키보드에 새겨지게 된 것은 어떤 이유에서 일까? 이에 대해서는 일부는 중세 초기 수도승들이 영어의 'at', 'towards', 'by'등을 나타내는 라틴어 단어인 'ad'를 표시하기 위하여 사용했다고 주장하거나, 시기적으로 훨씬 후인 18세기 무렵으로, 상품의 개수 당 가격을 표시하기 위하여 - 예를 들면 "사과 5개에 각 10펜스(5 apples@10 pence)"라고 쓰기 위해 - 처음 고안되었다고 주장하기도 합니다. 또 다르게는 프랑스나 독일인 상인들이 물음표 위에 악센트 기호를 찍어서 쓰다가 이것이 '@'기호로 정착되었다는 설도 있습니다. 그런데 최근에 학자들의 발견에 의하면, 14세기 베네치아의 회계 관련 장부에서 상품의 양을 나타내는 단위로 '@'기호가 쓰였다고 보고하였습니다. 어쨌든 1884년에 만들어진 타이프라이터에는 분명히 이 '@'기호가 포함되어 있고, 이것이 지금으로부터 80년 전 현재 컴퓨터 문자세트의 표준을 정할 때까지 영향을 미쳤던 것 같습니다.

오늘날 기호'@'는 단지 자판의 기호로서 뿐만 아니라, 다른 학문 분야와 사회에도 많은 영향을 미치고 있습니다. 한 가지예로서 현대 화학에서는 복잡한 나노 입자 구조를 표현하는 데 이 기로를 이용합니다. 즉 TiO_2에 탄소(C)가 코팅된 나노입자를 '$C@TiO_2$'로 표기합니다. 이 나노 입자에 SiO_2 를 다시 코팅해서 얻은 나노 입자는 $SiO_2@C@TiO_2$ 식으로, 코팅된 탄소를 제거하고 SiO_2 만 남게 만든

나노보이드8는 SiO_2@@TiO_2 식으로 나타냅니다.[7]

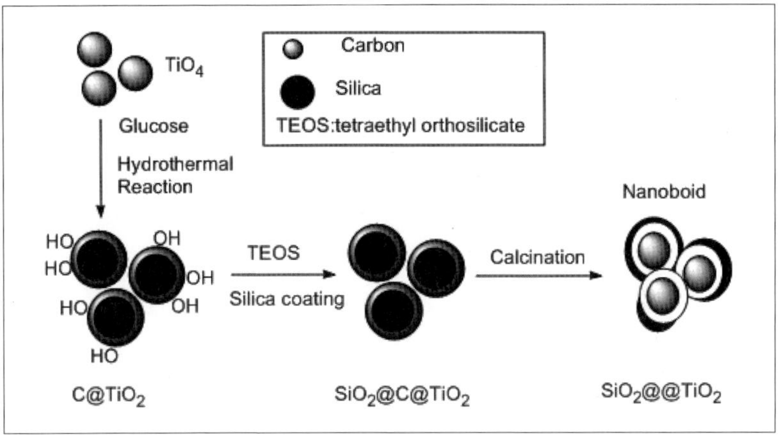

SiO_2@C@TiO_2 와 SiO_2@@TiO_2 나노입자 제조과정[7].

근대과학의 특징을 '과학의 수학화'로 표현합니다. 근대 서양 과학의 발달에 수학이 미친 영향은 절대적이라 할 수 있습니다. 때문에 수학기호의 창안과 발달은 과학의 발달에 큰 영향을 주었습니다. 또한 과학이 발전하면서 더 복잡한 수학기호도 필요하게 되었습니다. 여기서 간단한 수학기호의 역사를 살펴보기로 하겠습니다.

역사적으로 오랜 기간 많은 수의 수학기호가 만들어졌어도 그 중에서 가장 편리하고 간단한 기호만이 살아남게 되었을 겁니다. 수학자 파치올리(Luca Pacioli, 약1445-1509)는 1494년 출판한 책 '산술 요약'이라는 책에서 덧셈을 p('더 많은'을 뜻하는 piu로부터), 뺄셈은 m('더 적은'을 뜻하는 memo로부터), 미지수를 co('물건'을 뜻하는 cosa로부터) 등으로 나타냈습니다. 그 후 오트레드(William Oughtred, 1574-1660)가 150개가 넘는 수학 기호를 제안하였다고 하지만, 지금 사용되는 것

8 나노보이드(nanovoid)는 나노 크기의 빈 공간을 뜻한다. 앞의 예에서 SiO_2@C@TiO_2 식의 나노 입자에서 중앙에 있는 탄소를 제거하면 그 자리에 빈 나노크기 공간이 생성된다.

은 곱셈기호 (x) 등 단 3 개뿐입니다. 덧셈기호(+)와 뺄셈기호(-)는 1489년에 비트만(J. Widman)이 제안했다고 알려졌습니다. 덧셈 기호는 더한다는 뜻의 라틴어 'et'의 준말이며, 뺄셈기호는 뺀다는 뜻의 'minus'를 간단히 쓴 'm'을 사용하다가 '-'라는 기호로 바뀌었습니다. 비트만이 처음 도입한 (+)와 (-)는 처음에는 과잉과 부족을 나타내는 기호였으며, 1514년 네덜란드의 수학자 호이케(van der Hoecke, 1611-1651)에 의해 지금의 덧셈, 뺄셈의 기호로 쓰이게 되었습니다. '+'는 이보다 앞서 14세기경 이탈리아의 수학자 피보나치(Leonardo Fibonacci, 1170-1250)에 의하여 처음으로 사용되었고, 비트만은 '-'기호만을 사용한 것으로 주장하기도 합니다.

1 2 3 4 5 6 7 8 9 0 √ | { } ∓ ∫ Σ ∞ ∠ ∴ Π ÷ ≠ ≡ ≦
≧ ∅ ∂ ~ ∧ ∥ ∻ ∬ ⊼ ∛ ∡ ∀ ≪ π δ α β ε ← ↑ → ω ↓ =
↓ + − % ↓ I II III IV V X

다양한 형태의 수학기호.

'x'를 미지수로 사용한 사람은 데카르트(R. Descartes, 1596-1650)이고, 곱하기의 의미로 사용한 것은 1631년에 발행된 영국의 수학자 오트레드(W. Oughtred, 1574-1660)의 '수학의 열쇠(Clavis Mathematics)'라는 책에서 처음으로 사용하였다고 합니다. 나누기 기호'÷'는 1659년에 발행된 스위스의 수학자 란(J. H. Rahn, 1622-1676)의 책에서 사용되었습니다. 등호(等號, '=')는 영국의 로버트 레코드(Robert Recorde, 1510- 1558)가 쓴 '지혜의 숫돌(The Whetstone of Witte)'이라는 책에서 처음으로 사용되었습니다. 길이가 같은 두 평행한 선분을 선택한 이유는 "어떠한 두 개도 이것보다 더 같을 수는 없기 때문이다"라고 생각했다고 합니다. 이 같은 기호들은 그 의미가 간단하고 명확해 널리 사용되게 된 것이죠. 하지만 도중에 바뀐 것들도 있습니다. 프랑스의 비에트(Franciscus Viete, 1540-1603)는 미지의 양을 표현하는 데 알파벳의 모음(a, e, i, o, u)을 그리고 이미 알고 있는 양을 표현하는 데는 알파벳의 자음을 사용했습니다. 또 A, Aq, Ac와 같이 한 글자 A로 거듭제곱들을 모두 나타냈습니다. 이 방법은 여러 가지 기호를 기억해야 하는 번거로움을 피하고 더 많은 지수의 거듭제곱을 쓰는 일도 가능하게 했습니다. 이 방법은 당시로서는 획기적인 변화였습니다. 그 후 이런 표기 방식이 데카르트에 의해 제안한 방식, 즉 오늘날 우리가 사용하는 방식의 표기 방법으로 변하였습니다. 즉, 미지의 양은 알파벳 마지막 글자들 x, y, z, 로, 이미 알고 있는 것은 알파벳 처음 글자들 a, b, c 등으로 쓰고, 제곱, 세제곱 등의 거듭제곱을 x^2, x^3과 같이 밑과 지수를 이용해 나타냈습니다. 데카르트의 기호들이 살아남은 것은 기호의 뜻의 명확함과 사용상 편리함 때문 일 겁니다.

과학이 발달하면 할수록 단순한 연산으로는 계산하지 못하는 엄청난 양의 수학이 필요하게 됩니다. 그런 결과가 바로 '로그(log)[9]'를 탄생시켰습니다. 로그는 곱셈과 나눗셈을 덧셈과 뺄셈으로 바꾸는 기능을 가지고 있어 17세기 초 과학 분야에 혁명적으로 기여하게 되었습니다.

원소 기호가 화학발전에 기여하였다

9 로그(log)는 중요한 수학함수의 일종이며, logarithm 의 약자입니다. 밑(base)이 10인 로그를 상용로그(상용대수common logarithm)라고 하고, 밑이'e (오일러 상수: 약 2.718)'인 로그를 자연로그(자연대수natural logarithm)라고 한다. 상용로그는 log, log10 등으로 표현하고, 자연로그는 ln 이라는 기호로 나타낸다. 로그는 함수이며, 너무 커서 다루기 힘든 숫자를 작게 하는 기능을 하므로 과학에서 유용하다. 즉 $\log 10^{20} = 20$ 식이다.

물질의 원소를 기호로 나타내는 일은 옛 부터 행해졌는데, 특히 고대 이집트인들은 7개 금속 원소를 7가지 별에 비유하여 기호로 나타냈습니다. 이들 기호는 어느 정도의 변화는 있었지만 중세 연금술에 이르기까지 상당히 오래 동안 그대로 쓰여 졌습니다.

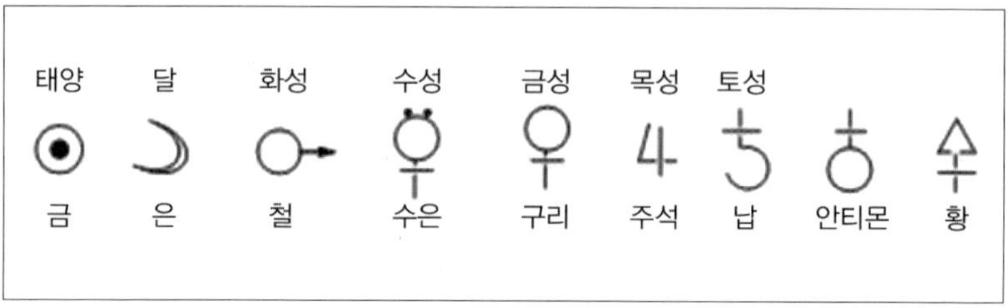

고대의 원소 기호

돌턴의 원소 기호

그러나 근대에 와서 원소의 수가 증가하면서 불편을 느끼게 되었습니다. 영국의 과학자 돌턴(John Dalton, FRS, 1766-1844)이 원으로 된 원소기호를 고안하였고, 그 뒤 베르셀리우스(Baron Jons Jacob Berzelius, 1779-1848)가 오늘날 쓰이는 기호를 처음 제안하였습니다. 다음은 베르셀리우스의 원소이름 붙이기 규칙입니다.

1) 로마자 두 글자로 쓴다.

2) 그리스어나 라틴어의 원소 이름에서 따온다.

예) Cu(구리)(라틴어: Cuprum), Ag(은)(라틴어: Argentum), Au(금)(라틴어: Aurum), Xe(제논)(독일어: Xenon 어원: 그리스어: ξένον)

영어나 독일어의 원소 이름에서 따온다.

예) N(질소)(영어: Nitrogen), O(산소)(영어: Oxygen), I(아이오딘)(영어: Iodine), Cr(크로뮴)(독일어: Chrom)

3) 위의 원소기호들은 반드시 첫 글자는 대문자, 두 번째 글자는 소문자로 쓴다.

이런 베르셀리우스의 근대 원소기호의 출현은 화학의 발전에 크게 기여하였습니다. 즉, 원소기호의 등장이 분자식과 화학 반응식을 정량적으로 표현할 수 있게 하였습니다. 물론 주기율표의 출현에도 원소기호가 상당히 기여했다고 생각합니다.

화학은 화학언어로 서술한다

과학은 효과적인 소통을 위해 다양한 기호를 사용합니다. 그 이유는 기호로 어떤 과학적 사실을 표현하는 것은 1) 단순하고, 2) 편리하며, 3) 객관성을 유지할 수 있고, 4) 언어가 다르다 해도 과학적 사실을 서로 공유하기가 용이하기 때문입니다. 화학은 반응에서 일어나는 화학적 결과를 화학반응식으로 표현합니다. 최초의 초보적인 반응식은 1615년 베구인(Jean Beguin, 1550-1620)이 $HgCl_2$와 Sb_2S_3 간의 반응을 나타낸 것이 그 시작입니다.

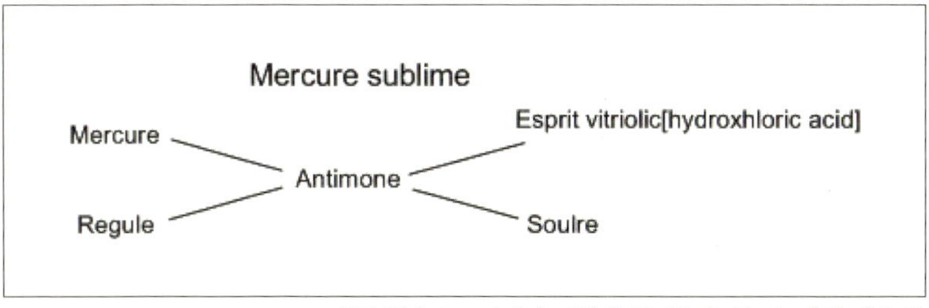

베구인(J. Beguin)이 표현한 $HgCl_2$와 Sb_2S_3 와의 반응식.

초기에 베구인이 사용한 초기에 베구인이 사용한 반응식은 단지 반응에 이용된 물질의 종류와 간단한 변화를 표현한 것이지만 매우 획기적인 것이었습니다. 오늘날의 반응식에는 반응에 참여하는 물질 종류, 반응조건, 물질의 양, 물질의 상태 등 모든 것을 정량적으로 표현하는 균형 반응식[10]이 이용됩니다.

따라서 오늘날 하나의 화학 균형 반응식을 보면, 언어가 다른 민족 간에도 해당 화학반응을 정확하게 이해할 수 있습니다. 즉 화학 반응식은 화학을 표현하는 언어로 구성되어 있고, 이 화학의 언어는 원소기호, 화살표, 괄호, 수 그리고 몇 가지 특정한 기호들로 이루어져 있습니다. 화살표 중에는 화학 반응식에 사용하는 것도 있고, 전자의 거동이나 배치, 그리고 화합물 구조의 배열 등을 나타내는데 사용되는 것들도 있습니다[11].

화학의 언어

1) 원소기호: H (수소), He (헬륨), Li (리튬), C (탄소), N (질소)....

2) 수 : 0, 1, 2, 3..... = 화합물 및 원소의 양이나 수를 나타내는데 사용.

3) 괄호: ( ), [ ], { }.

4) 특수 기호: Δ(차이를 나타내거나, 가열을 나타내는데 사용).+, − = 양이온, 음이온을 나타냄 또는 어떤 물질과 물질간의 반응을 나타냄. H = 엔탈피(enthalpy)[12].

---

10 반응에 참여하는 물질, 반응조건, 물질의 양, 물질의 상태 등 모든 것을 정량적으로 표현하는 반응식을 균형 반응식이라고 한다.

11 화학반응은 반응물질에 존재하는 기존의 결합이 분해되고 새로운 결합이 형성되는 것이므로, 특히 공유결합성 분자의 반응에서 전자의 거동을 이해하는 것은 곧 반응을 이해하는 것이므로 반응 중 전자의 거동을 이해하는 것은 화학자들에게는 매우 중요합니다.

12 엔탈피(enthalpy, H)는 반응하는 시스템의 전체 에너지로 측정하며, 반응에서의 엔탈피는 반응물의 결합 에너지와 생성물의 결합에너지 간의 차이이다.

S = 엔트로피(entropy)[13].

(s), (l), (g) = 물질의 상태를 나타내는 기호. (s)는 고체, (l) 은 액체, (g) 는 기체.

(aq) = 수용액을 나타냄.

5) 화살표: → 와 ← = 반응의 진행 방향을 표시함.

⇄ = 반응의 평형을 표시함.

↔ = 공명구조를 나타냄.

↷ = 전자쌍의 이동을 나타냄.

⇒ = 역합성을 나타내는 화살표[14].

↑ = 기체로 날아간다는 의미를 나타내는 화살표 기호.

↓ = 고체 침전물로 가라앉는 다는 것을 나타냄.

↑↓ = 환류 (reflux) 를 나타내는 기호[15].

↻,↺ = 탄소 주변 결합의 R, S – 배열[16]을 나타내는 기호.

⇜ = 에너지 이동을 나타내는 기호.

⊖→ = 자리옮김(재배열)[17]을 나타내는 기호.

---

13 엔트로피(entropy, S) 는 무질서의 척도로 정의하며, 열역학 제2법칙으로 알려지기도 했다. 즉 "엔트로피의 총량은 지속적으로 증가 한다" 이다.

14 역합성은 합성하려는 목표물질의 특정 결합을 적당한 작은 분자나 원자 또는 원자단으로 분리하여, 목표물질 합성을 위한 초기 출발물질을 예상하는 가상적인 과정이며 합성의 반대 과정이므로 역합성(retrosynthesis)이라 부른다.

15 환류는 증류와 유사하지만 증발한 기체가 냉각관에서 응축되어 플라스크로 다시 흘러 들어가는 현상이다. 화학자들은 이 방법으로 일정한 온도에서 오랜 시간 반응을 진행한다.

16 R, S- 배열은 단일결합을 하고 있는 탄소의 입체구조가 정사면체이므로, 각기 다른 4개의 치환기가 탄소에 결합하고 있으면 실체와 그 물질의 거울상과 같은 물질이 자연에 함께 존재 할 수 있다. 이들의 배열을 구별하기 위해 그 배열상태를 결합하고 있는 치환기의 원자번호에 따라 우선순위를 메겨 운선순위가 시계방향이면, R- 배열, 시계반대방향이면 S-배열로 표기하여 구분한다.

17 자리옮김반응(재배열, rearrangement)은 기존 분자의 특정 위치에 결합되어 있던 원자나 원자집단이 반응 중에 다른 위치(즉 다른 원소)로 이동하여 결합하는 과정이나 반응을 말한다.

⇸ = 이중극자(dipole)를 나타내는 기호.

↿, ⇂ = 전자껍질[18]에 존재하는 전자의 스핀을 나타내는 기호.

화학에서는 특별히 다양한 화살표들을 도입하여 복잡한 화학을 간단히 표현하거나 이용합니다. 화학에서 사용하는 화살표는 반응 화살표와 전자 화살표 그리고 기타로 구분합니다. 반응 화살표는 반응의 방향을 나타내는데 사용하는 것이고, 전자 화살표는 전자의 배치나 거동을 나타내는데 사용하는 화살표입니다. → 와 ← 등은 단순히 반응의 진행 방향을 표시하며, ⇄ 은 반응의 평형(平衡, equilibrium)을 표시하는데 두 화살표의 길이를 다르게 표현하여 평형이 어느 편으로 치우쳤는가를 나타내기도 합니다. 평형 화살표는 반트 호프(J. H. van,t Hoff)가 1884년에 도입하였고, 1902년 마셜(H. Marshall) 이 변형된 (⇌)를 도입하여 동적평형(動的平衡, dynamic equilibrium)[19]을 나타내는 화살표로 사용하였습니다.

$$N_2(g) + 3H_2(g) \rightleftarrows 2NH_3(g)$$

위로 향하는 화살표(↑)는 생성물이 기체로 생성된다는 것을 나타냅니다. 반대로 향하는 화살표(↓)는 생성물이 고체 침전물로 생성됨을 나타냅니다. 한편, 1990년 노벨상을 수상한 코레이(E. J. Corey)가 이중 화살표(⇒)를 사용하여 합성 목표 물질로부터 반응출발 물질을 도출하는 역합성(retrosynthesis) 과정을 표시하였고 오늘날 일반적으

18 전자껍질이란 전자가 점유 하고 있는 궤도함수를 표현하는 수단으로 원이나 네모로 표시하고 그 안에 전자를 표시 한다.

19 동적평형이란 반응물이 생성물로 되는 분자 수와 생성물이 다시 반응물로 분해되는 수가 동일하여 평형을 이룰 때 동적평형에 있다고 말한다.

로 사용되고 있습니다.

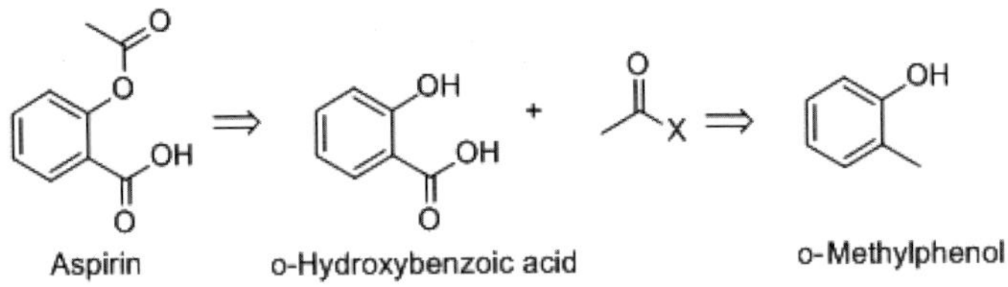

한편 반응 도중에 분자 내에서 원자나 원자단이 다른 위치로 이동하는 자리옮김반응(rearrangement)을 나타내는 화살표는 (⇒)를 이용하여 나타냅니다. 최초의 자리옮김반응은 benzilic acid 자리옮김반응이며 1838년 독일 화학자 리비히(J. von Liebig)가 이 화살표를 사용하여 보고하였습니다.

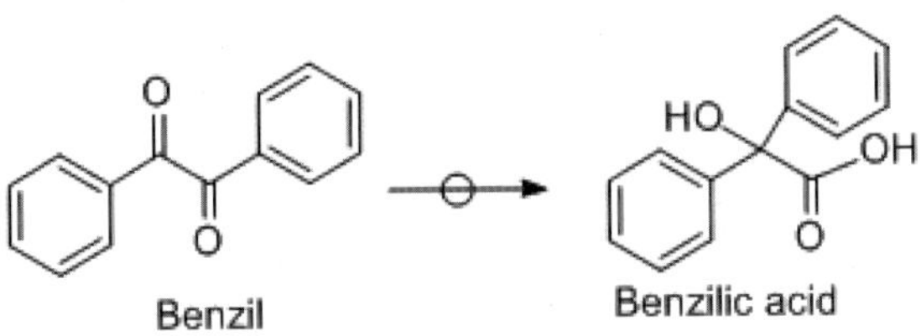

오늘날에는 잘 사용하지 않지만 반응 조건 중 환류(還流, reflux)를 나타내는 화살표로 (⇅)가 사용되었습니다. 반응 중 에너지 방출이나 흡수를 나타내는 화살표로 물결 화살표(⇜)가 사용되기도 합니다. 전자의 거동이나 배치를 나타내는 화살표로 굽은 화살표 (⌒)나 (↿,⇂) 등이 사용됩니다. 굽은 화살표(⌒)는 1947년 노벨상을 받은 로빈슨(R. Robinson)이 1920년대 중반에 반응 중 전자의 거동을 나타내는 데 이용하였습니다. 오늘날 이 화살표는 공유결합 화합물의 반응 메커니즘을 나타내는데 매우 중요한 수단으로 사용됩니다. 앞에서 나타냈던 자리옮김반응의 전자 이동을 나타내면 아래와 같습니다.

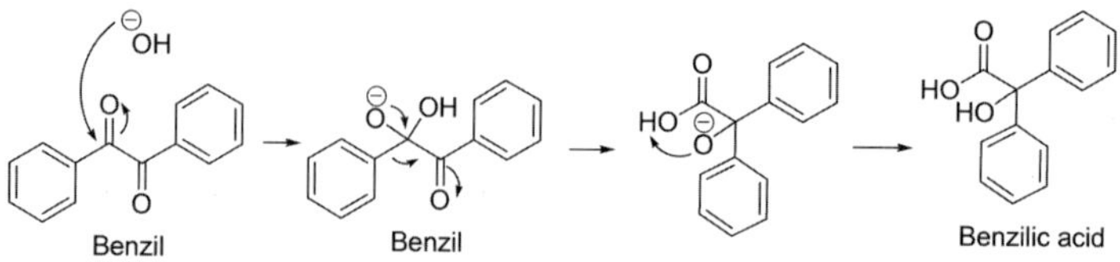

한편, 이런 반응 중 라디칼(radical, 홀 전자 화학종을 일컬음) 반응에서는 전자가 하나만 이동할 수도 있습니다. 그런 경우에는 아래와 같이 낚시 바늘 모양의 굽은 화살표를 사용하여 한개 전자의 이동이라는 것을 나타냅니다.

공명구조(resonance structure)[20]를 나타내는 화살표(↔)는 독일 화학자(F. Arndt)에 의해 소개되었습니다. 이 구조는 동일한 분자이지만 전자 배치가 다르다는 차이가 있습니다.

이외에도 이중극자 모멘트(dipole moment)를 나타내는 (↛)와 전자 배치를 나타내는데 (↑,↓) 등이 화학활동을 표현하는 데 활용되고 있습니다.

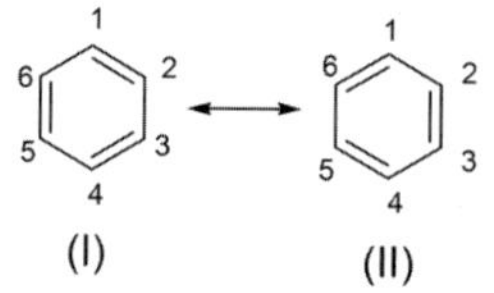

벤젠(benzene) 의 공명구조

오늘날 다양하고 복잡한 화학이 놀라운 수준으로 발전할 수 있었던 데에는 복잡한 화학반응을 이러한 간단한 언어로 표현하고 소통할 수 있었기 때문이라는데 이견이 없습니다. 새로운 이론이 등장하

---

20 공명구조는 루이스(Lewis) 구조식으로 표현할 수 없는 분자를 나타내기 위해 도입된 구조 표현방식이다. 공명구조는 동일한 물질이므로 분자식이 동일하고, 다만 구조에서 파이 결합 전자나 비 결합 전자쌍의 위치만이 다르다. 일반적으로 어떤 화합물이 공명구조를 그릴 수 있으면 그렇지 못한 화합물 보다 더 안정하다.

고 새로운 표현이 필요하면 이에 적합한 또 다른 언어의 기호가 등장하여 과학이 객관성, 논리성 및 일반성을 갖게 합니다.

2.5 숫자의 발견이 과학발달에 영향을 미쳤다

- 고대 수학의 역할은 교역, 분배 및 과세에 대한 것이었다.
- '0(zero)' 을 수로 인정한 것은 인류 최대의 업적이다.
- 아라비아 숫자의 최대 장점은' 0' 을 숫자로 인정한 것이다.

수학은 고대로부터 19세기 까지 비약적으로 발전을 하였습니다. 그 발전 과정을 대략적으로 살펴보면, 고대에는 농경생활에 필요한 천문 관찰과 교역, 분배 및 과세가 그 주 역할이었고, 서양에서의 수학다운 학문의 기초는 고대 그리스시대(약 6세기 경)에 와서 이루어졌을 것으로 봅니다. 물론 그 이전에도 일찍 문명의 꽃을 피운 고대의 인도, 중국, 바빌로니아, 이집트 등에서는 수학을 비롯하여 괄목할 만한 문화도 발달하였습니다. 17세기 과학 혁명기에 와서 수학의 새로운 이론들이 창설되고, 프랑스를 중심으로 18세기에 더욱 발전하였습니다. 18세기는 해석학의 발전기였고, 그 후로 19세기에 와서는 새로운 수학의 창설과 발전이 병행해 왔습니다. 이와 같은 수학의 발전의 근저에는 오늘날과 같은 편리한 숫자를 창안하고 의미에 맞게 사용하기 시작했던 고대인들의 생각과 업적에 찬사를 보내야 할 겁니다. 오늘날의 인도 아라비아 숫자가 어떻게 전해지고 근대과학에 접목되었을까요? 간단히 살펴보기로 하겠습니다.

인도 아라비아 숫자는 유럽에서는 이미 10세기 후반에 만들어진 사본에 나타나고 있습니다. '영(0, zero)'을 포함한 이 숫자를 유럽에 널리 알린 사람은 영국의 수학자이자 천문학자이고 '통속 알고리즘'(Algorismus vulgaris)[21]의 저자인 사크로보스코(Johannes de Sacrobosco, 1195년경-1256년경)입니다.

그가 이 책에서 이 숫자(0, zero)가 아라비아(이슬람권)에서 발명되었다고 서술했기 때문에 '아라비아 숫자'라는 명칭으로 불리게 되었습니다. 이른바 아라비아 숫자의 최대 장점은 '영(0)'을 하나의 수로 간주하고, '영(0)'에 자릿수의 역할을 인정했다는 점입니다. 그러므로 '영(0)'과 9개의 숫자만 있으면 어떠한 숫자라도 표시할 수 있게 되었습니다. 이것은 인류가 발견한 최대의 업적 중 하나라고 평가 합니다. 그러나 '영(0)'을 포함한 숫자 기호는 아라비아어권의 발견이 아니라, 6세기 이전 인도의 산스크리트어에도 나타납니다. 이 숫자 기호가 8세기의 압바스 왕조시대[22]에 이슬람권에 전해졌다고 봅니다. 그 이전에 이슬람권에서는 그리스 숫자와 같은 방법으로, 처음에는 아라비아어의 알파벳을 이용하여 숫자를 표시했습니다.

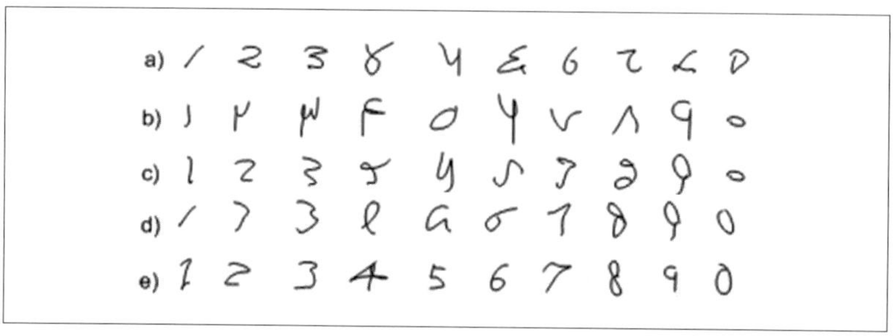

a) 산스크리트 숫자. b) 이슬람의 아라비아숫자. c) 서방 이슬람(스페인)의 구바르 숫자.
d) 는 13세기 유럽의 아라비아 숫자. e) 는 16세기의 아라비아 숫자. (아라비아 숫자의 변천)

---

21 알고리즘이라는 것은 아라비아 숫자를 이용하여 계산하는 것을 의미하며, 로마 숫자를 사용하여 계산하는 것과 대립되는 단어가 되었다.

22 압바스 왕조는 아랍 제국의 두 번째 이슬람 바그다드 칼리파왕조의 이름이며, 아바스 왕조로 부르기도 한다.

그리고 스페인의 옴미아드 왕조에서는 글자모양이 약간 다른 구바르 숫자가 사용되고 있었습니다. 이 기수법이 이슬람권에서 12세기경부터 유럽으로 전파되었고, 동시에 이것이 '아라비아 숫자'라고 불리게 되었다고 봅니다. 그러나 이런 역사적 이유 때문에 이 숫자 기호는 '인도-아라비아 숫자'라 불러야 한다는 인식이 높습니다.

2.6 문자의 발견과 정보 전달 방법도 과학발달에 기여했다

- 문자는 시간의 제약을 넘어서게 하는 정보전달 수단(체제)이다.
- 문자는 생각을 넣고 동적이게 할 수 있다는 속성이 있다.
- 종이 개발과 인쇄술이 과학 발달에 영향을 주었다.
- 타자기의 개발이 IT식 정보전달을 가능하게 했다
- 책의 보관성과 편리성 같은 유연성 때문에 인류가 선호하는 정보저장 수단이다.

문자의 발견도
과학기술 발달에
기여한 중요한 요소다

문자(文字)는 "시간의 제약을 넘어서게 하는 정보전달 수단(체제)이다". 문자의 발견은 기호의 발견과 더불어 과학기술의 발전에 기여한 중요한 요소 중 하나입니다. 아울러 문자를 기록할 점토, 파피루스 및 종이 같은 매체와 문자를 표기하는 인쇄술 같은 수단도 또한 과학기술의 발전에 크게 기여하였다고 봅니다. 기호는 뜻을 나타내는 수단이며, 기호가 문자화되기도 하였지만 문자는 생각을 넣고 동적(動的)이게 할 수 있다는 속성을 가지고 있습니다. 원시시대의 동굴 벽화를 보면 나름대로의 어떤 의미를 담고 있지만, 다른 사람이 그린 사람과 동일한 의미로 이해하기는 어렵습니다. 그래서 사람들은 다른 모든 사람이 동일한 의미로 이해할 수 있는 기호가 필요했습니다. 그래서 당시는 자연에서 볼 수 있는 대상을 그림으로 그려 그림문자를 만들었습니다. 이런 그림문자가 보다 발달하여 이집트의 히에로글리프, 메소포타미아 수메르인의 쐐기문자, 중국의 한자 등의 문자로 변화되었습니다. 이들 문자에 대한 기록은 보통 기원전 3,000년경의 것이 남아 있으나, 실제로 이 문자가 발생한 그림문자의 시초는 기원전 1만 년 전의 동굴벽화에서 확인할 수 있습니다. 문자 존재에 대한 최초의 증거는 기원전 3200년경 수메르 족이 사원의 재산 관리를 위해 점토에 기록한 쐐기문자입니다. 기원전 3세기 초에는 메소포타미아와 이집트 지역에서 고유의 그림문자가 등장했고, 이 상형문자는 기원전 2000년경이 되서야 완성되었다고 보고 있습니다.

그림문자의 한계는 추상적인 개념이나 복잡한 내용을 표시하기가 어렵다는 것입니다. 그래서 그림문자는 그림 하나하나가 의미를 갖는 중국의 한자 같은 표의문자(表意文字)로 발전하고 그리기도 편하게 간략해진 것이죠. 이런 표의문자도 역시 나타내려는 의미가 많을수록 글자 수가 많아져야 하므로 배우기 어렵고 보급이 어렵다는 단점이 있습니다. 이런 단점을 해결한 것이 문자가 발음을 표시하는 표음문자입니다.

대표적인 표음문자(表音文字)로는, 기원전 1,000년경 페니키아인들로부터 그리스로 전파된 그리스 알파벳이 있습니다. 알파벳의 글자(a, b, c, d....)에는 아무런 뜻이 담겨 있지 않지만, 글자가 모여 의미를 갖는 말이 됩니다. 즉, 'Love'가 그렇다. 표음문자는 문자수가 적어 배우기 쉽고, 전파가 빠르다는 장점이 있습니다. 현대 언어의 대부분이 표음문자로, 우리의 한글, 영어, 프랑스어, 독일어, 일본어가 있습니다.

오늘날 각 나라마다 사용하는 문자와 언어는 저마다 이질적이고도 다양한 기호체계를 지니고 있어 소통에 한계가 있으나, 과학에서는 분야 마다 사용하는 공통적인 단위나 특별한 기호를 이용하는 과학의 언어로 어느 정도는 소통의 한계를 극복하고 있는 셈입니다. 이러한 문자와 언어에서 오는 소통의 한계가 컴퓨터나 인터넷과 같은 새로운 정보전달의 수단이 발달하면서 영어가 과학의 대표적인 언어로서의 위상을 차지하게 되었습니다. 오늘날 발간되는 국제적인 과학학술지는 대부분 영어로 작성되고 발간되고 있다는 것이 그 증거입니다. 여러 언어 중에서 왜 영어가 과학언어의 대표적인 위상을 차지하게 되었는가는 여러 가지로 고찰할 수 있겠으나, 문자나 언어 자체의 우월성도 있겠지만, 오늘날의 과학이 서양과학 중심이며 영어권 나라의 현대과학의 수월성 때문이라 여겨집니다. 앞선 과학이 후발 과학을 주도하는 것이죠.

종이 개발과 인쇄술의 발전이 과학 발달에 영향을 주었다

현대적인 종이가 발견되기 전에는 이집트의 파피루스(기원전 3000년경), 양피지(羊皮紙 9기원전 1400 년경)가 대신하였고, 오늘날의 종이에 가까운 종이가 발견된 것은 기원전 105년 중궁의 채륜이 뽕나무 껍질과 대마 그리고 헝겊 등을 이용하여 만든 종이입니다. 이 종이 제작법은 아랍인들에 의해 751년 서양에 전달되고, 이후 인쇄술이 발명되면서 종이의 수요는 급격히 증가하였습니다. 19세기 초 종이 생산에 필요한 헝겊을 더 이상 충당할 수 없게 되자, 목재 가루로 펄프를 제조(1844년, Friedrich Gottlieb Keller)할 수 있게 되면서 문서나 신문 제작비도 대폭 줄일 수 있게 되었습니다. 인쇄술의 발명으로 정보를 문서의 형태로 단시간 내에 보급할 수 있게 된 것은 종교 뿐 만 아니라 다른 지식 분야에서도 큰 영향을 미쳤습니다. 물론 종이의 개발과 인쇄술의 발전이 과학 분야 발전에도 상당한 영향을 미쳤다고 생각합니다.

타자기 개발이 인터넷 정보전달을 가능하게 했다

인쇄술이 발전하자 활자를 낱개로 입력하는 기계를 만들려는 시도가 17세기 중반부터 시작되었습니다. 1714년 영국의 핸리 밀(Henry Mill)이 처음 타자기(typewriter) 특허를 취득하였고, 이러한 타자기의 개발은 곧 필기(筆記) 기계화의 시작이었습니다. 토머스 에디슨(Thomas Alva Edison, 1847-1931)이 전기구동 타자기를 만든 후 1920년부터 사무용 전기구동 타자기가 생산되었고, 이를 응용하여 암호화 기능을 가진 텔렉스(telex)[23]가 개발되었습니다.

1947년 IBM에서 최초의 전자동 타자기를 제작하였으나, 1970년 후반부터 개인용 컴퓨터가 개발되면서 자취를 감추게 되었습니다. 타자기의 발견이 문서 작성의 혁명을 가져왔고, 문서가 규격화되고 명료해지면서 과학지식의 전달도 점차 발전했습니다. 이어서 등장한 컴퓨터의 개발은 문서작성뿐 만 아니라 곧, 과학 활동과 정보 전달방

23 텔렉스(telex)는 다이얼로 상대방을 불러서 텔레타이프로 통신하는 장치: teleprinter exchange의 약칭으로 TEX·TWX·TLX라고도 한다.

법에서 혁명적인 수단이 되었습니다. 컴퓨터의 자판은 타자기의 자판을 바탕으로 진화되었고, 정보처리의 양과 속도 면에서 경이적인 변화를 일으켰습니다. 컴퓨터의 발견은 20세기 가장 중요한 발명품 중 하나라고 해도 과언이 아닙니다. 컴퓨터 없이는 인간 게놈(genome) 지도를 완성할 수 없었고, 오늘날의 DNA 검사 등도 불가능 했을 것입니다. 컴퓨터와 학술지가 접목되면서 전자저널(e-journal)이 탄생하였고 전자저널의 탄생은 과학기술의 지식을 보다 저렴하고도 빠른 시간에 전달할 수 있게 만들었습니다. 현대는 인터넷과 사회관계망 서비스(Social Network Service, SNS)의 시대입니다. 서로의 관심사를 지역적 제한 없이 빠른 시간에 공유할 수 있도록 정보전달 방식이 혁신적으로 변했습니다. 1991년 제네바에 있는 유럽입자물리학연구소(CERN)의 리(Tim Berners Lee)가 개발한 '월드와이드웹(world wide web, www)'은 상호간의 대화와 정보전달 기능을 충족시켰으며, 이후 급속히 확산되어 오늘날 정보통신 분야에서 가장 중요하고도 긴요한 수단이 되었습니다. 트위터(twitter), 페이스북(facebook), 핀터레스트(pinterest, pin + interest의 합성어)는 더욱 놀라운 속도로 지식과 정보를 전달하고 공유할 수 있게 하였습니다. 빠른 지식의 전달과 다양한 정보 저장방식이 과학의 발전을 이끌어 가고 있습니다.

책은 소멸될 것인가?

이 시점에서 우리는 한 가지 집어볼 것이 있습니다. 오늘날 놀랍게 발전하고 있는 온-라인 상의 소통과 정보 전달방식의 발전이 책을 소멸하게 할 것인가? 에 대한 질문의 답을 생각해볼 필요가 있습니다.

종이가 발견되고 사진술이 발견되면서 그 시대의 사실과 사건이 책과 사진을 통해 기록 저장되어 왔습니다. 인류는 일찍부터 자기가 알고 있는 지식이나 정보를 다른 사람이나 후대 사람들에게 전달하려했고, 그 매체로 동굴의 벽화나 점토, 파피루스, 동물가죽이나 종이 등을 이용해왔습니다. 고대 중국에서도 대나무나 동물 뼈, 갑각류의 껍질, 상아 그 외에도 철, 금, 은, 주석 및 청동을 사용하다 종이를 사용하게 되었습니다. 그 후 종이 인쇄술이 개발되면서 책이 인류의 정보 저장기술에 이정표가 되었습니다. 또 다른 기록저장 장치기술은 '천공(穿孔)카드(punched card)'이며, 이는 데이터를 표현하기 위해 규칙에 따라 직사각형 모양의 구멍을 뚫어 사용하는 종이 카드로서 컴퓨터 개발 초기의 저장매체였습니다. 1700년대 초에 개발된 천공카드는 1900년대에서 1950년대에 이르기까지 자료 기입 및 기억을 위한 주요 매개체였습니다. 1956년 IBM에서 하드 디스크(hard disc)를 개발하면서 컴퓨터 산업이 크게 발전하게 되었고, 이를 계기로 1970년대 초 플로피 디스크(floppy disc)가 개발되고, 이어서 1980년 초 최초의 공학 장치인 CD 및 CD-rom 이 개발되었습니다.

오늘날에는 메모리 카드나 스틱 등의 작은 기억장치들을 쉽게 이용하게 되었습니다. 이러한 인터넷 정보기억 및 전달 장치가 개발되면서 편리함과 유용성 때문에 이들의 이용에 적극적이게 되었습니다. 따라서 오늘날 많은 학술지가 '전자저널(e-journal)'을 발간하고 있고, 다양한 종류의 '전자책(e-book)'도 개발되어 있습니다. 이런 변화의 속도로 가면 종이로 된 책이 전자저널이나 전자책으로 대체되어 소멸될 것인가? 이와 같은 정보저장 및 전달 기술의 개발로 우리사회는 몇 가지의 새로운 상황에 처할 수 있습니다.

첫째는 불과 2~3년 전에 사용하였던, 디스크의 정보를 판독하기 위해 별도의 판독기를 사용해야하는 불편함을 겪기도 하고, 때로는 이전의 저장된 정보를 잃어 버리거나 찾을 수 없는 경우를 겪게 되겠죠.

두 번째는 컴퓨터를 작동할 수 있는 전기가 없으면 아무것도 할 수 없다는 것입니다.

세 번째는 컴퓨터 구동을 지시하는 명령어가 필요하며, 이 언어가 영어를 중심으로 되어 있다는 것입니다.

인터넷이 활성화되면서 우리사회는 열린사회가 되었고, 다양한 정보와 사건사고를 거의 실시간으로 공유하게 된 역동적인 사회로 되었습니다. 열린사회가 되었다는 것은 단순한 지식정보의 공유만을 의미하는 것이 아니라, 우리사회의 여러 분야에서 더 큰 영향을 발휘한다는 것을 의미하기도 합니다. 과학지식만으로 국한한다고 해도 아주 방대한 정보를 짧은 시간 내에 검색하고 체계적으로 분류할 수 있으며, 새로운 과학적 사실에 대한 토론도 이들 매체를 통해 이루어집니다.

지난 500여 년 동안 종이로 된 책은 형태에는 이런 저런 변화가 있었으나, 종이책으로서의 그 기능과 구성 체계에는 변화가 없었습니다. 책은 전자 기록장치보다 더 유연성이 있고, 수명이 긴 도구입니다. 따라서 책이 차지하는 사회적 기능과 위상은 여전히 확보되리라고 보입니다. 지금은 책이 인터넷에 우위를 점하고 있지만, 그 우위는 점차 줄어들고 있습니다. 그렇다면 책은 인류 곁에서 완전히 사라질까요? 그렇지는 않을 것이라고 생각합니다. 책이 가지는 보관성이나 편리성을 포함한 유연성 때문에 인류가 선호하는 정보 저장수단으로 계속 남을 것이라 보입니다.[8]

2.7 과학단체의 출현도 과학발달에 영향을 줬다

- 과학단체는 지식의 확인, 정보수집, 교환 및 회지발간 등의 기능을 했다.
- 프랑스 과학아카데미 활동이 중심이 되어, 유럽의 아카데미활동에 영향을 주었다.

과학은 매우 개인적인 활동이지만 과학자가 얻은 과학적 결과는 다른 모든 사람들에게 타당성과 우선권을 인정받아야 만합니다. 그러기 위해서는 자신의 결과를 다른 사람에게 알려야 하고 인정받기 위한 토론이 필요합니다. 그런 인정의 필요성이 과학단체를 출현시켰을 것입니다. 서양에서 과학 혁명기를 거치면서, 과학자들의 의사소통 체계가 갖추어지고 정기적임 모임을 갖고 관련 분야 학술지를 발행하기 시작하였습니다.

서양에서 과학단체는 영국과 프랑스를 중심으로 출현되었습니다. 이러한 과학단체의 출현 이전에도 나폴리의 'Academia Secretorum Naturae(1560 년대)', 갈릴레이가 속해 있던 'Accademia dei Lincei(1601-1630)' 및 'Accademia del Cimento(1657-1667)'등의 과학단체가 있었으나, 이들은 개인 기관적 성격의 단체였음으로 오래 지속되지 못했죠. 근대적인 과학단체로 볼 수 있는 과학단체로, 영국의 '런던왕립학회(1660년 성립)'와 1666년 정부의 한 기관으로 설립된 프랑스의 '왕립아카데미'를 들 수 있습니다. 영국의 왕립학회는 법정기관으로 집회의 권리, 회원 선임권리 등의 법적 지위를 가졌던 임의적이고 자발적인 조직이었습니다. 이 학회는 지금까지도 존속하고 있습니다. 회원들은 자신들의 연구를 발표할 수 있었으므로 과학적 지식의 확인, 정보수집, 교환 및 학회지 발간 등의 학회로서의 기능을 하게 되었습니다. 또한 파리의 왕립아카데미는 특허권 심사와 같은 공공 기능도 수행하였다고 합니다. 18세기에 들어서면서 영국의 왕립학회는 회원 수는 증가한 반면에 과학 활동은 오히려 축소되었고, 프랑스의 과학아카데미는 회원 수도 증가함과 동시에 과학 활동도 활발하였습니다. 이러한 프랑스 과학아카데미 활동이 중심이 되어 당시 유럽의 아카데미 활동에 영향을 주었습니다.

프랑스의 왕립아카데미에서는 학술지로 'Journal des sçavans'(1665년)를 주기적으로 발행하였고, 거의 같은 시기에 영국 왕립학회에서는 'The Philosophical Transactions of the Royal Society'(1665년)라는 과학 학술지를 발간하였습니다. 근대 유럽에서의 이러한 학술단체의 출현이 곧 과학발전을 가속화 하였다고 생각됩니다. 오늘날에도 과학학회를 중심으로 한 과학적 지식의 확인, 정보수집, 의견교환 및 학회지 발간 등의 학회로서의 기능이 계속 이어지고 있습니다. 아마도 과학 활동은 이처럼 과학 단체를 중심으로 계속되리라 생각됩니다.

제3강

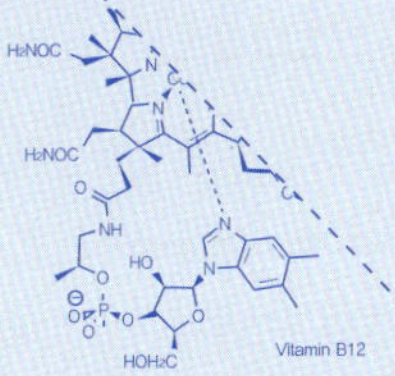

서양의 근대 자연과학의 성립과 발달은 어떠했나?

3.1 서양의 근대 자연과학은 어떻게 성립되었나?

3.2 서양에서 근대 자연과학 성립에 영향을 준 사건들은 무엇인가?

3.3 서양의 근대 자연과학의 특징은 과학의 수학화다

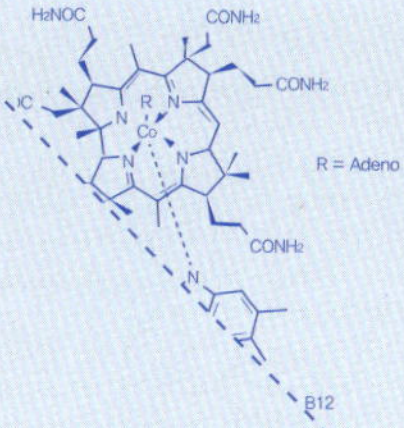

"인간의 위대함은 사고하는 힘에 있다"

- Blaise Pascal -

제3강

들어가기 전

서구에서 성립된 근대 자연과학이 오늘날 인류 사회의 첨단 과학기술을 이루었다고 봅니다. 이 강좌에서는 먼저 "서구에서 어떻게 근대 자연과학이 성립되었는가?"를 당시의 서구사회의 세계관, 종교관과 문화적 관점을 중심으로 살펴보고, 아울러 자연과학의 성립에 직접적인 영향을 미친 몇몇 주요 사건들을 보다 구체적으로 토론하고자 합니다. 강좌의 마지막으로 왜 근대 자연과학의 특징을 '과학의 수학화'라고 생각하는 지를 생각하고자 합니다.

제3강 서양의 근대 자연과학의 성립과 발달은 어떠했나?

3.1 서양의 근대 자연과학은 어떻게 성립되었나?

▪ 기독교적 세계관, 그리스 문화업적 및 자본주의가 영향을 주었다.

서양의 근대 자연과학은 어떻게 성립되었을까? 근대 자연과학이 서양에서 성립되었다고 보는 몇 가지 이유는 다음과 같습니다. 첫째 기독교적 세계관이 근대과학의 성립에 가장 큰 역할을 하였고, 둘째 고대 그리스 문화적 업적이 근대과학의 선구자들에게 영향을 주었으며, 셋째 자본주의가 근대과학 발전의 추진제였기 때문이라고 생각합니다.

로마 제국이 쇠퇴의 길을 걷기 시작하자, 유럽 사회는 게르만 민족의 대이동을 비롯한 여러 가지 변동이 일어났으며, 또 정신세계에서는 기독교의 권력이 점점 증대되었습니다. 이러한 상황 아래, 이교적이라고 보이는 그리스나 로마의 과학과 기술은 겨우 명맥만을 유지할 뿐이었습니다. 예를 들면, 그리스에서 로마로 전승된 자유 7학파나 대우주, 소우주에 대한 교리는 중세 교육이나 종교적, 신비적 사상에 크게 영향을 받기도 했으며, 로마 기술 이외에 게르만 인의 기술도 첨가되었습니다.

중세문화의 모태는 수도원에서부터 시작되었을 겁니다. 그 중에서도 성 베네딕투스(Benedictus, 약 480-543년경)와 6세기 전반에 문을 연 몬테카시노(로마와 나폴리 사이에 있음) 수도원의 역할이 가장 컸다고 보고 있습니다. 물론 기독교 교도로서 엄격한 계율을 지키는 생활이 이루어진 곳이지만, 특히, 이 수도회는 노동을 중시했습니다[1]. 당시로서는 수도회에 속한 교양인이 노동에 종사하는 것은 드문 일이었으나, 12 세기경에는 오히려 자유 7학파[2] 이외에, 기계기술, 옷감 짜기, 병기의 제조, 항해, 농경, 수렵, 의술, 공연 등도 장려되었을 정도였다고 합니다.

이 무렵 로마의 저술가 카시오도루스(Cassiodorus, 487-583년경)가 동고트 왕국(Ostrogothic Kingdom)[3]에서 근무한 다음, 그 나라 식민지에 수도원을 열고(550년 이후) 신학적인 저작이나 연대기를 저술했습니다. 그때 쓰여 진 성서와 자유 7학과를 다룬 '성속 학문 초보(Institutiones divinarum et humanarum litterarum)'는 이후 몇 세기 동안 세계 지식의 주요 원천이 되었습니다.

---

1 수도회가 노동을 중요시한 결과는 오늘날의 '실험실(laboratory)'을 뜻하는 laboratorium의 어원이 되었다는 것으로도 미루어 알 수 있다. 이 어원은 '기도하며 일한다-Ora et labora'라는 라틴어로부터 생겼다고 한다.

2 자유 7학파란 문법학, 수사학, 변증법, 음악, 수론, 기하학, 천문학을 나타낸다. 플라톤이 시작하여 로마의 바로(Varro)를 거쳐 카펠라(M. Capella, 5세기경)에 의해서 정착되었던 자유 7학과는 중세가 되어 더욱 중시되었다.

3 동 고트 왕국은 493년 게르만족의 일파인 동고트족의 테오도릭 대왕이 동로마 제국의 황제 제논의 지원을 받아, 로마를 점령한 게르만인 오도아케르를 몰아내고 건설한 왕국이다.

중세 후기 서구문화의 중심은 다시 유럽이 됩니다. 11세기부터 12세기 유럽에서는 이슬람권이 고대 그리스나 인도 등의 학문과 과학을 받아들여 그것들을 고도로 발달시켰다는 사실을 알게 되었습니다. 따라서 다른 학문과 새로운 지식을 획득하려는 의욕이 강하게 나타났고, 이런 현상은 십자군(1096-1270년)의 원정에서 더욱 강하게 나타납니다. 이러한 적극적인 지식 습득의 욕구가 '번역시대'를 가져왔습니다. 역사가 하스킨즈(Ch. H. Haskins, 1870-1937)는 유럽의 12세기부터 13세기(경)의 '번역시대'를 '12세기의 르네상스'라고 할 정도였습니다. 이 당시 번역의 중심지는, 영국과 스코틀랜드, 스페인, 이탈리아, 시리아였으며, 특히 스페인과 남부 이탈리아에서 아랍어에서 라틴어로의 번역이 왕성하게 일어났다고 합니다. 당시는 아랍어로 번역된 책을 최고라고 인식했으므로, 고대 그리스의 아랍어 과학서를 라틴어로 번역하는 것이 주된 일이었을 겁니다.

일곱 차례에 걸친 십자군 원정(1096-1270년)의 실패는 유럽의 정신세계나 사회를 커다랗게 변화시켰습니다. 그 결과 유럽에서는 새롭고 커다란 변화가 일어났는데, 그 변화로는 르네상스(renaissance) 정신이 부활하고, 여러 번에 걸친 탐험 항해에 의해 지리학적 시야가 지구 전체로 확대되고, 동시에 세계지도에 새로운 개량이 일어났으며, 루터에 의한 '종교개혁'(1517년)등이 일어났습니다.

한편, 르네상스는 과거 지향적이라는 생각을 하는 이도 있으나, 르네상스를 통해 휴머니스트들은 과학을 포함한 그리스 정신을 진실로 부흥시켜야 한다는 생각을 하게 되었고, 그것이 근대정신의 바탕이 되어 새로운 과학, 철학, 예술, 문학이 나타나게 하였습니다. 르네상스의 발상지는 이탈리아로, 그 중 피렌체를 비롯하여 밀라노, 나폴리, 제노바, 베네치아, 로마 등의 도시가 중심이 되었습니다. 그리고 이 흐름은 유럽 각지로 전파되었습니다. 당시 학자들은 라틴어로 번역된 과학 번역서의 진가를 인정하였을 뿐 만 아니라, 과학적인 문제에 관련해서도 중세인과 비할 때 훨씬 진보적이었습니다. 예를 들면, 공기에는 무게가 있다거나, 뇌는 신경의 근원이라든가, 심장은 혈관의 본원이라고 서술하는 등 입니다.

이 번역사업과 병행해서, 유럽에서는 기독교를 기반으로 한 스콜라 철학이 당시의 교양계급을 구성하고 있던 성직자들에게 커다란 영향을 끼쳤습니다. 많은 스콜라 철학자들 중 대표적인 인물로, 토마스 아퀴나스(Thomas Aquinas, 1227-1274)를 들 수 있습니다. 아퀴나스는 기독교의 교리와 아리스토텔레스의 철학을 결합하여 교회를 방어하려고 했습니다. 무엇보다도 스콜라 철학은 그 목적이나 방법에서 보아도 경험적인 과학과는 기본적으로 서로 용인할 수 없는 점이 있었습니다. 스콜라 철학의 목적은 진리를 새롭게 탐구하는 것이 아니었습니다. 진리는 신앙 속에 처음부터 주어져 있었던 것이죠. 또한 방법 면에서도 스콜라 철학은 보통의 의미에서 경험에 기초한 것이 아니라, 반론의 여지가 없는 종교적 권위로서의 성서나 교리에 그 논거를 두고 있었습니다. 이러한 스콜라 철학의 바탕이 기독교가 지배하던 당시유럽의 여러 민족에게 영향을 미쳤다는 것도 분명합니다. 그러나 다양한 과학지식과 실험적 증거들이 축적되면서 스콜라 철학은 많은 도전을 받게 되었고, 수도원에서도 상당한 과학지식을 축적하고 있게 되었습니다. 결국 당시의 수도원이 유럽 근대 자연과학의 태동에 어떤 형태든 상당한 역할을 하게 되었다고 볼 수 있습니다. 그 이후로 가톨릭교회에 속하는 프란체스코 수도회(1209 설립)나 도미니크 수도회(1215 설립)같은 수도원에서도 자연 과학자가 많이 배출되었습니다. 사실 이 시기의 과학자 대부분은 성직자였습니다.

3.2 서양에서 근대 자연과학의 성립에 영향을 준 사건들은 무엇인가?

- 원자설, 피타고라스 사상, 갈릴레이의 자연과학적 방법이 영향을 주었다.
- 근대 자연과학의 특징은 자연현상을 수학으로 설명한 것이다.

근대자연과학의 성립에 직접적인 영향을 미친 주요 요인들로 원자설, 피타고라스의 사상 및 플라톤 철학을 들 수 있습니다. 물질이 한계가 있다고 본 원자론으로 인해 원자설이 등장하고 과학의 정량화가 가능하게 되었습니다. 피타고라스의 수학에 대한 사상으로 과학의 수학화 또한 가능하였다고 봅니다. 과학의 수학 화나 정량적인 과학 방법이 오늘날의 첨단 과학이 있게 한 중요한 요인기도 합니다.

첫째로 원자설이 근대과학을 정량과학과 미시적 물질계의 과학을 가능하게 하였다

오늘날의 원자설은 고대 원자론이 19세기의 물리학자들에 의해 완벽하게 부활된 이론입니다. 원자론의 기원은 그리스 철학자의 물질관에서 엿볼 수 있습니다. 그리스 철학들의 물질관은 자연에 존재하는 물질은 사람의 능력으로는 더 이상 쪼갤 수 없는 한계가 있다고 보는 유한론(有限論)과 그렇지 않다고 보는 무한론(無限論) 두 가지였습니다. 한계가 있다고 보는 유한론자였던 데모크리토스(Democritos, B.C 460-370) 같은 학자들은 더 이상 쪼갤 수 없는 한계 물질을 '원자(atom, Atomos,나뉘지 않는 것; a (아니다) + temnein(나뉘다)로부터 유래)라고 하였습니다. 이 원자론(原子論, atomism)은 근대과학의 정량화에 크게 기여하였다고 봅니다.

고대 원자론은 레우키포스(Leucippos, B.C 440년경)와 데모크리토스에 의해 처음으로 체계적으로 정립된 사물의 본성에 관한 이론이었습니다. 이 이론의 특성은 물질을 이루고 있는 재료를 찾아내어, 물리적 문제를 해결하려는 시도였습니다. 데모크리토스는 물질들이 원자로 이뤄져 있으며, 특히 인간의 정신은 가장 정밀하고 오묘한 원자로 이루어졌다고 주장하였다고 합니다. 즉, 고대 원자론은 과학적인 증명이라기보다는 철학적인 가치관에 가까운 이론이었던 거죠.

돌턴(John Dalton, FRS, 1766-844)은 이런 고대 원자론의 이론을 바탕으로 오늘날 원자설(原子說, atomic theory)[4]의 기원이 되는 화학적 개념의 이론을 내놓았습니다. 데모크리토스의 원자는 "여러 종류의 크기와 모양을 갖으며, 각 물질은 특성적인 원자로 되어 있다. 원자의 운동은 무질서하지만 원자들 간의 어떤 특정 조합은 거의 언제나 다른 조합보다 우세하게 일어난다."고 했습니다. 오늘날의 원자설의 견해와 놀랄 만큼 유사합니다. 전체적으로 그들의 원자론은 철학자들에게 깊은 영향을 미치지 못한 것 같습니다. 그 이유는 당시 소크라테스학파가 주류를 이루었기 때문이라고 보는 견해가 많습니다.

돌턴은 원래 수학과 자연철학을 연구하던 학자로, 1792년 맨체스터의 뉴칼리지의 교수로 활동하며 기상관측이나 색맹 등 여러 방면의 연구 활동을 했습니다. 기체에 대한 연구에 몰입하게 된 돌턴은 뉴턴의 영향을 받아 원자론을 화학분야에 도입하여, 각종 물질의 원자무게를 정하는 방법을 고안하기도 했습니다. 돌턴의 원자설은 '질량

---

4 원자론(原子論, atomism)과 원자설(原子說, atomic theory)을 모두 '원자론'으로 표기하기도 하지만, 이 책에서는 일반적으로 받아드려지는 원자론과 원자설로 구분하여 표기한다.

보존의 법칙', '정비례의 법칙'을 설명하기 위해 세워진 것이며, 원자설의 주요 내용은 다음과 같습니다.

ㅇ 물질은 원자라고 부르는 더 나눌 수 없는 작은 입자로 구성되어 있다.
ㅇ 같은 원소의 원자들은 동일하며, 같은 성질들을 갖고 있다.
ㅇ 화합물은 다른 원소들의 원자들로 구성되어 있으며, 작은 정수비로 결합되어 있다.
ㅇ 화학반응은 단순히 원자들이 자리를 옮겨서 다른 조합을 이루는 것이다.

이 원자설은 오늘날 물질을 이해하는데 보편적으로 받아 드려지고 있습니다. 돌턴의 원자설을 바탕으로 설명하는 '질량보존의 법칙'은 당시 유럽사회를 지배하던 플로지스톤설(phlogiston theory)[5]을 붕괴시키는데 직접적으로 기여 하였고, 화학이 정량과학으로 발전하게 되는 전기를 마련하였다고 봅니다. 아울러, 원자 자체에 대한 호기심이 유발되고, 급기야는 원자구조와 원자를 구성하는 구성입자들이 밝혀지면서 인류는 새로운 원자시대를 맞게 되었습니다. 뿐만 아니라 거시적인 물체에 대한 물리과학에서 보이지 않는 원자와 같은 미시적 물질계의 과학을 보려는 시도가 이루어졌고, 그 결과 양자가설, 전자의 발견과 더불어 원자 구성입자의 발견과 원자구조의 이해, 파동함수 이론, 불확정성 원리 등과 같은 혁명적인 과학적 산물들을 낳게 되었다고 봅니다.

5 플로지스톤설은 모든 가연성 물질에는 플로지스톤(phlogiston)이라는 입자가 있어 연소과정에서 플로지스톤이 소모되고, 플로지스톤이 모두 소모되면 연소과정이 끝난다는 학설이다. 이 학설은 1783년 라부아지에 의해 플로지스톤이 존재하지 않음이 확인되었고, 거의 1세기 동안 화학의 발전에 부정적인 영향을 미쳤다.

둘째로 피타고라스의 수학적 사상이 과학의 수학화를 유도했다

많은 학자들이 당시 피타고라스(Pythagoras, BC 527-492)의 사상이 과학의 수학화에 기여하였다고 인정합니다. 피타고라스는 "수(數)야 말로 우주의 상주적(常住的) 원질(原質)이며 만물을 질서 있게 만든다"라고 하였습니다. 피타고라스는 자연이 숫자에 의해 다스려 지고, 자연에는 하모니가 있다고 했습니다. 자연의 다양성속에 통일이 있고, 그 나름대로 언어가 있으며 그것이 곧 숫자라고 했죠. 피타고라스는 음악적인 하모니와, 수학 사이에 근본적인 관계가 있다고 생각했습니다. 그래서"만물의 근원을 수(數)"라고 주장 하였습니다. 천체의 운행을 음악과 음정과 관련시켜서 계산해 낼 수도 있다고 까지 하였습니다.[1]

영국의 프란체스코회에 속한 신학자며 옥스퍼드 대학의 교수였던 그로스테스트(Grosseteste, 약1175-1253)는 언어 연구를 중시한 뛰어난 고전학자로 또한 베이컨(R. Bacon, 1561-1626)의 스승으로 알려져 있습니다. 그로스테스트는 과학 연구에서의 새로운 방법론을 주장했는데, 그것은 수학적 합리성과 실험적 실증성을 통합하려는 시도였습니다. 이 때문에 그로스테스트를 '근대적 과학정신의 예견자'중 한 사람이라고 하기 도 합니다. 이런 입장에서 그는 물리학이나 기상학을 다룬 과학논문을 저술했는데, 특히 광학에 커다란 관심을 갖고 있었습니다. 그리고 그의 제자인 베이컨이 스승의 연구를 이어받아 광학 연구를 눈부시게 진보시켰습니다.

자연현상을 수학적 표현으로 서술하려는 시도는, 수학이라는 학문 자체의 체계성, 논리성 때문에 과학의 형성과 발전에 직접적인 원동력이 되었습니다. 플라톤 주의자였던 갈릴레이로부터 실험과학이 시작되었고, 과학적 방법이 확립되었습니다. 갈릴레이는 "실제적 진리와 수학적 진리사이의 차이는 없다", "수학은 발견의 도구(道具)다"라고 말했습니다.

셋째 갈릴레이적 과학 방법론도 영향을 미쳤다

흔히 근대과학의 시작은 갈릴레이로부터 시작되었다고 보며, 근대 자연과학을 갈리레이적 과학이라고도 합니다. 그 이유는 자연현상의 설명에 '수학'을 보편적으로 적용하는 것은 물론이고, 오늘날 갈릴레이적 자연과학의 방법론이라는 과학 방법론을 확립하였기 때문입니다. 갈릴레이는 자연현상을 관측하고, 그 결과를 추론하여 새로운 가설을 설정하고, 다시 실험을 통해 실험실에서 재현하거나 증명하는 소위 '추리-가설-검증'이라는 근대적 개념의 자연과학적 방법을 확립하였습니다. 그런 이유로 갈릴레이는 실험과학의 아버지로도 불립니다.

넷째 대학설립도 과학발전에 기여하였다

학문의 요람이라고 하는 대학도 이 무렵부터 유럽의 여러 지역에 설립되기 시작했습니다. 대학을 뜻하는 '우니베르시타스(universitas)'의 본래 뜻은 '전체, 세계, 우주이지만', 처음에 이것은 '학생의 조합'을 의미했습니다. 이때 설립된 대학은 크게 3 가지 유형으로 나뉩니다. 첫 번째 유형은 파리(Paris, 1200), 옥스퍼드(Oxford, 1214), 케임브리지(Cambridge, 1231)의 경우와 같이 법인형태 대학입니다. 이런 대학은 교회의 기금에 의해 세워진 건물에, 학생과 교수가 학장의 지도 아래 법인형태로 형성된 대학입니다. 두 번째 유형의 대학은 볼로냐(Bologna, 1088, 또는 합병한 1215), 파도바(Padova, 1222)와 같이 학생이 선발한 학장이 관리하는 대학이고, 세 번째 유형은 시칠리아 황제 프리드리히에 의해 조직된 나폴리(Napoli, 1224)나 카스티야의 페르난도 3세가 설립한 사라만카(13세기)와 같이 군주에 의해 교황의 인가를 얻어 설립한 국립대학 등 입니다. 이와 같은 대학들이 생기면서 대학을 중심으로 학문이 더욱 발전하게 되었고, 그런 결과가 근대과학이 성립하는데 폭넓게 영향을 미쳤을 것이라고 생각합니다.

3.3 서양의 근대 자연과학의 특징은 과학의 수학화다

- 근대 자연과학의 특징은 과학의 수학화다.
- 수학이라는 학문의 특성이 과학의 수학화를 유도했다.

서양근대과학의 가장 중요한 특징은 자연현상을 수학적 방법을 사용하여 설명하고 기록하였다는 것이라 볼 수 있습니다. 케플러와 갈릴레이가 자연현상의 설명 수단으로 수학을 사용한 이래, 서구에서는 자연과학의 설명을 위해 더 많은 수학을 사용하게 되었고 그 결과로 서구에서 근대과학은 비약적인 발전을 거듭해 온 거죠.

근대적 의미로서의 자연과학은 "자연현상을 수학이라는 도구로 서술 또는 설명하고, 이론의 발전과 검증에 체계적인 실험을 적용하는 것을 그 주요 방법론으로 하는 과학의 영역"이라고 말합니다.[2] 수학의 신봉자였던 갈릴레이는 "자연의 책은 기하학적 기초로 씌어있다"라고 하였습니다. 따라서 근대 자연과학의 특징을 다음과 같이 정리할 수 있습니다. 즉,

첫째, 언어 대신 수학을 이용하여 자연현상을 설명하려고 하였다.
둘째, 자연과학을 수학으로 설명함으로써 자연현상을 보다 체계적이고 논리적으로 설명할 수 있게 되었다.
셋째, 아울러서 자연의 양(量)적인 관계를 수학으로 체계화시켰다.

그렇다면 자연현상을 설명하는데 언어를 사용하는 것보다 수학을 이용하여 설명하는 것이 어떤 특별한 의미를 가지는가?

카시러(E. Cassirer)의 논의에 따르면 "언어를 사용하여 자연현상을 설명하면 정확한 체계를 갖추지 못하지만, 수학을 사용하면 수학이라는 학문 자체의 체계성과 논리성 때문에 논리적이고 체계적인 자연인식 방법을 구축할 수 있다"는 것입니다. 여기서 오늘날 우리 사회에서 수학을 어떻게 인식하고 있는 가를 보다 구체적으로 살펴보겠습니다. 우리나라 교육기관에서는 수학이라는 학문의 성격적 특성을 다음과 같이 인식하고 있습니다.

"수학은 추상성, 이상성, 실용성, 논리성과 직관성, 형식성, 일반성과 특수성, 계통성 등의 특성을 가지고 있는데, 이러한 특성들은 수학의 다양한 측면들을 나타낸다."

수학이 가지는 '추상성(抽象性)'은 어떤 구체물의 집합에서 이질적인 속성들을 제거하고, 동질적인 속성만을 추출하고 추상화하여 수학

적 개념을 얻는 다는 점에서 수학의 핵심적 특성이라고 할 수 있습니다. '이상성(理想性)'은 추상성과 밀접하게 관련된 것으로, 수학적 사고과정에서 최적의 사고가 가능하도록 본질적인 요소만 고려하여 새로이 바람직한 형태로 단순화시킴으로써 얻게 되는 특성입니다. '실용성(實用性)'은 수학이 제반 자연과학과 공학연구의 기반을 제공하고 활용되며, 실제생활에서 수학이 유용하게 사용되는 점에서 실용성을 찾아볼 수 있습니다. '논리성(論理性)'은 다른 어떤 학문보다 중요한 특징으로, 전제나 선행 명제로부터 결론이나 후속 명제를 타당하게 이끌어내는 것을 말합니다. 그러나 논리적으로 정당화되는 수학적 대상과 성질은 사실상 직관에 의해서 발명되는 경우가 많으므로 '직관성(直觀性)'도 매우 중요합니다. '형식성(形式性)'은 추상적 사고 과정을 통하여 얻어진 수학의 개념을 더 발전된 일반성을 가지는 활용방법을 도출하는 과정에서 필요한 격식이며, 수학적 표현의 엄밀성을 보장하고 수학의 힘을 증대시켜 효율적인 사고를 가능하게 합니다. '일반성(一般性)'은 특정 대상의 고찰로부터 그 대상을 포함하는 집합에 대한 고찰로 확장시키는 일반화의 성질을 말합니다. 이런 일반화의 과정은 수학에서 사용되는 여러 가지 원리와 법칙을 발견하고 구성하게 해 줍니다. '특수성(特殊性)'은 주어진 대상의 집합에 대한 고찰로부터 그 집합에 포함되는 더 작은 집합 또는 단 하나의 대상에 대한 고찰로 옮겨가는 특수화의 성질을 가리키는 것입니다. 이런 특수화의 과정을 통해 일반화된 명제를 검증하거나, 그 증명 또는 풀이에 대한 실마리를 제공해 주기도 합니다. '계통성(系統性)'은 기초적인 내용을 기반으로 하여 새로운 내용을 통합적으로 발전시킴으로써 구조화 및 위계화를 시키는 것을 말합니다. 수학은 계통성은 강합니다. 이러한 수학이라는 학문의 특성이 자연과학적 현상을 설명하는 유용한 수단으로 이용하게 만든 원동력이 되었다는 생각이다.

제4강

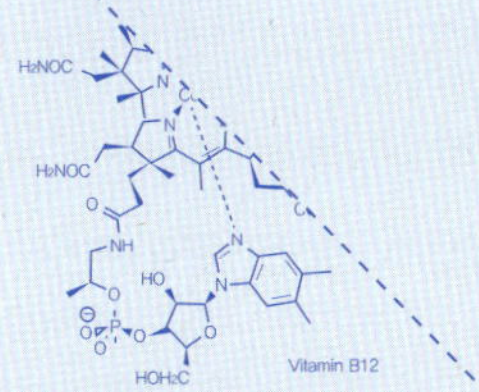

무엇이 동서양 자연과학의 발달에 영향을 미쳤나?

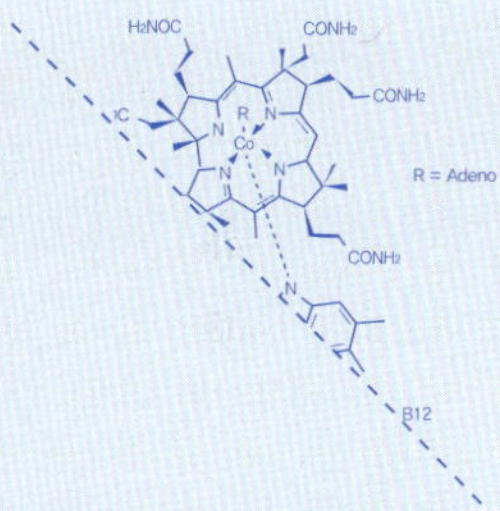

4.1 동서양 과학은 전통이 다르다

4.2 동서양 학문의 연원적 특성도 다르다

4.3 고대 동서양 자연관에 공통점이 있나?

4.4 고대 동서양 수학의 발달은 어떠했나?

4.5 원자론에서 근대 원자설까지

4.6 음양오행설로 자연을 설명하다

4.7 논리학 발전정도와 전통사회 붕괴 과정도 영향을 미쳤다

"중국인은 이상이 명령하는 바에 따르고 격언에 따라 행동한다"

- Ruggerius -

제4강

들어가기 전

오늘날 우리를 포함한 동양의 모든 나라가 국가가 정한 교육과정에서 서양 과학을 배우고 그런 과학문명의 혜택을 누리고 살고 있습니다.

그러나 우리는 오랜 세월 동안 음양오행설을 바탕으로 한 동양과학의 전통 속에서 살아왔기 때문에, 서양과학을 수행하는 동안에도 때때로 두 지역 과학 전통의 충돌을 피할 수 없기 때문에 이러한 분석이 큰 의미를 가진다고 생각합니다. 여기서는 몇몇 학자들의 견해를 바탕으로 17세기 동양의 중국과 서양의 그리스의 과학전통, 동서양 학문의 연원적 특성, 진리 인식과 물질관의 차이, 과학의 수학화(數學化) 정도 그리고 주역의 우주관과 서구의 자연관을 비교해 보기로 하겠습니다.

동서양 사고의 차이점을 과학적으로 정밀하게 규정지은 현대 철학자는 노스럽(Filmer S. C. Northrop)입니다. 그는 '직관(直觀)'에 의한 개념과, '가정(假定)'에 의한 개념을 사고의 두 가지 기본적 개념으로 보았습니다. 전자는 동양인의 사고방식이고, 후자는 서양인의 사고방식이라고 본 것입니다. 데모크리토스는 관찰 할 수 없는 '원자(原子)'를 가정한 후 이로부터 연역하여, 이 세상의 모든 것을 설명하려고 한 것은 가정에 의한 합리적 논리적 방법이라고 볼 수 있습니다. 다르게 말하면, 동서양 사람의 생각 구조면에서 동양은 직관적(直觀的)이며 종합적(綜合的)이고 동사적(動詞的)이었다면, 서양은 가정적(假定的)(논리적)이며, 분석적(分析的), 개체 중심적(個體 中心的)이고 명사적(名詞的)이었다고 말 할 수 있습니다. 보다 구체적으로, 분석적이며 개체 중심적이고 명사적인 서양의 사고가 물질의 근본 구성요소를 원소로 인식하게 했고, 그 결과로 4 원소설이 태동하게 되었다고 볼 수 있습니다. 반면에, 종합적이고 동사적인 동양에서는 물질의 구성요소 보다는 우주만물의 운용방식에 대한 이해와 인식이 우선시 되었고, 음양오행설로 우주의 운용을 설명하였다고 볼 수 있습니다. 그렇다면, 이러한 사고방식의 차이가 애초부터 과학의 수학화 여부를 직접적으로 결정지었을가? 아니면 또 다른 원인이 있는가?

제4강 무엇이 동서양 자연과학의 발달에 영향을 미쳤나?

4.1 동서양 과학은 전통이 다르다

- 동양의 사고방식은 직관적이라면 서양은 가정에 의한 개념이다.
- 물질관의 공통점은 있으나 이해와 설명의 방법은 달랐다.
- 모형과 방식 면에서 달랐다.

서양과학은 엄밀한 논리적 사고방식, 즉 연역적 사고를 토대로 발전하고 있었지만, 동양의 전통적 사고는 달랐습니다. 예를 들어 서양은 우주의 모습을 기하학적인 사고방식과 도형으로 구체화하여 설명하였습니다. 특히 우주에서의 모든 운동을 원운동으로 가정하여 기하학적인 우주관(자연관)이 전개되었습니다. 피타고라스학파나 플라톤이나 아리스토텔레스도 그랬습니다. 타원 궤도설을 주장한 케플러조차도 이 기하학적 우주모형에 대해 믿고 있었죠. 서양 천문학은 기하학적 모형을 사용한 우주관을 가지고 있었지만, 동양에서는 그런 것에 대한 관심이 적었던 것으로 보입니다. 비슷한 시기에 동양에서의 기하학은 없었던 것으로 생각됩니다. 서양인들이 기하학적인 모형을 가지고 우주를 설명하려했다면, 동양인 들은 천체위치를 반복 관찰하여 대수적인 계산을 발달시켜 천체의 겉보기 운동을 예측하려 했던 거죠. 즉, 서양 천문학은 기하학적 우주관을 바탕으로 발달했지만, 동양의 천문학은 대수학적인 방법으로 해왔습니다. 즉, 모형 면에서 동서양이 서로 달랐습니다. 더 구체적인 것은 한국과학사(박성래)[1]를 참고하면 도움이 될 것입니다.

서양은
분석적이었지만
동양은 종합적이었다

다른 측면에서 보면 서양과 동양에서는 물질을 어떻게 이해하려 했는가 하는 것입니다. 기하학적 우주관을 가지고 있었던 그리스에서의 물질관은 물질의 한계가 없다고 보는 무한론(無限論)과 인간이 "더 이상 나눌 수 없는 알갱이(a-tome)"즉 한계가 있다고 보는 유한론(有限論)이었습니다. 그리스에서의 원자론은 이러한 기하학적 모델의 영향을 받은 것입니다. 대우주(大宇宙, macrocosm) 즉, 코스모스에서 천체나 천구가 가진 모양을 소우주(小宇宙, microcosm)에 옮겨 놓은 셈이죠. 플라톤이나 아리스토텔레스 등은 대우주에서는 기하학적 모델을 받아드렸지만, 소우주에서의 원자론(atomism)은 받아드리지 않았습니다. 그러나 자연현상을 인위적인 어떤 단위로 잘라 구분해 보려는 분석적 태도를 보였습니다. 즉 아리스토텔레스는 원자론을 부정하면서도 물질의 기본 구성요소로 사원소설을 제안했고, 특히 동물에 대한 분류 체계 도를 만들기도 하였습니다. 따라서 "분류학의 아버지"라고 하기 도 합니다.

서양에서는 여러 분야에서 분석적인 결과를 볼 수 있으나, 동양에서는 음양오행설(陰陽伍行說) 정도가 전부입니다. 이 음양(陰陽)이란 서로 대립적이기는 하지만 배타적인 것이 아니라 항상 상보적(相補的)입니다. 오행설도 상생상극(相生相剋)의 원리를 담고 있으며, 금(金), 목(木), 수(水), 화(火), 토(土)의 오행이 일종의 원소처럼 쓰인 곳도 있으나, 상하관계를 가진 서양의 사원소설(四元素說)과는 근본적으로 큰 차이가 있습니다. 사원소설은 가장 고귀한 불로부터 시작하여 비천한 흙에 이르기 까지 불 → 공기 → 물 → 흙의 상하관계로 맺어져 있습니다. 이러한 상하관계가 서양의 자연관에도 영향을 미친 것으로 보이며, 그로인해 신 → 인간 → 자연이라는 3단계 구조로 인식하였다고 보입니다. 즉 인간과 자연은 동등한 피조물이 아니라고 본 것입니다. 인간이 자연을 지배하는 구조이고, 이러한 태도가 17-18세기 이후 과학기술의 발달과 관련이 있다고 보는 거죠. 서양에서의 "자연을 정복하는 인간"이라는 개념과는 달리, 동양에서는 자연의 일부로 인간을 이해하려는 경향이 나타납니다. 이는 원시도교(原始道敎)의 자연관에 영향을 받았다고 봅니다. 도교에서는 신이나 절대자의 존재를 인정하지 않았고, 뿐만 아니라 인간은 지나치게 자연의 섭리에 간섭해서는 안 된다고 하였습니다. 이러한 사고가 발전하면서 인간과 자연은 하나의 유기체라고 인식하였습니다.

그렇다면 "만물의 생성 기운 또는 원기"를 뜻하는 기(氣)는 어디서 유래된 것일까? 이 물음에 대한 직접적이고 분명한 답을 제시하기는 어렵습니다. 그러나 중국의 도덕경(道德經)에 나타낸 '도(道)'를 통해서 풀어 볼 수 있을 것 같습니다. 이 도덕경 4장에 이런 글이 있습니다.

"道, 沖而用之 惑弗盈 淵兮 似萬 物之終..... 吾否知誰之子 象帝之先"

"도, 충이용지 혹불영 연혜 사만 물지종..... 오부지수지자 상제지선"

"도는 텅 비어 있으나, 아무리 사용해도 늘 가득 차 있고 넘치지 않는다. 깊고 넓어서 만물의 근본 인 것 같다...... 나는 그것이 누구의 지식인지 모르겠다. 하느님(상제)보다도 먼저 있었던 듯하다"

여기서 '도(道)'를 모든 사물의 근본으로 보고 있지만, 구성요소 보다는 운용하는 보이지 않는 어떤 힘을 의미하는 것으로 보입니다. 이를 미루어 보면 '기(氣)'또한 모든 사물의 생성기운이고 원기로 보고 있으므로, 그 사고가 유사하다는 생각입니다. 그러나 언제 어떻게 도(道)가 기(氣)로 변했는지 이에 관련된 직접적인 증거를 찾기는 어렵습니다.

4.2 동서양 학문의 연원적 특성도 다르다

- 동서양 자연과학은 전통, 학문의 연원적 특성이 다르다.
- 동양은 대생경험 중심이었으나 서양은 대물·대인경험 중심이었다.

인간의 지식은 어떻게 쌓였을까? 우리가 지식이라고 부르는 인간에게 의미 있는 지식이기 위해서는 이들 사이에는 어떤 공통점도 있을 수 있고, 형성과정의 차이로 불가피하게 다른 점도 있을 것입니다. 인간의 지식은 기본적으로 인간의 원초적인 경험에서부터 출발했다고 봅니다. 여기서는 장회익이 그의 저서 '삶과 온 생명[2]'에서 주장하는 동서양 학문의 연원적 특성을 간단히 살펴보겠습니다.

원초적 경험과 지식이란 무엇인가?

서구에서는 인간에게 중요한 지식은 선지자(先知者)들에게 내린 신의 계시에 의해 전수되었다고 하는 종교적인 믿음이 오랫동안 지속되었습니다. 한편 동양에서는 하늘의 뜻을 받아 알 수 있는 성인(聖人)들이 중요한 지식을 알려 주었다고 생각했습니다. 그러나 지상의 여러 가지 과학적 이해가 심화되면서 이러한 생각은 변화를 겪었고, 지식은 인간이 접한 집합적 경험에 의해 지식이 형성되고 전해졌다고 이해하게 되었습니다. 이런 점을 이해한다면 지식의 경험적 연원을 알아보기 위해, 인간이 겪게 되는 가장 원초적인 경험이 무엇인가를 살펴보는 것이 필요합니다. 인간이 출생 후에 겪게 되는 세 가지 경험은 대인경험, 대물경험 및 대생경험으로 구분할 수 있습니다.

○ 대인경험(對人經驗): 주위의 다른 사람을 만나는 경험.
○ 대물경험(對物經驗): 새로운 물질을 접하는 경험.
○ 대생경험(對生經驗): 삶의 원초적 관심적인 경험. 춥다, 덥다, 배고프다 등 입니다.

인간은 어머니 몸에서 분리되는 순간, 어머니가 아닌 누군가를 접하는 최초의 대인경험을 하게 되며, 이때부터 경험하는 사람에 대한 지식을 축적하게 될 것입니다. 또한 태아는 모체에서 분리되면서 어머니의 체온과는 다른 춥고 더운 온도에 대한 신체적 경험을 하게 되고, 이러한 생명과 관계된 추위나 더위 및 배고픔에 대한 대생경험을 축적하게 될 것입니다. 이 대생경험 지식과 더불어 모유나 우유를 접하면서 물질에 대한 대물경험도 하게 되는 것이죠. 이러한 원초적인 경험으로부터 축적된 지식은 인간이 성장해 가면서 형성하게 되는 지적성향에 커다란 영향을 미칠게 될 것입니다.

한편 인간은 이러한 세 가지 경험적 지식을 가능하면 단일화(單一化) 된 하나의 통합된 지식체계로 이해하려는 성향이 있습니다. 이러한 성향은 개인의 성장과정 뿐만 아니라, 일상생활, 인류 문명사, 즉, 지식 발전과장에서도 나타납니다. 원시시대에는 만물을 대인지식(對人知識)의 연장선에서 파악하려는 경향이 강했을 것입니다. 그래서 산, 나무 등과 같은 물질이 어떤 성품을 가진 것으로 이해하고, 신격화하여 빌기도 하고 달래기도 했습니다. 이런 경향성을 지닌 시기를 신화시대(神話時代)라고도 합니다. 이러한 현상은 동서양 모두에서 공통적으로 나타납니다. 서구문명에서는 다분히 다신교적(多神教的) 입장을 보이다가 신앙체계가 점차 유일신(唯一神) 체계로 되었습니다. 신(神)이 주가 되고 이에 따라 신과 인간의 사이에는 어쩔 수 없는 괴리가 있음을 인정하게 된 거죠. 이는 기독교와 이슬람교에서 잘 나타납니다. 그리고 동양에서는 다신교적 성향이 서서히 감퇴되면서 이러한 아주 존엄한 존재를 '하늘(天)'이라는 개념으로 승화시키면서, 인성이 상대적으로 빠르게 감퇴되었습니다. 대인지식에서의 이러한 주도적 위치가 감퇴하면서 새로운 지식도구가 나타났고, 이 지식도구의 개편과정에서 서구와 동양의 학문이 연원적으로 큰 차이를 보이게 되었다고 보는 것입니다. 이와 관련된 내용은'삶과 온 생명(장회익)[2]'를 참고하면 이해에 더 많은 도움이 될 것입니다.

여기서 잠시 히라카와 스케히로가 그의 저서 '마테오 리치'에 소개하는 1580년 11월 12일에 예수회 총장 앞으로 보낸 포르투갈 선교사였던 루제리(Ruggerius 또는 Ruggieri)의 편지 내용 일부를 살펴봅시다[3].

"...... 중국인은 철학(여기서 루제리가 말하는 철학이란 체계화된 철학이다)을 가지고 있지 않습니다. 다만 중국인은 이성이 명령하는 바에 따르고 격언에 따라 행동합니다. 그들은 신(神)에 대한 인식이 없습니다만 도덕적으로 열심히 살려고 노력합니다... 중국인은 문과 학문에 정진하고 있습니다...(중약)....... 그리고 이 사람들은 신에 대한 인식, 즉 으뜸이며 지고(至高)한 근본에 대한 인식이 결여되어 있어 모든 것을 '하늘(天)'의 탓으로 돌리는데, 이것을 중국어로는 'Tien'이라고 합니다. 이 말은 중국인들이 가지고 있는 최상의 말로, 그들의 말에 따르면 아버지와 같은 것이며 만물이 거기에서 비롯된다고 합니다. 대지는 자신들의 어머니이며 거기에서 생활에 필요한 모든 물건이 나온다고 합니다.
또한 중국인이 주장하는 바에 따르면 이 세계는 존재하는 모든 물건과 더불어 우연히 생겨나고 숙명적으로 인도되는 것이라고 합니다."

이 편지의 내용은 아리스토텔레스의 윤리학을 받아드려 "하나님을 만물의 으뜸이자 지고(至高)한 근본"이라고 정의 하는 기독교 신학자의 눈에 비친 당시 중국인의 세계관이요, 물질관입니다. 물론 종교문제가 선교사들에게는 관심의 초점이었겠지만, 중국이라는 새로운 또 다른 문명사회에 마주친 선교사들의 어떤 반응을 보였을까? 아마도 충격이었을 겁니다. 당시 서양인들에게 문명은 곧 서양문명 그 자체만을 의미하는 것이었기 때문입니다. 그러나 당시만 해도 중국에는 이미 문자가 있는 문화사회였고, 종이로 된 책도 출판하고 학문을 배우고 있었으니까 말입니다. 이러한 놀라움은 당시 루제리와 마테오 리치를 포함한 선교사들이 보낸 서신과 책의 곳곳에 나타나 있습니다. 이러한 놀라운 만남은 곧 동서양 문화의 접촉의 시작이었습니다. 두 지역 간 과학의 교류와 소통의 시작인 셈이죠.

4.3 고대 동서양의 자연관에 공통점이 있나?

- 동양과 서양의 진리 인식 방법에 차이가 있었다.
- 물질의 유한론은 동양과 서양에서 공통적이다.
- 소리(音)와 수(數)에 대한 인식은 유사하였다.

동서양 문명의 차이를 비교하는 데는 비교대상에 따라 다를 수 있겠지만, 여기서는 동양의 중국문명과 서양의 그리스문명을 토대로 논의하고자 합니다. 동양에서의 과학은 '科學'이라는 한자로 표기하는데 이 한자의 구성 요소를 따져보면 科자는 禾(벼화)자와 斗(말두)로 구성되어 있어 "물질(벼)을 계량한다"는 매우 정량적인 의미를 담고 있다는 것으로 보이지만, 자연과학과 관련된 이 글자의 사전적 의미는 "학과나 연구 분야를 나누는 단위" 또는 "생물학의 분류 단위의 하나"에 해당한다고 정의 됩니다(표준 국어 대 사전). 그러나 '과학(科學)'이란 용어가 일본의 철학자 니시 아마네(西周, 1829-1897)로부터 사용하기 시작하면서 한국, 일본 그리고 중국을 비롯한 한자 문화권 나라에서는, 오늘날과 같은 좁은 의미로서 '자연과학'을 뜻하는 사전적 의미로 받아 드려지고 있습니다(참고 제1강 1.4). 문자의 구성 요소는 그렇다고 해도, 동양과학은 서양과학 보다 훨씬 비 정량적인 것으로 생각하게 합니다. 왜 그럴까? 동서양 과학의 발달 과정이 확연하게 다른 것은 여러 가지 원인이 있지만, 서양과 동양에서의 진리인식의 차이도 기여하였다고 봅니다.

중국의 '기(氣)'관념의 배경에는 '신(神)'의 관념이 있었습니다. 신(神)이 하던 역할을 뒤에 가서 기(氣)가 하게 되었고, 신의 개념을 기(氣)의 개념이 일정부분 대체하게 되었습니다. 황제내경이나 주역 등의 고전에는 신에 대해 "잘 알 수 없는 것을 신이라 한다. 음양으로 가늠하지 못하는 것을 신이라 한다. 신이란 형체가 없는 것이지만 형체가 있는 만물을 떠나서는 존재하지 않는다." 등으로 설명하고 있습니다. 이것은 결국 기의 설명과 상당히 부합합니다. 주역은 '기(氣)'를 세계 만물의 유일한 근원으로 보고, 모든 사물현상의 발생과 발전을 설명하는 '기일원론적(氣一原論的) 우주관'으로 설명합니다. 이 주역에서는 샤머니즘적인 관점에서 벗어나 우주가 기라는 근원적인 물질요소로 이루어져 있고, 우주와 모든 생명체는 기로써 하나의 소통체계를 이루고 있다는 '천인상응론(天人相應論)'을 주장하고 있습니다.

고대 중국인들은 "우주, 자연과 인간을 하나로 보고 모든 물질은 기로부터 기인하며 이 기를 이해하고 다룰 수 있으면, 우주와 자연현상도 이해하고 다룰 수 있다"고 생각하였습니다. 즉, 직접적으로 쉽게 진리를 인식할 수 있고, 유추와 경험을 통해 이해가 가능하다고 생각했던 거죠. 반면에 그리스 철학자를 중심으로 한 서구에서는 "신과 인간을 분리하여 인식함으로서, 우주 자연현상도 간접적으로 인식할 수 있을 뿐이고 그것은 어렵습니다. 따라서 추상적 수단을 통해서만이 인식이 가능하다"고 생각하였다고 보는 견해가 많습니다. 서구에서는 신-인간-자연이라는 3단계 상하구조로 인식되었습니다. 즉 인간이 자연을 지배하는 구조이고, 이러한 태도가 17-18세기 이후 과학기술의 발달과 관련이 있다고 봅니다. 서양에서의 "자연을 정복하는 인간"이라는 개념과는 달리, 동양에서는 자연 속에서 인간을 이해하려는 경향이 나타납니다. 이러한 고대 중국인들의 생태학적 사유는 우리나라에서도 나타납니다. 인문학자인 박희병은 그의 저서 "한국의 생태사상[4]"에서 한국인의 생태사상에 대해서도 같은 주장을 합니다. 그 내용 일부를 소개합니다.

"한국의 전통사상은 아름답고도 심원한 생태적 지혜를 간단없이 보여준다. 그 사유는 시적(詩的)이자 미학적(美學的)이며, 협소한 인간 중심주의를 넘어 인간과 자연, 인간과 만물이 근원적으로 동일한 존재로서 이른바 '생생지리(生生之理: 하늘이 인과 물을 끊임없이 낳는 이치)' 에 따라 생명의 율동을 구가하고 있음을 강조하고 있다."

즉 만물이 근원적으로 평등하다는 생각이죠. 따라서 인(人)과 물(物)이 동일하게 천지의 '생의'를 받아 각각의 본성에 따라 생명을 누린다고 생각합니다. 사람과 천지만물의 근원이 연결되어 있고 유통한다고 생각하는 겁니다. 우리도 이런 사고의 전통을 가지고 있음을 부정할 수 없습니다.

고대 중국의 우주관은 어떠하였나? 중국문화에서 자연을 설명하는 근본 사상은 음양이론, 오행설 그리고 주역(易經)의 사상입니다. 고대 중국의 전통적인 사상에서 나타나는 물질관은 유한론(有限論)이었다고 봅니다. 그러한 흔적으로 사서삼경의 '대학(大學)'편의[1] 서문을 살펴보죠. 대학 편 서문에 '물유본말 사유종시(物有本末 事有終始)'라는 표현이 있습니다. 즉, 모든 물질에는 끝이 있다고 하였습니다. 이는 고대 그리스 철학자의 유한론적 사고와 같습니다. 대학 편 서문의 일부를 아래에 나타냈습니다.

「大學之道는 在明明德하며 在親(新)民하며 在止於至善이니라. 知止而后有定이오 定而后能靜이오 靜而后能安이오 安而后能慮요 慮而后能得이니라. 物有本末하고 事有終始하니 知所先後면 則近道矣니라」 - 大學편 서문에서

1 대학편의 주요 사상은 격물(格物, 究明:사물을 구명함) 치지(致知, 앎이 이루어짐)이다.

「대학지도는 재명명덕하며 재친(신)민하며 재지어지선이니라. 지지이후유정이오 정이후능정이오 정이후능안이오 안이후능려요 여이후능득이니라. 물유본말하고 사유종시하니 지소선후면 즉근도의니라」

「(역문) 대학의 도는 덕(德)을 밝히는데 있으며, 백성을 새롭게 하는 데 있으며, 지극한 선에 머무는데 있다. 머무름을 안 뒤에야 정함이 있고, 정해진 뒤에야 고요할 수 있고, 고요한 뒤에야 편안할 수 있고 편안한 뒤에야 생각할 수 있고, 생각한 뒤에야 얻을 수 있다. "물건에는 근본과 말단이 있고", 일에는 끝과 시작이 있으니 먼저하고 후에 할 바를 알면 곧 도에 가까운 것이다」[5].

소리와 수에 대한 인식은 유사하였다

고대문화를 이해함에 있어 '음(音, 소리)'은 '수(數)'와 함께 매우 중요한 의미를 가지고 있습니다. 고대 동서양에서는 소리와 수에 대해 어떻게 인식하고 있었을까? 고대 서구에서의 소리에 대한 인식이 어떠했는지에 대한 구체적인 자료는 성경에서 찾아볼 수 있습니다. 구약성경에서는 말씀으로 세상을 창조하셨다고 기록하고 있습니다. 말은 음(소리)으로 이루어 있습니다. 고대 동양에서도 음(音)과 수(數)를 중요시 하였습니다. 우리나라 고문서인 부도지(符都誌)[2]에서의 음(音)은 바로 천지창조자(天地創造者)입니다. 부도지 2장은 실달성(實達城)과 허달성(虛達城) 그리고 마고성(麻姑城)과 마고(麻姑)가 모두 음에서 나왔다고 하였습니다. 역수(曆數)[3]도 이 음(音)에서 처음으로 나왔다

2 부도지(符都誌)는 신라 눌지왕 때 박제상이 저술했다는 사서인 '징심록'의 일부이다.

3 역수(曆數)란 천체의 운행과 기후의 변화가 철을 따라서 돌아가는 순서를 나타낸 것이다

고 했습니다. 천지창조(天地創造)를 소리와 관련지어 인식한 점에서는 동양과 서양이 같습니다.

한편, 고대 중국인들 역시 수(數) 우위론자들이었습니다. 회남자(淮南子) 천문훈(天文訓)은 "율역(律曆)의 수(數)는 천지(天地)의 도(道)"라고 하였으며, 한서율역지(漢書律曆志)는 "수(數)가 율(律)을 낳고 기(器)를 만든다"고 하였습니다. 그렇지만 수(數)도 자연의 쓰임(用)에 불과하다고도 했습니다. 당서(唐書) 역지(曆志)는 "수(數)는 자연의 용(用)"이라고 하였습니다. 이것은 "수(數)야말로 우주의 상주적 원질이며 만물을 질서 있게 만든다"라고 한 피타고라스의 말과 얼마나 유사한가? 그럼에도 불구하고, 동양에서 과학의 수학화가 구체적으로 진행되지 못한 이유는 무엇일까?

4.4 고대 동서양에서 수학의 발달은 어떠했나?

- 수의 표기법이 다르다.
- 인도-아라비아 숫자는 인도에서 아라비아를 거쳐 수학과 과학에서 널리 사용되었다.
- 수 체계에서 '0' 이라는 기호로 비워진 특정 자리를 채울 수 있게 된 것은 중요하다

근대 서양과학의 특징은 '과학의 수학화'라고 말하며, 이것이 곧 서양의 근대 과학의 형성과 발전의 주요 원인으로 보는 견해가 많습니다. 또한 앞에서 논의 한 것처럼, 고대 동양인과 서양인 모두가 수를 매우 중요하게 인식했음도 분명합니다. 그렇다면, 왜 고대 동양과 서양에서의 수학의 발달 정도가 달랐을까? 그 요인을 살펴보는 것도

과학사적 측면에서 흥미롭습니다. 서양에서의 수학의 형성과 발전사는 비교적 잘 알려져 있으나, 한자 문화권의 중심인 중국 수학의 형성과 발달과정은 덜 알려졌습니다.

고대 동·서 문명에서 수학의 발달은 천문학이나 역법의 발달과 깊은 관련이 있습니다. 현존하는 가장 오래된 중국의 천문학 책은 '주비산경(周髀算經)'입니다. 이 책은 천문학 책이지만, 수학적인 내용도 포함되어 있습니다. 그러나 주비산경은 수학 내용이 있으나 천문학 책이어서 전문 수학책은 아니었습니다. 고대 중국에서 쓰인 최초의 수학책은 편찬시기를 정확히 알 수 없는 '구장산술(九章算術)'[4]이라고 봅니다. 이 책은 주(周), 진(秦), 한(漢)대에 걸쳐 이루어진 수학 연구결과의 집대성이어서, 서양의 유클리트 '원론(Elements)'과 비교되기도 합니다. 이 책의 내용은 실생활을 위주로 한 수학 지식을 다루고 있으며, 토지측량법 및 세금계산법도 들어 있고, 총9권으로 되어 있습니다. 이에 대한 내용을 더 알려면 '동양수학사(장혜원)'를 읽으면 도움이 됩니다[6].

고대 중국에도 고대 그리스의 눈금 없는 자와 컴퍼스와 비슷한 도구로 컴퍼스와 'ㄱ'자 모양의 자가 있었다는 증거가 많이 있습니다. 한편 서양에서는 이진법(二進法)이 18 세기에 수학자 라이프니츠(Gottfried Wilhelm Leibniz, 1646-1716)에 의해 고안되었으나, 중국에서는 12세기 남송의 주희(朱熹, 1130-1200)가 주해한 '주역본의(周易本義)'의 괘상도(卦象圖)가 이진법 식 배열로 되어 있습니다[7]. 이처럼 고대 중국에 상당한 수준의 수학이 있었음에도 불구하고 수학이 자연과학에 폭넓게 사용되지 못했던 이유는 무엇일까?

4 이 책에는 개천설(蓋天說)을 설명하고 있는데, 여기서 오늘날의 피다고라스 정리를 이용한 계산법을 사용했다고 한다.

수의 표기법이 영향을 미쳤다

- **피나보치가 아라비아 숫자를 전파했다.**
- **동서양 수의 표기법이 달랐다.**

오늘날 사용하는 아라비아 숫자를 일상에서 쓰게 된 것은, 서양의 수학이 하나의 학문으로써 확립되고 발전된 이후부터 이고, 그 역사가 길지 않습니다. 그렇다면 고대 중국과 인도에서는 수를 어떻게 표기하고 활용하였을까? 활용성도 수학의 특성 중 하나입니다. 쉽게 사용할 수 있어야 다양한 영역에서 자유롭게 사용될 수 있기 때문이죠.

고대 중국에서 숫자 기록의 수단이 없었던 옛날에는 새끼를 꼬아 나타내는 '결승법(結繩法)'을 사용하거나 대나무 막대를 이용한 '산대(算竹)'을 사용한 근거가 남아 있습니다. 이러한 결승법이나 산대를 이용한 계산이나 표현은 많은 제약성을 가지고 있어 더 이상 발전하지 못했던 것 같습니다. 한편, 중국 은나라시대의 유물에서 갑골문자로 표기된 내용 중에 오늘날 한자로 표기하는 一, 二, 三, 四....十 등과 유사한 숫자가 사용되었습니다. 이 숫자도 이전의 결승법이나 산대를 이용하는 것보다는 쉽게 활용할 수 있으나 아주 큰 수나 아주 작은 수(數)를 표기할 수 없다는 등의 한계성을 내포하고 있습니다. 이 숫자가 은나라(기원전 16세기-기원전 11세기), 주나라, 한나라(기원전 202-220)를 거쳐 변천되어, 오늘날 한자로 나타내는 숫자로 되었다고 생각합니다. 그러나 매우 긴 세월을 지나는 동안 글자형상의 변화가 크지 않다는 것도 놀랍습니다. 한편, 현대 수학의 근본은 인도수학에서 부터라고 말하기도 합니다. 그렇다면 중국과 지리적으로 인접하고 있던 인도의 수학이 중국에 어떻게 영향을 미쳤을까? 또 인도의 숫자 표기는 어떠했는가?

먼저 인도에서 숫자를 어떻게 표기했는가를 살펴보기로 하죠. 오늘날 우리는 흔히 아라비아 숫자라고 부르지만, 일부 학자들은 인도-아라비아 숫자라고 부를 것을 강조하기도 합니다. 어떻든 오늘날 우리가 보편적으로 사용하는 0, 1, 2, 3...9 라는 숫자는 인도 수학으로부터 유래되었고, 이것이 오늘날 수학발달의 초석이 되었습니다. 그러면 인도 숫자의 기원은 어디 부터인가? 일반적으로 기원전 3세게 중엽 술바수트라스 시대에 오늘날 아라비아 숫자의 기원이 되는 브라만 숫자가 등장하였습니다. 초기 브라만 숫자에는 '0(zero)'이 없었습니다. 그러나 이 수 체계에서 '0'이라는 기호로 비워진 특정자리를 채울 수 있으므로 '0'의 역할은 중요합니다.'0(zero)'의 처음 이름은 산스크리트어로 'sunya'이며 이는 "비어 있다"는 뜻이었습니다. '0'의 기호가 적혀 있는 가장 오래된 기록은, 인도 중부 그발리오르 근처의 작은 사원 벽에 있는 비문에서 발견되었습니다. 인도 숫자가 아라비아로 전해진 것은 이슬람 수학자 알콰리즈미[5]의 책이 라틴어로 번역된 773년경입니다[8].

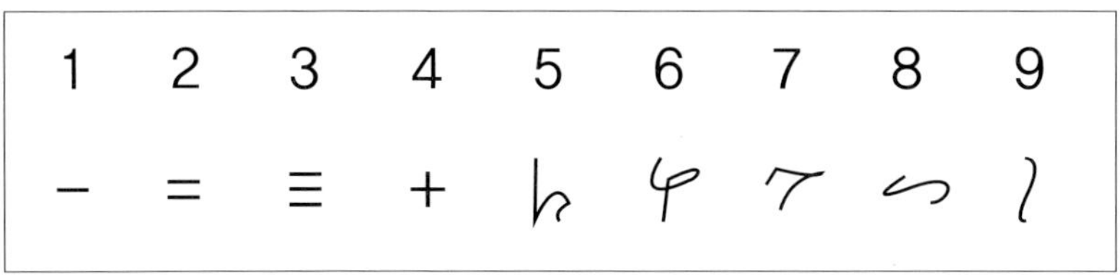

인도-아라비아 숫자의 기원인 브라만 숫자

또한 중세 유럽에서는 피보나치(Fibonacci)가 1202년에 쓴 '셈판서(Liber Abaci)'라는 책을 통해 인도 숫자와 계산법을 소개했습니다. 피

---

5 알콰리즈미의 본래 이름은 'Abu Jafar Muhammad ibn Musa al-Khwarizmi' 이고, 바그다드에 세워진 '지혜의 집'에서 산술, 대수 천문, 지리 역법 등에 대해 연구한 수학자로 알려져 있다.

보나치는 이 책에서 인도 숫자를 이용한 표기법을 다음과 같이 설명하였습니다.

"인도인들의 아홉 가지 숫자는 9, 8, 7, 6, 5, 4, 3, 2, 1 이다. 이 숫자들과 함께 아라비아인들이 cephirum(cipher)이라고 부르는 '0' 을 사용하여 어떤 수든 쓸 수 있다**[9]**."

이처럼 '0(zero)'이 인도로부터 사용되었음이 분명하지만, 피보나치가 '0'을 아라비아인들의 방식으로 부른 것은 새로운 숫자를 소개해 준 것이 아라비아인들이었기 때문이라고 주장합니다. 인도-아라비아 숫자가 인도에서 아라비아를 거쳐 유럽으로 전파되어 오늘날처럼 수학과 과학에서 널리 사용하게 되었음을 알 수 있습니다. 그렇다면 지역적으로 인접해 있던 중국은 인도나 아라비아 수학의 영향을 얼마나 받았을까요?

중국은 일찍부터(수나라, 당나라 때) 인도와 수학적 교류가 있었고, 인도-아라비아 숫자의 근원이 되는 인도의 십진수 표기법이 도입되기도 하였지만 크게 발전하거나 전파되지 않았습니다. 왜 그랬을까? 일부 학자들은 '산대'라는 계산법이 있었기 때문이라고도 합니다. 그러나 편리성과 실용성에서 보면 '산대' 계산법 보다 인도-아라비아 숫자 표기법이 훨씬 우수합니다. 인도 수학이 중국에 아무런 영향을 미치지 못한 이유는 무엇일까요? 매우 흥미로운 의문입니다. 당대의 역서에 나타난 인도 수학에 대한 당시 중국인들의 평가내용은 아래와 같습니다.

"인도 계산법은 산대 대신 종이와 연필을 이용해야 하므로 불편하고, 수를 쓰는 방법이 이상하여 표기법이나 계산법을 채택하기 어렵다**[10]**"

중국은 일찍부터 대나무나 나무 조각을 이용하는 표기법이 발달해 있었고, 문자의 형상도 비교적 직선적이며 원형 형식의 곡선 문자가 드물다는 점에서 인도의 숫자 표기법을 받아드리기가 쉽지 않았을 것이라 생각합니다. 심지어 불경에서 유래되는 아주 큰 수와 작은 수를 표기함에도 지수(指數) 대신 명수법(命數法)을 사용하였습니다. 어떤 면에서 보면 이와 같은 명수법의 사용이, 보다 크거나 작은 수를 정밀하고 정확하게 표현하기 어렵게 만들었을 것입니다. 그런 결과로 보다 정량적인 과학적 표현과 서술이 힘들게 되었을 겁니다. 즉, 숫자의 표기법도 과학의 발전에 영향을 미쳤을 것이라 생각합니다.

중국의 명수법[11, 12][6]

무량수(無量數)	10^{128}	찰나(刹那)	10^{-88}
불가사의(不可思議)	10^{120}	육덕(六德)	10^{-96}
나유타(那由他)	10^{112}	허(虛)	10^{-104}
아승기(阿僧祇)	10^{104}	공(空)	10^{-112}
항하사(恒河沙)	10^{96}	청(淸)	10^{-120}
탄지(彈指)	10^{-80}	정(淨)	10^{-128}

6 무량수: 불가사의의 억 배가 되는 수, 모든 수중 가장 큰 수.
불가사의: 나유타의 억 배가 되는 수. 나유타: 아승기의 억 배가 되는 수.
항하사: 극(極)의 억 배가 되는 수. 탄지: 순식(瞬息)의 억분의 1이 되는 수.
찰나: 탄지의 10분의 1이 되는 수. 육덕: 찰나의 억분의 1이 되는 수.
허: 육덕의 일억 분의 1이 되는 수. 공: 허의 일억 분의 1이 되는 수.
청: 공의 일억 분의 1일이 되는 수. 정: 청의 일억 분의 1이 되는 수, 모든 수 가운데서 가장 작은 수.

4.5 원자론에서 근대 원자설까지

- 고대 서양에서는 사원소설을 받아들였다.
- 1803년 원자설이 제안되었다.
- 오행설은 자연의 운용상의 성질을 나타내는 요소이다.

고대 동서양에서의 자연관에는 소리나 수에 대한 관념처럼 유사한 점도 있었으나 다른 점도 있습니다. 특히 두 지역에서의 자연과학 발전에 가장 크게 영향을 미친 요소는, 인간과 신의 관계에 대한 관점과 자연을 구성하고 있는 기본요소를 어떻게 이해했는가 하는 점에서 큰 차이를 보입니다. 서양에서는 인간과 신의 영역에 엄격한 구분이 있었으나 중국에서는 그렇지 않았습니다(天人相應論). 또, 서양에서는 우주를 이루는 기본요소로 사원소설(물, 불, 흙, 공기)로 설명하였으나, 중국에서는 음양이론과 오행설(木, 火, 金, 水, 土)로 물질의 기본이 아니라 자연의 운용원리를 설명하였습니다. 이 이론을 비교해 보면, 오행설에서는 눈에 보이는 사물로 인식한 것처럼 보이지만, 이 오행은 기(氣)의 성질을 나타내는 요소일 뿐, 물질의 기본 구성요소가 아니므로, 원소설과 오행이론은 근본적으로 다릅니다. 따라서 오행이론은 더 이상의 발전이나 변화가 없었다고 보여 집니다. 그렇다면 왜 고대 중국인들은 물질의 근본 즉 기본 구성요소를 이해하려는 노력의 근거를 찾지 못하고 있습니다. 반면에 서양의 원소설의 경우는 이에 대한 지식이 늘어나고 물질의 이해나 새로운 원소들이 알려지면서 4개 원소만으로는 불충하게 되었고, 4원소설의 수정이 필요하게 되었습니다. 그런 필요가 오늘날의 원자설이 가능하게 하였다고 보여 집니다. 또 4개 원소에 '물, 불 및 흙'과 같이 보이는 것 외에도 '공기'와 같이 시각적으로 보이지 않는 요소도 포함되어 있었다는 것도 흥미롭습니다. 고대 서양인들은 공기가 없으면 사람이 숨을 쉴 수 없다는 것을 인식했던 것일까? 여기서는 서양에서의 사원소설에서 근대의 원자설이 나오기 까지를 간단하게 살펴보기로 하겠습니다.

고대 그리스 최대의 자연철학자인 데모크리토스Democritos(BC. 460?- 370?)는 만물의 근원은 눈에 보이지 않는 '분할(tom) 불가능한 (a-) 입자'(atom)라고 주장 하였습니다. 또 그는 "원자는 스스로의 힘으로 운동하고 만물은 필연적으로 창조되고 소멸된다"고 하였는데, 그것은 원자의 결합과 분리라고 보았던 거죠. 유한론을 중심으로 한 그의 학설이 곧 원자론(原子論, atomism)의 출발점입니다. 그러나 이 원자론은 실험이나 관찰에 기초를 두지 않은 오직 사고의 산물이었으므로 더 이상 발전하지 못하였고, 원자론자들의 무신론적 태도로 인해 원자론은 오랫동안 종교로부터 배척을 받았던 것 같습니다.

서구에서는 고대 탈레스(Thales, BC 624-546경)부터 자연의 현상들을 이해하기 위해 물질의 구성입자에 대한 논의가 계속되어 왔으며, 만물이 모두 불, 공기, 물, 흙 등의 네 가지 원소로 구성되었다고 하는 사원소설(四元素說)을 엠페도클레스(Empedokles)가 처음 제안하였습니다. 이 사원소설을 바탕으로 물질을 구성하는 기본 입자는 무엇인가에 대한 논의가 계속 되어, 오늘날 원자와 원자를 구성하는 입자까지 발견하게 되었습니다.

엠페도클레스는 우주 만물이 불, 공기, 물, 흙이라는 네 가지 원소들로 구성되었고, 이 원소들의 비율에 따라 서로 형태가 다를 뿐, 어떤 사물도 새로 탄생하거나 소멸되지 않는다고 생각했습니다. 이 네 가지 원소들이 '사랑(Philia)'과 '미움(Neikos)'이라는 두 힘이 상호작용하여 결합·분리하게 된다고 설명하였죠.

한편 플라톤(Platon, BC427-347)은 이들 사원소인 불은 정4면체, 흙은 정6면체, 공기는 정8면체, 그리고 물은 정 20면체의 기하구조로 되어 있다고 했습니다. 또 흙은 고정불변의 특징을 가지지만, 나머지 세 원소는 서로 바뀔 수 있다고 했고, 네 원소 이외에 제5원소로서 에테르(aither)를 언급하기도 했습니다.

플라톤의 제자였던 아리스토텔레스도 사원소설을 받아드리고, 네 원소 외에 습함과 건조함, 차가움과 뜨거움의 네 개의 성질을 제안하여 물질의 근원을 설명하려 했습니다. 각 원소에는 이들 네 성질 중 두 가지씩의 성질이 있다고 생각했죠. 공기는 습하고 뜨거우며, 흙은 건조하고 차고, 물은 차고 습하며, 불은 건조하고 뜨겁다는 것입니다. 즉, 사원소가 가지는 네 가지 성질 중 어느 하나가 바뀌면 다른 원소로 바뀔 수 있다는 것을 시사하며, 이는 중세 연금술사의 이론적 근거가 되기도 하였습니다.

한편 아리스토텔레스는 네 원소의 무게에 따라 상하구조를 생각하여 무거운 원소는 아래로 향하고, 가벼운 원소는 위로 향하게 될 것이므로 가장 가벼운 불은 가장 높은 위치에 있고, 그 아래에 공기, 물, 흙이 차례로 자리 잡게 된다고 하였습니다. 이는 앞서 언급했던 것처럼 서구에서 신-인간-자연의 상하구조 인식 방법의 결과라 보여집니다. 이러한 원소의 구조로 보면 불 보다 더 가벼운 원소가 있다면 불의 위쪽 우주에는 불보다 더 가볍고 순수한 제5원소가 존재한다고 주장하였던 거죠. 앞서 언급한 것처럼 연금술 초기에 중세 아랍의 연금술사들은 아리스토텔레스의 사원소설을 이론적 근거로 하여 원소가 서로 변환될 수 있다고 생각했습니다. 그러나 연금술이 발달해 가는 과정에서 후기 아랍의 연금술사나 13세기 이후의 유럽의 연금술사들은 모든 금속은 수은과 황으로 이루어졌다는 가설을 채택하였습니다. 특히 수은은 그야말로 표현하는 물질의 대표처럼 여겼습니다. 나중에 소금을 첨가하여 연금술자들의 원소관은 파라켈수스의 삼원소설인 수은, 황, 소금의 세 원소로 되었습니다. 이 삼원소설은 벨기에 과학자 판 헬몬트(Jan Baptista van Helmont, 1579- 1644)에 의해 도전을 받기도 했으나, 18세기 전반기에 다시 연금술의 삼원소설과 아리스토텔레스의 사원소설을 바탕으로 한 '플로지스톤 이론(phlogiston theory)'이 나타났습니다. 플로지스톤(그리스어로서 '불꽃'이라는 뜻)은 연금술의 사상에 동조했던 베커(J. R. Becher, 1635-1682)의 후계자인 슈탈(F. J. Stahl, 1660-1734)이 주장하였습니다. 슈탈에 의하면, 연소하기 쉬운 물질은 대부분 플로지스톤으로 이루어져, 연소할 때는 원래의 물질에서 플로지스톤이 빠져 나가고 뒤에 재가 남는 다는 식의 설명이었습니다. 플로지스톤설은 네 원소의 개념 중에서 불의 원소와 일맥상통하여 18세기 중엽에는 지배적 위치를 차지하였습니다. 이로 인하여 중세 화학의 발전이 크게 늦어지게 되었다고 보는 것이 주류입니다.

고대 데모크리토스의 원자론에 대한 주장은 플라톤과 아리스토텔레스의 주장에 묻혀 빛을 보지 못했으나, 17세기 과학혁명과 더불어 되살아났습니다. 17세기 영국의 화학자 로버트 보일(Robert Boyle, 1627-1691)은 아리스토텔레스의 네 원소나 연금술사의 세 원소는 물질 그 자체를 말하는 것이 아니라, 그 성질을 추상적으로 생각한 것에 불과하다고 하였습니다. 보일은 자연계의 모든 물체를 구성하는 근원물질은 단지 한 종류뿐이며 이것을 '보편물질'이라고 했습니다. 이 '보편물질'은 자기의 운동에 의해 분해되어 다양한 크기의 원시적 미립자를 형성하게 되고, 미립자들이 다시 모여 물질을 구성하게 된다는 것이었습니다. 이러한 입자철학(粒子哲學)을 전면적으로 전개하며, 동시에 공기의 탄력을 설명하고 유명한 '보일의 법칙'을 발표합니다. '과학사의 이해'(경북대학교 출판부)[13]를 읽으면 더 도움이 될 것입니다.

라부아지에(Antoine-Laurent Lavoisier, 1743-1891)는 잘못된 플로지스톤설을 부정하여 18세기 말 화학에서의 혁명을 일으켰습니다. 1783년 화학반응 전후에 있어서 반응물질의 총질량과 생성물의 총질량이 변함이 없다는 '질량불변의 법칙'과 연소와 산화는 모두 물질과 산소의 결합이라는 것을 발표하였습니다[14]. 1789년 간행된 '화학의 원리'에서 라부아지에는 보일이 제시한 방법에 의한 원소를 다시 한 번 정의하면서, 이미 기체의 일종으로 알려져 있던 '산소'를 독립된 원소로 확인하고, 같은 방법으로 수소, 질소 등 기체인 여러 가지 원소를 밝힐 수 있었습니다. 또 같은 방법으로 그는 33종의 원소를 확정하여 근대적 원소개념과 그 대표적 예를 제시하였습니다.

돌턴(John Dalton, 1766-1844)은 1803년 원소의 개념을 명확히 하여 원자설을 발표하였습니다. 돌턴은 원자를 더 이상 쪼개질 수 없는 것이라고 여겼고, 원자의 상대적 중량이 원소들의 특징을 결정한다고 하였습니다. 따라서 물질들은 각기 다른 종류의 원자(다른 질량을 지닌 기본 입자)로 구성되어있다는 것이었습니다. "모든 원소가 원자라고 부르는 작은 알갱이로 되어 있고, 그 이상은 작게 파괴되는 일이 없으므로 1배, 2배의 정수로 밖에 결합할 수 없다"라고 하였습니다. 이것이 근대 원자설의 시작입니다[15]. 이 원자설은 이어서 발표된 톰슨(Sir Joseph John Thomson, 1856-1940)의 음극선 실험(전자 발견), 라더포드(Ernest Rutherford, 1871-1937)의 알파선 산란실험(원자 내부 구조 밝힘) 및 채드윅(Sir James Chadwick, 1891-1974)의 실험(중성자 발견) 등을 통해 인정받았습니다. 이러한 근대 원자설은 화학을 비롯한 물질과학의 새로운 장을 열었음은 물론이고, 오늘날의 원자과학 시대와 양자과학 시대를 여는 시발점이 되었다고 봅니다.

4.6 음양오행설로 자연현상을 설명하다

- 음양오행설로 자연현상, 정치, 사회 및 생사화복을 설명하다.
- 음양오행설은 음양설과 오행설을 함께 부르는 말이다.
- 음양 간에는 상호대립, 상호의존, 상호소장, 상호전화, 분화법칙의 속성을 가진다.
- 오행 간에는 상생작용과 상극 작용의 성질이 있다.
- 훈민정음도 음양오행을 바탕으로 만들어졌다.

고대 그리스나 중국의 물질관이 다 같이 유한론적 사고를 배경으로 한다면, 동서양에서의 근대 자연과학의 차이는 무엇에 기인하는 것인가? 동양과학과 서양과학의 발전과정에서 영향을 미친 것으로 당시 사회를 지배하고 있던 사상(思想)과 논리학의 발전 정도 및 전통사회의 붕괴 과정의 차이가 영향을 미친 것이라고 보지만 또한 자연현상을 설명하는 방법도 영향을 미친 것으로 볼 수 있습니다.

서양에서 근대과학이 발달하기 전인 서기 1500년까지는 중국에도 서양보다 우수한 과학·기술이 중국에 존재했고, 특히 자연에 대한 접근방법과 이용방법 등의 여러 면에서 서양과는 다른 특징을 가지고 있었다는 점을 앞서 논의하였습니다. 고대 중국에서는 우리 주위의 자연현상을 설명하기 위해 자연을 지배하는 기본원리로서 음양오행설(陰陽五行說)을 이용하였습니다. 음양(陰陽)은 상보적(相補的)이고 상대적(相對的)이라는 특징이 있습니다. 그리스의 사원소설은 오행설과 비교되지만, 사원소설은 물질의 기본요소로서의 인식인 데 반하여, 오행의 경우에는 자연현상이 나타나는 성질과 기능으로 인식되었습니다. 이러한 인식의 차이가 중국에서는 원자론과 같은 사고가 가능하지 못하게 하였다고 생각합니다. 고대 중국에서는 인간도 자연의 하나라고 보는 인식 때문에, 자연현상뿐만 아니라, 국력이나 왕조의 교체, 사회현상과 인체의 생리현상 그리고 인간의 생사화복에도 음양오행설을 적용하여 설명하고 이해하였습니다. 이에 반하여 서양에서는 인간과 자연의 관계를 서로 분리시켰고, 인간이 자연을 지배할 수 있다는 상하구조가 오늘날의 서양과학기술의 발달사를 자연 정복의 역사로 인식하게 하는지도 모릅니다.

우리나라는 역사적으로나 지형적으로 중국의 영향을 많이 받은 나라이므로 우리의 삶 속에는 여전히 중국의 다양한 전통적 사고가 배어 있음을 어쩔 수 없습니다. 여기서는 동서양 과학발달의 차이를 이해하는 데 도움을 주기 위해 음양오행설에 대해 더 살펴보기로 하죠.

음양오행설은 전국시대(戰國時代)에 형성된 제자백가(諸子百家) 중 음양가(陰陽家)가 주장하였으며, 역시 제자백가의 하나였던 도가(道家)에서는 사람을 자연계의 일부로 인식하였다는 점에서 중국의 자연과학과 깊은 관련이 있다고 보고 있습니다. 당시 중국의 지식계급과 지배층은 유교 문화적인 데 반하여, 서민층의 문화는 도교 문화적이었으므로 중국의 과학기술에서 도교가 담당한 역할 도 컸다고 보는 겁니다. 당(唐)나라 때에 '대연력(大衍曆)'이라는 달력이 만들어 졌고, 화약은 불로불사(不老不死)의 약이라는 '단약제조(丹藥製造)' 과정에서 우연히 만들어졌다고 추정하고 있습니다. 이 단약제조의 연단술(鍊丹術)은 화학물질의 발견과 화학반응에 대한 지식을 증대시켰고, 증류기 등과 같은 실험기구의 발달을 가져왔다고 합니다. 나침반의 기초가 된 자석의 지극성(指極性)에 대한 지식은 도교에서 '기적'을 나타내 보이기 위하여 '지남어(指南魚)'와 '지남구(指南龜)'[7]를 사용했었고, 도교 점복(占卜)의 하나인 풍수(風水)에서는 쟁반 위에서 북두칠성을 본뜬 국

7 지남어(指南魚)와 지남구(指南龜):나무로 만든 물고기나 거북의 뱃속에 방향자석을 장치하여 놓고 물고기를 물에 띄우거나 거북을 막대기에 올려놓으면 남쪽을 향하게 된다.

자모양의 자석을 회전시키는 사남반(司南盤: 式盤)을 사용했습니다. 이 시기에 도교와 불교의 경전 및 호부(護符)의 인쇄도 이루어졌다고 합니다. 이와 같은 기술적인 면뿐만 아니라, 사물과 자연현상에 대해 유연한 자세를 가지게 하였다는 점에서 도교가 중국 과학기술에 미친 영향이 크다고 평가합니다.

고대 중국에서는 일찍부터 물질을 이루는 근본적인 힘으로 '기(氣)'를 인식하였습니다. 음양오행설(陰陽五行說)은 음양(陰陽)설과 오행(五行)설을 함께 묶어 부르는 말입니다. 음양설은 우주나 인간의 모든 현상이 음(陰)과 양(陽)으로 구분되며, 음양 간에는 서로 대립적이고(相好對立), 음양이 서로 의존하며(相互依存), 음양 간에 서로 소모하기도 하고 생산하기도(相好消長) 하며, 서로 변화하며(相好傳化), 음과 양은 계속 나눌 수 있고(分化法則), 이 또한 관찰자의 관점에 따라 달라지기도 하는 속성을 가집니다. 양과 음은 태극에 의해 생성됩니다. "빛, 하늘, 남자, 생명의 세계 등은 양(陽, 天干천간: 양효[-]로 표시)"에 속하고, "어둠, 땅, 여자, 영혼의 세계 등은 음(陰, 地支지지: 음효[- -])"에 속합니다. 오행설은 목(木), 화(火), 토(土), 금(金), 수(水)의 다섯 가지가 음양의 원리에 따라 작용함으로써 우주의 만물이 생성하고 소멸하게 된다는 것입니다. 오행 간에는 서로 도와주는 성질(相生作用)과 서로 상쇄하는 성질(相剋作用) 있어, 이를 통해 다양한 현상에 대한 설명이 가능합니다. 그러나 물질의 기본 구성요소를 나타내지는 못합니다. 음양오행의 상태는 괘(卦, 3개의 효로 구성됨)로 나타내며, 괘는 통상 3개의 효(爻, 역, 易,의 괘를 나타내는 가로로 그은 획)로 나타냅니다. 이 세 가지 효는 각기 하늘, 사람, 땅을 나타내며 삼재(三才)라고 합니다. '—'을 양효(陽爻), '- -'을 음효(陰爻)라고 하며, 괘의 밑에서부터 초효(初爻), 이효(二爻), 그리고 맨 위의 것을 상효(上爻)라고 합니다. 효가 조합되어 괘를 형성하는 과정을 간단히 나타내면 아래와 같습니다. 즉, 양의(兩儀: 음, 양)를 천지자연의 무궁무진한 변화의 근원이며, 인간사회의 길흉의 산실이라고 봅니다. 양과 음의 효 2개가 조합되어 사상(四象)을 형성하고, 여기에 하나의 효가 더하여 새 개의 효로 하나의 괘를 나타내는 팔괘(八卦)가 되며 마지막에 대성괘인 64괘가 됩니다. 사상(四象)은 교차와 변화의 상태와 양상을 네 가지로 구분하는 것입니다. 음양의 증감 성쇄, 상승과 반발, 감응과 구축, 혼화와 교체를 나타냅니다.

양의		사상		팔괘(소성괘)		64괘(대성괘)
음(- -)	⇨	노음(老陰; ⚏)	→	곤(坤, ☷)	간(艮, ☶)	(생략)
		소양(小陽; ⚎)	→	감(坎, ☵)	손(巽, ☴)	
양(—)	⇨	소음(小陰; ⚍)	→	진(震, ☳)	이(離, ☲)	
		노양(老陽; ⚌)	→	태(兌, ☱)	건(乾, ☰)	

사상과 괘의 형성

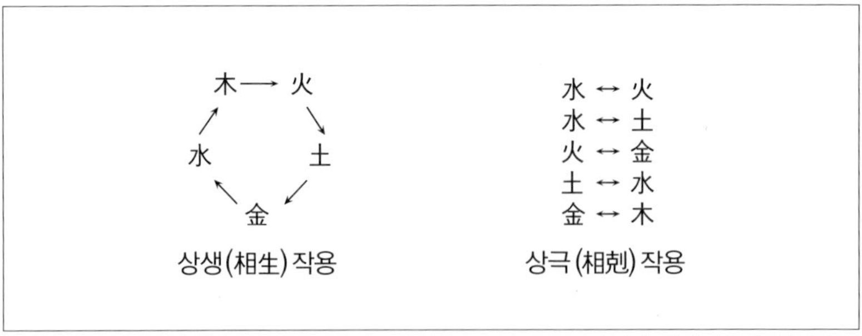

오행의 상생작용과 상극작용

고대 중국에서는 음양오행설로 자연과 정치, 사회 규범 및 인간의 생사화복을 설명하였습니다. 심지어 인간의 장기, 몸의 구성요소, 절기와 음식의 맛조차도 오행으로 구분하여 설명합니다. 이러한 전통은 오늘날 중국과 우리나라를 비롯한 중국 문화권 깊숙이 자리하고 있습니다. 오행설을 확대 적용한 사례 일부를 아래에 표로 나타내었습니다.

오행설의 확대 응용 사례

오행(五行)	목(木)	화(火)	토(土)	금(金)	수(水)
오미(五味)	산(酸)	고(苦)	감(甘)	신(辛)	함(鹹)
오장(五臟)	간(肝)	심(心)	비(脾)	폐(肺)	신(腎)
오체(五體)	근(僅)	맥(脈)	육(肉)	피(皮)	골(骨)
오시(五時)	춘(春)	하(夏)	장하(長夏)	추(秋)	동(冬)
오기(五氣)	풍(風)	열(熱)	습(濕)	조(燥)	한(寒)

훈민정음도
음양오행을
바탕으로 만들어졌다

우리가 사용하는 한글 창제를 통해 음양오행이 얼마나 깊은 영향을 미쳤는가를 살펴보기로 하죠. 훈민정음(訓民正音)8은 세종대왕이 창제한 스물여덟 글자로 한글이라 부릅니다. 훈민정음의 해례(解例)9를 보면 자연의 이치로 글자를 만들었다고 하였고, 글자 만들기, 첫소리와 가운뎃소리의 대비, 글자를 합하여 쓰는 이치 등도 음양오행을 바탕으로 하였다고 설명하고 있습니다. 아래에 훈민정음 해례의 일부 원문과 번역문을 나타냈습니다. 이와 관련된 내용은 '훈민정음(조규태)'[16]을 보면 더 자세히 알 수 있습니다.

"天地之道, 一陰陽五行而已. 坤復之間爲太極, 而動靜之後爲陰陽. 凡有生類在 天地之間者, 捨陰陽而何之. 故人之聲音, 皆有陰陽之理 顧人不察耳.

---

8 '훈민정음'은 두 가지 뜻을 가지고 있다. 하나는 세종대왕이 만들 글자의 이름이고, 다른 하나는 이 글자를 해설한 책의 이름이다.

9 '해례'는 예를 들어 글자 만들기와 가르치기를 보기를 들어 설명한 것을 말한다.

今正音之作, 初非智營而力索, 但因其聲音而極其理而已. 理旣不二, 則何得不與天地鬼神同其用也."

"하늘과 땅의 본체는 오직 음양과 오행뿐이다. 곤(昆)과 괘(卦)와 복(復)괘의 사이가 태극(太極)이 되고, 움직이고 멈춘 뒤에 음양이 된다. 무릇 어떤 생물이든 하늘과 땅 사이에 있는 것들이 음양을 버리고 어디로 갈 것 인가? 그러므로 사람의 말소리에도 다 음양의 이치가 있는 것인데, 처음부터 슬기로써 마련하고 힘으로써 찾아낸 것이 아니라, 다만 그 말소리를 바탕으로 그 이치를 철저히 밝혔을 뿐이다. 이치는 둘이 아니니, 어찌 능히 하늘과 땅과 귀신과 더불어 그 씀을 함께 하지 않을 수 있겠는가?" (이 해석은 '훈민정음', 조규태)[16]에서 인용하였다.

(첫소리 글자를 만든 원리, 중략)

"夫人之有聲本於五行. 故合諸四時而不悖 叶之五音而不戾. 喉邃而潤 水也. 聲虛而通 如水之虛明而流通也. 於時爲冬 於音爲羽. 牙錯而長 木也. 聲似喉而實 如木之生於水而有形也. 於時爲春 於音爲角. 舌銳而動 火也 聲轉而颺 如火之轉展而揚揚也. 於時爲夏 於音爲徵 齒剛而斷 金也. 聲屑而滯. 如金之屑瑣而鍛成也. 於時爲秋 於音爲商. 脣方爲合 土也. 聲含而廣 如土之含蓄萬物而廣大也. 於時爲季夏 於音爲宮. 然水乃生物之源 火乃成物之用 故五行之中 水火爲大. 喉乃出聲之門 舌乃辨聲之管 故五音之中 喉舌爲主也. 喉居後而牙次之 北東之位也. 舌齒又次之 南西之位也. 脣居末 土無定位而寄旺四季之義也. 是則初聲之中 自有陰陽五行方位之數也."

"무릇 사람의 말소리는 오행에 근본을 두고 있으므로, 네 계절에 합하여도 어그러짐이 없고, 오음(五音)에 맞추어도 어긋나지 않는다. 목구멍은 깊숙하고 젖어 있으니, (오행으로는) 물이다. 소리는 비어 잇고 거침없으니, 물이 비어서 밝고 흘러서 통하는 것과 같다. 계절로는 겨울이 되고, (음악의) 소리로는 우(羽)가 된다. 어금니는 어긋나고 기니, (오행으로는) 나무이다. 소리는 목구멍소리와 비슷하나 여무니, 나무가 물에서 나서 형체가 있는 것과 같다. 계절로는 봄이 되고, (음악의)소리로는 각(角, 동양 오음 중의 하나)이 된다. 혀는 날카로우며 움직이니, (오행으로는) 불(火)이다. 소리가 구르고 날리니, 불이 구르고 펴져 휘날리는 것과 같다. 계절로는 여름이 되고, (음악의) 소리로는 치(徵, 동양 오음 중의 하나)가 된다. 이는 단단하고 (물건을) 끊을 수 있으니, (오행으로는) 쇠(金)이다. 소리가 부스러지고 걸리니, 쇠가 부스러져 가루가 되고 단련되어 이루어지는 것과 같다. 계절로는 가을이 되고, (음악의) 소리로는 상(商)이 된다. 입술은 모나고 합해지니, (오행으로는) 흙(土)이다. 소리가 머금고 넓으니, 땅이 만물을 품어 싸안아 넓고 큰 것과 같다. 계절로는 늦여름이 되고, (음악의) 소리로는 궁(宮, 동양 오음 중의 하나)[10]이 된다. 그러나 물은 만물을 낳는 근원이요, 불은 이루어 내는 (능동적인) 작용을 하는 것이다. 그러므로 오행 가운데서 물과 불을 큰 것으로 삼는다. 목구멍은 소리가 나오는 문이요, 혀는 소리를 변별해 내는 기관이다. 그러므로 오음 가운데서, 목구멍소리와 혓소리가 으뜸이 된다. 목구멍은 뒤에 있고 어금니는 그 앞에 있으니, 북녘과 동녘의 자리이다. 혀와 이는 그 앞에 있으니, 남녘과 서녘의 자리이다. 입술은 끝에 있으니, 흙이 일정한 자리가 없이 네 계절에 기대어 왕성함을 뜻한다. 이는 곧 첫소리 가운데 저절로 음양과 오행과 방위의 수 있음이다." (이 해석은 '훈민정음(조규태)' **[16]**에서 인용하였다.)

한편 세종실록에 실린 '동국정운 서문'에도 소리의 생겨남도 또한 음과 양이 서로 부딪치고 천지의 기운과 사물의 기틀이 작용에 의한 것이라 쓰고 있습니다. 집현전 학자들은 주역(周易)의 이치를 근간으

10 동양의 오음은 궁·상·각·치·우(宮·商·角·徵·羽)이다.

로 연구하여 훈민정음을 창제하였고, 한글 자모는 주역의 이치에 의거하여, 천지인(天地人, 흔히 삼재라 함)을 근간으로 하고, 오행(五行)을 기본으로 하여 만들었다고 설명하고 있습니다.

4.7 논리학 발전정도와 전통사회 붕괴 과정도 영향을 미쳤다

- 시대적 사상의 차이가 동서양 과학의 발전에 영향을 미쳤다.
- 전통사회 붕괴과정, 논리학의 발전 정도의 차이가 동서양 과학의 발전에 영향을 미쳤다.

동양과 서양에서 과학이 학문으로서 태동되기 이전에는 만물의 근원이 수(數)라는 인식의 공통점을 가지고 있었으면서도 두 지역의 과학의 발전에 큰 차이를 가져온 이유는 무엇인가? 동서양 과학의 발전과정에서 영향을 미친 요인으로 여러 가지를 들 수 있겠으나, 여기서는 첫째 당시 사회를 지배하고 있던 사상(思想, 세계관), 둘째 논리학의 발전 정도 그리고 셋째 전통사회의 붕괴 과정의 차이 등으로 고찰해보겠습니다.

먼저 고대 동서양의 사상을 간단히 살펴보죠. 고대 서구에서는 플라톤 사상을 토대로 한 "진리는 초월적이고 추상적이라는 사고와 기독교적인 세계관"이 과학의 발전에 영향을 미쳤다고 보는 것이 일반적입니다. 그렇다면 동양은 어떠했을까? 당시 동양을 지배하던 사상은 유교(儒敎)사상입니다. 유학철학의 우주관은 윤리적 우주관이고, 인간, 사회 및 정치의 올바른 규범을 제공하여 유교사상의 궁극적 목적인 선(善)을 이루려고 하였습니다. 즉, 격물치지(格物致知)를 통해 자연에 대한 관념적 사고를 넘어서 자연현상을 하나하나 분명히 살펴서 이치를 따라 사물을 이해해야 한다는 것을 중시했습니다. 또한 이에 머무르지 않고 이와 같은 논의를 통해 어떻게 사는 것이 바람직한가? 라는 대생적 사고로 자연스럽게 넘어간다는 점이 특징적입니다.

두 번째로 두 지역에서 논리학의 발전 정도와 유사한 시기의 두 지역에서 대표적인 사회(또는 국가)의 붕괴와 통합 과정은 어떠했는가를 살펴봅시다. 학문의 성격상 논리학의 발전이 자연과학의 발전에 어떻게든 영향을 미쳤을 것이라고 생각합니다. 따라서 동양과 서양에서의 논리학의 발전 배경을 비교하는 것도 동양과 서양에서의 자연과학의 발전의 차이를 이해하는 데에 도움이 될 겁니다. 아울러, 같은 시기 동서양에서의 국가나 사회가 통합되는 형태나 과정도 자연과학의 발달에 영향을 미쳤을 것입니다. 즉, 언어와 전통이 다른 사회 간의 통합인가? 아니면 전통과 언어가 동일한 사회나 국가 간의 통합이었는가도 중요합니다. 여기서는 슈탕어(H. Stange)와 김필년(金弼年) 두 학자의 동서양간의 자연과학의 발전의 차이에 대한 견해를 비교하기로 하겠습니다.

슈탕어는 동서양의 자연과학의 발달의 차이를 춘추전국시대와 그리스 도시국가의 사회·정치상황을 비교하여 '논리학'의 발전 여부의 관점에서 논의하였습니다. 김필년은 춘추전국시대와 그리스 식민도시 밀레토시의 "전통붕괴의 차이"와 "당시의 문제 상황의 차이"로 비교하였습니다. 슈탕어와 김필련은 왜 춘추전국시대와 그리스 도시국가 또는 밀레토시를 비교하였는가? 아마도 중국의 춘추전국시대는 중국 사상의 형성기이자 황금기였고, 후대의 중국의 사상들이 이를 바탕으로 발전하였기 때문일 것입니다. 또 그리스의 경우는 슈탕어는 논리학의 발전에 무게를 두었기 때문인 것 같습니다. 즉 그리스 도시국가 시민사회나 공개법정 같은 민주적 제도를 가지고 있었고 이런 제도를 통해 논리학이 발전하는데 유리했을 것으로 보았기 때문에,

비교대상으로 택한 것으로 보입니다. 그러나 김필년은 그리스의 논리학과 체계적인 수학이 발전하게 된 배후는 논리적 사유이고, 이런 정신의 시조는 탈레스이므로 탈레스가 살았던 이오니아의 밀레토시를 비교대상으로 선택하였습니다.

슈탕어는 동서양 자연과학의 발전이 차이가 난 것은 서양은 그리스를 중심으로 논리학이 발전한 반면, 고대 동양에서는 지역적으로 멀리 떨어져 있어 이집트나 바빌로니아 같은 발전된 문명들을 받아드리지 못했기 때문이라고 보고 있습니다.

한편, 김필년은 탈레스가 살았던 시기와 중국의 춘추전국시대가 가지는 공통점은 두 지역 모두 이전의 전통이 붕괴되고 있었으나 "전통 붕괴의 정도 차이"와 "시대적인 문제 상황"에서의 차이라고 보고 있습니다. 중국 춘추전국시대의 전통붕괴는 정치적 혼란에 의해 생긴 것이므로, 언어와 사유방법 및 세계관의 면에서 거의 변화가 없었다고 보고 있습니다. 그러나 교통의 요지이면서 상업이 크게 번성했던 그리스 밀레토시에서는 여러 가지 언어, 문화, 종교 및 세계관이 충돌하면서 기존의 전통적 사유와 행동규범이 크게 변하게 되었고, 따라서 사유의 논리화 및 체계화가 발전하였다고 보고 있습니다. 아울러서, 정치적 사회적으로 혼란했던 춘추전국시대는 문제 상황이 정치적이고 실제적이었다면, 다양한 종교, 언어 및 세계관으로 섞여있던 탈레스시대의 문제 상황은 이론적이고 사변적(비실제적) 이었다고 보는 것입니다. 이 결과로 탈레스 이후 그리스 학문과 철학이 중국에 비해 논리적, 이론적, 추상적, 비실제적(사변적)인 성격을 띠게 되었다고 설명하고 있습니다. 더 자세한 내용은 "동·서 문명과 자연과학(김필년)" [17]을 읽으면 도움이 됩니다.

두 학자의 설명 중 어느 쪽이 더 설득력이 있을까요? 아니면 두 학자의 주장이 모두 타당할까요?

제5강

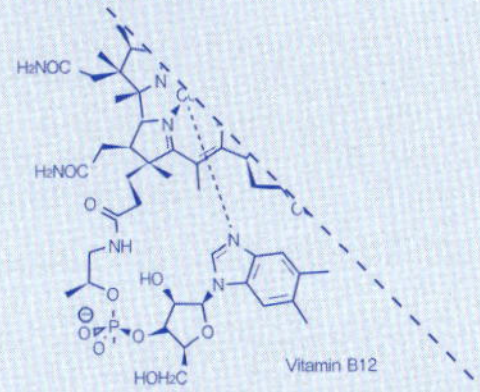

과학혁명은 무엇인가?

5.1 왜 혁명이라 하는가?

5.2 과학혁명은 어떻게 시작되었나

5.3 과학혁명의 특징은 무엇인가?

5.4 새로운 과학은 교황청과 대립적이었다

5.5 화학혁명은 늦게 시작되었다

5.6 과학혁명에 대한 새로운 시각도 있다

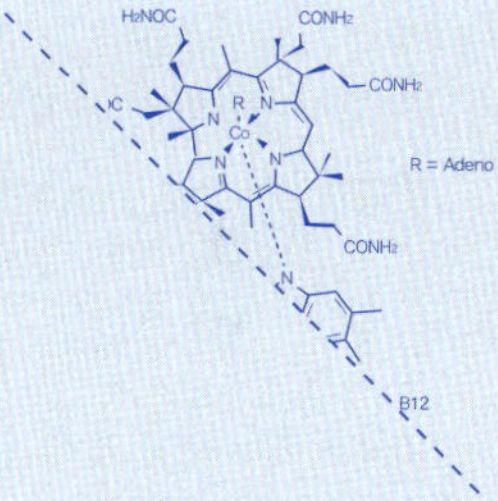

"과학혁명은 기독교 등장 이후 가장 빛을 발한 사건이었다."

- H. Butterfield -

제5강

들어가기 전

과학혁명이란 무엇인가? 16~17세기 과학혁명은 실제로 이러난 사건인가? 왜 과학혁명이라는 용어로 특별하게 다루는가? 이 강좌에서는 이런 의문에 대해 조금이나마 이해에 도움을 주기 위해 다음과 같은 내용을 다루어 보고자 합니다. 서구에서 과학혁명은 어떻게 시작되었는가를 당시 서구의 시대적 상황에서 살펴보고, 아울러 과학혁명에 영향을 미친 지식개념, 기술의 발달, 대학의 설립등과 같은 몇 가지 구체적인 요인들을 살펴보고자 합니다. 아울러 과학혁명의 특징에 대해서도 생각해 볼 것입니다. 이 강좌 마지막에는 다른 과학들보다는 다소 늦게 시작된 화학혁명과 과학혁명에 대한 새로운 시각들에 대해서도 토론할 것입니다.

제5강 과학혁명은 무엇인가?

5.1 왜 혁명이라 하는가?

- 쿤은 과학발전 모드를 "정상과학 → 이상 현상 → 위기 → 혁명 → 새 정상과학"이라고 했다.
- 과학혁명은 코페르니쿠스(16세기)로부터 시작하여 케플러, 갈릴레이를 거쳐 뉴턴(17세기)에서 완성되었다.

서양에서 근대과학이 중세과학으로 혁명적인 변혁을 가져온 원인들은 무엇인가? 이런 변화의 원인으로 중세 이래의 정치, 사회, 경제적 변동, 기술의 발전, 종교적 영향, 그리스 문화 정신적 영향, 우수한 과학들의 천재성 등을 거론하지만 어느 누구도 정확하고 명쾌한 과학혁명의 원인을 설명하지는 못하고 있습니다[1].

이 강좌에서도 어떤 원인의 오류를 지적하거나 비판하기보다는 여러 학자들이 제시하는 내용들을 함께 살펴봄으로서 과학혁명의 이해에 조금이나마 도움을 주고자 합니다. '과학혁명(scientific revolution)'

이라는 말은 과학사를 연구하는 사람들이 사용하는 전문적인 용어이다. 과학혁명이라는 용어는 존 데스몬드 버널(John Desmond Bernal, 1901-1971)이 1939년 그의 저서에서 처음 사용하였고, 프랑스 과학사가인 알렉상드르 코이레(Alaxandre Koyre)도 이 용어를 사용하였습니다. 왜 혁명이라고 하는가? 기존 체제 안에서의 점진적인 발전이 아니라, 낡은 과학이 완전히 다른 새로운 구조의 과학으로 대치되었기 때문에 혁명적이라고 보는 것이죠. 그러나 이전의 과학기술 지식이 없었다면 과연 이러한 즉각적인 대치가 가능했을까? 라고 반문하는 학자들도 있습니다. 과학혁명의 시기는 대략 1500년에서 1700년 사이에 해당하는데, 특히 17세기가 그 정점이라고 할 수 있습니다. 이른바 근대과학의 성립 및 그것이 사상, 사회 등에 미친 폭넓은 영향을 일컫는 말이며, 뉴턴에서 완성된 것으로 보는 것이 일반적인 견해입니다. 코페르니쿠스의 지동설, 케플러의 천체운동법칙, 갈릴레이의 천문학 연구, 로버트 보일의 화학 연구, 하비의 생리학 및 해부학 연구, 뉴턴의 물리학 법칙 등이 모두 과학혁명 시기의 중요한 성과물에 속합니다. 그밖에도 이전에는 찾아보기 힘들었던 과학 연구기관 및 단체가 속 속 설립된 것도 이 시기의 중요한 발전이고 사건들 입니다.

물론 '과학혁명'은 위와 같이 역사 속의 특정 시기에 이루어진 과학 발전을 가리키는 전문적인 용어로서 뿐만 아니라, 일반적인 의미의 비약적인 과학발전을 일컫는 말로도 사용됩니다. 즉, 무언가 엄청나게 큰 변화가 일어났을 때 그것을 '혁명적인 변화'라고 일컫는 것과 마찬가지 의미를 지닙니다. 토마스 쿤(Thomas Kuhn, 1922-1996)이 1962년에 내놓은 저서 "과학혁명의 구조"는 부분적으로는 앞의 과학혁명을 주제로 하고 있지만, 전체적으로는 과학발전이 일반적으로 어떻게 전개되는지에 주안점을 두고 있습니다. 이 책이 출간되자 논란을 불러일으켰는데, 쿤이 과학발전의 객관적 보편성을 부정했기 때문이라는 거죠. 사실 우리는 과학적 지식을 객관적이고 보편타당한 지식으로 당연시 하곤 합니다. 또한 그러한 지식이 조금씩 쌓이면서 과학이 발전한다고 보는 것이 일반적이죠. 그러나 쿤에 따르면 과학은 그런 식으로 발전하지 않는다는 것입니다. 쿤은 과학 발전이 "정상과학 → 이상 현상 → 위기 → 혁명 → 새로운 정상과학"식으로 진행된다고 주장합니다. 여기서 '정상과학'이란 무엇인가? '정상과학'이란 특정 패러다임을 공유하는 과학자 집단이 행하는 과학 연구 활동 전체를 뜻합니다. 즉, 특정 이론 '가'(예 천동설)에 의해 과학 지식이 계속하여 발전하다가 그 이론으로는 설명할 수 없는 현상이 나타나고, 그 시대 과학자들이 일반적으로 공유하는 패러다임(paradigm)[1]으로는 문제의 현상을 설명할 수 없을 때, 정상과학의 위기가 발생합니다.

결국 기존의 정상과학 안에서 설명할 수 없는 현상을 설명하는 새로운 이론 '나'(예 지동설)가 나오게 되고, 대부분의 과학자들이 이론' 나'(예 지동설)를 받아들이게 되는 거죠. 이로서 이론 '나'는 새로운 정상과학으로 자리 잡게 됩니다. 중요한 것은 이론 '가'에서 '나'를 들어 천동설에서 지동설로의 전환하는 것은 단절적(斷絶的)이라는 점입니다. 지금까지의 이론을 완전히 무시하고 새로운 이론을 받아 드려야 하는 것이죠. 따라서 쿤은 "서로 경쟁하는 둘 이상의 패러다임은 서로 양립할 수 없으며, 공통점도 있을 수 없다"고 강조합니다. 비약적인 발전이라는 말이 있는데, 쿤의 주장대로라면 과학 발전은 비약적이 아니라 비약 그 자체가 되는 것입니다. 물론 쿤의 이러한 주장

1 • 표준국어대사전에서는 패러다임(paradigm)을 "어떤 한 시대 사람들의 견해나 사고를 근본적으로 규정하고 있는 테두리로서의 인식의 체계, 또는 사물에 대한 이론이나 체계를 의미하는 개념"으로 정의 합니다.
• 쿤이 말하는 패러다임이란 과학 연구의 가설, 이론, 실험 방법 및 규칙, 실험 도구, 연구 모형, 기본 개념, 과학연구 관련 제도, 가치관, 태도 등을 모두 포괄하는 무척 폭넓은 개념이다. 아예 세계관이라는 말로 표현해도 좋다고 보는 견해도 있다.

에 대한 비판도 만만치 않았지만 그럼에도 불구하고, 쿤의 이 책은 과학사 분야뿐만 아니라, 오늘날 까지도 인문학, 사회과학 전반에 폭넓은 영향을 미치고 있습니다.

5.2 과학혁명은 어떻게 시작되었나?

- 르네상스나 종교개혁은 과거로의 회귀이나 과학혁명은 미래지향적이다.
- 과학혁명 요인은 외적으로는 가치관의 변화, 기술발달, 지식의 확장 및 사회적 요구이고 내적으로는 지적태도의 변화이다.
- "천구들의 회전에 관하여" (코페르니쿠스), "인체구조에 관하여" (베살리우스) "자연철학의 수학적 원리" (뉴턴)가 과학혁명에 영향을 미쳤다.

과학혁명의 시대적 배경은 어떠했나?

과학혁명에 대해 시대적 배경과 성격을 간단히 살펴보죠. 다양한 종교를 가진 사회였던 유럽사회가 기독교 중심으로 단순화되었습니다. 10세기쯤 기독교 교회 중심의 근대 유럽문명이 출현하고, 교회 중심의 국가로 발전하면서 사회와 경제가 교황청의 통제 하에 있었습니다. 14세기 말, 교회의 권위에 묶여 있던 생활에서 인간 정신의 근원으로 돌아가자는 개혁운동이 일어나게 되었습니다. 이 시기에 봉건사회가 붕괴되고, 스콜라 철학이 퇴색되면서 신학에 억압되어 있었던 학문들이 자유로워지게 되었습니다. 그런 결과로 16세기에 와서 교회중심의 유럽문명이 세속화되기 시작하였습니다.

여기서 스콜라 학풍의 과학을 간단히 살펴보기로 하죠. 중세 유럽의 대표적 학풍은 “문제를 제기하고 찬성과 반대의 근거를 논리적으로 살피는 사변적 특성”을 가진 스콜라 학풍이었습니다. 스콜라 철학에서 학문의 주요 목적은 신학을 하기 위한 것이었습니다. 성 아우구스티누스(Sanctus Aurelius Augustinus, 354-430)는 이러한 목적으로 플라톤의 철학을 사용하였습니다. 12세기 후반에 들어와서 아리스토텔레스 학문의 합리주의가 유입되어 신(神)의 전능성을 주장하는 기독교 교리와 마찰을 빚게 되어 과학과 신학 사이에 긴장이 조성되었습니다. 그 후 성서가 과학에 의해 정당화되었습니다. 즉, “성경의 진리를 밝히기 위해 과학이 계속 연구하여야 한다”는 논리로 정당화되었습니다.

한편, 로마제국이 쇠퇴하고 그리스 과학지식과 전통이 단절되어 중세초기에는 과학과 학문의 암흑기를 맞습니다. 이 시기에 그리스 과학은 로마로부터 이주한 지식인들에 의해 전파되었고, 이슬람 과학은 주로 번역에 의해 전파되었습니다. 초기에는 고대 시리아어로 된 것을 아라비아어로 번역하였지만, 나중에는 그리스어를 직접 아라비아어로 번역하였습니다. 이슬람 과학은 종교상의 필요로부터 발전하였으며, 그리스 과학처럼 이성에 의한 문제 제기가 없었을 뿐 아니라, 보수 종교에 의해 억압을 받으면서 점차 쇠퇴하였습니다.

과학혁명에 영향을 미친 외적요인과 내적요인은 무엇인가?

과학혁명은 16세기 중엽 코페르니쿠스로 부터 시작하여 케플러, 갈릴레이를 거쳐 17세기 후반 뉴턴에 의해 완성되었다고 봅니다. 과학혁명이 있었던 시기의 시대적 배경을 살펴보면, 10세기쯤이 되면서 유럽에서 여러 종교 중 기독교 교회만이 살아남았습니다. 교회가 세력화되면서 교회 중심으로 신앙, 국가, 경제가 조직화되고 통제되는 근대 유럽문명이 형성되었습니다. 16세기에 와서 교회가 도전을 받게 되고 종교개혁(宗教改革, Reformation)과 종교전쟁(宗教戰爭, Wars of Religion)[2]을 통해 유럽문명이 세속화되었습니다. 결국 17세기에 와서 기독교와 과학이 대치되는 어려운 시대를 맞게 되고, 성서는 과학에 의해 정당화되면서 과학혁명이 시작되었다고 보고 있습니다.

과학혁명의 원인에 대한 학설을 두 가지로 구분하기도 합니다. 하나는 당시의 과학 외적인 상황의 변동, 즉, 새로운 도시와 도시문화의 발전, 자본주의 발달, 정치적 변화, 기술의 발전이라는 관점에서 과학혁명의 원인을 찾고자 하는 학설입니다. 다른 하나는 "과학혁명의 근본 원인은 새로운 과학의 방법론과 개념의 발전, 그리고 문제 상황의 변화 등의 과학 내적요인에서 찾아야 한다"고 주장하는 학설입니다. 그러나 외적요인을 주장하는 학자나 내적요인을 주장하는 학자들 모두 상대의 주장을 전면적으로 부정하지는 않고 있습니다[1]. 여기서는 대표적인 학자들이 주장하는 외적요인과 내적요인들에 대해 간단히 살펴보기로 하겠습니다.

과학사회학(科學社會學, Sociology of Science)을 체계화 한 미국의 사회학자인 몰턴(Robert King Merton, 1910-2003)이 주장하는 외적요소로는 가치관의 변화와 기술의 발달, 항해로 인한 지식의 확장 및 전쟁에 의한 새로운 지식의 접근과 발전 등과 같은 사회적 요구입니다.

---

2 • 종교개혁(宗教改革, Reformation): 16-17세기 유럽에서 로마 가톨릭 교회의 쇄신을 요구하며 등장했던 개혁운동이다. 종교개혁은 마르틴 루터에 의해서 비롯되었고, 이를 통해 오늘날 프로테스탄트라 부르는 교파가 생겼다.

• 종교전쟁(宗教戰爭, Wars of Religion): 16세기 후반에서 17세기 후반에 걸친 유럽에서 종교개혁을 계기로 한 신·구 두 교파의 대립으로 야기되어 국제적 규모로 진전된 일련의 전쟁을 가리킨다.

즉, 영국과학의 발전은 퓨리터니즘의 가치관과 기술, 항해, 전쟁 등의 사회적 요구에 의한 것이라고 하는 겁니다[2].

한편, 일본의 오구라 긴 노스케(小倉金之助)는 '수학의 발전과 계급투쟁'을 들고 있습니다. 또 내적으로 접근하고 있는 프랑스 학자 알렉상드르 코이레(Alaxandre Koyre)는 당시 '지식인들의 지적 태도'에 기인한다고 보고 있습니다[3]. 그러나 이 두 요소 모두가 중요한 요인이었다고 보는 견해도 많습니다.

어떤 책들이 과학혁명에 기여하였나?

과학혁명에 기여한 세 가지 책으로 코페르니쿠스의 '천구들의 회전에 관하여', 베살리우스의 '인체구조에 관하여', 뉴턴의 '자연철학의 수학적 원리'를 추천합니다. 대다수의 학자들은 과학혁명이 1543년 발행된 코페르니쿠스의 '천구들의 회전에 관하여'라는 책과 베살리우스의 '인체구조에 관하여'라는 책을 통해 시작되어 다른 학문 영역으로 확산되었다고 생각합니다. 그 이유는 코페르니쿠스의 '천구들의 회전에 관하여'라는 책을 통하여 물리과학의 혁명이 시작되었고, 생명과학의 혁명은 베살리우스의 '인체구조에 관하여'라는 책부터 시작되었기 때문입니다. 코페르니쿠스는 기존의 프톨레마이오스(Ptolemaios)의 우주구조[3]에 대한 문제점을 지적하면서 태양이 우주의 중심에 있

3 프톨레마이오스의 우주구조: 행성이 주 전원의 작은 궤도를 돌면서 대원의 큰 궤도를 돌고 있다. 계의 중심은 이심원의 이심점(eccentric, 지구 중심이 아닌 다른 중심)이며 지구는 중심에서 벗어나 있다. 프톨레마이오스는 이심을 기준으로 지구와 대칭되어 있는 점인 동시심을 새로 도입하고, 이모형을 바탕으로 행성들의 밝기 변화하는 것과 행성의 역행운동을 설명했다. 프톨레마이오스에 의해 지구중심설(천동설)이 구체화되어 약 1400여 년 동안 지구가 우주의 중심에 있다고 믿게 만들었다.

고, 지구가 그 주위를 돌고 있다고 주장했습니다. 이것은 지구가 우주의 중심이라고 믿어왔던 중세의 우주관 전체에 대한 도전이었습니다. 그전까지 거의 절대적인 진리라고 믿어왔던 아리스토텔레스와 프톨레마이오스의 우주관에 대해 정면으로 도전장을 내민 것이었죠.

뉴턴의 '자연철학의 수학적 원리(自然哲學-數學的原理, Philosophiae Naturalis Principia Mathematica)'가 1687년에 세 권으로 발간되었는데, 이 또한 과학혁명에 기여한 또 하나의 책으로 인식되고 있습니다. 이 책은 줄여서 '프린키피아(Principia)'라고 불리기도 합니다. 이 책은 고전역학의 바탕을 이루는 뉴턴의 운동법칙과 만유인력의 법칙을 기술한 것입니다. 아울러 케플러의 행성운동법칙을 증명하는 등 일련의 연구를 통해서 코페르니쿠스에서 시작되어 케플러, 갈릴레이를 거치면서 이루어져 온 천문학의 혁명을 완성하는 한편, 갈릴레이 이후 데카르트, 호이겐스 등을 통해서 이룬 근대 역학의 성공을 보여주고 있습니다. 이런 업적이 이 책이 과학혁명에 기여했다고 보는 이유가 되며, 뉴턴이 과학혁명의 매듭을 지웠다고 보는 이유이기도 합니다.

과학혁명은 인쇄술 발달과 중세 대학의 영향도 받았다

르네상스 시대에 세계지도 제작법과 항해도가 만들어졌고, 망원경, 총포류를 포함한 무기류도 개발되었습니다. 특히, 15세기 중간에 발명된 구텐베르크(Johannes Gutenberg, 약1398-1468)의 활판 인쇄술이 유럽 전역으로 확산되어 성경이 일반인에게 보급될 수 있는 커다란 전기를 마련하였습니다. 인쇄술의 발전으로 책이 대량복제가 가능해지면서, 지식은 더 이상 성직자나 사회 지배층의 전유물이 될 수 없었습니다. 금지되어 있던 지식이 대중에게 확산되면서 기존의 지식이 안고 있던 여러 가지 문제점이 드러났으며, 그 결과 종교개혁과 르네상스 그리고 과학혁명이 촉진되었다고 보는 것입니다. 즉, 인쇄술도 과학혁명에 많은 영향을 미쳤습니다.

또 다르게는 중세 대학은 학문 활동의 중요한 공간이었습니다. 따라서 이들 대학에서 행해진 학문 활동이 근대과학으로의 전환에 긍정적이든 아니면 부정적이든 영향을 미쳤을 것은 분명합니다. 중세 대학이 근대과학의 발전에 미친 영향에 대해서 두 가지 시각이 있습니다. 그 중 하나는 긍정적 시각이며, 대학의 등장 배경에서 보이듯이 초기의 대학은 분명 새롭게 다시 유입된 아리스토텔레스 과학을 흡수하여, 정리하고 보완하는 긍정적인 역할을 수행하였을 것으로 보는 견해입니다. 1980년대에 과학 혁명기에 대한 재평가 작업에 참여한 가스고인(Toss Gascoigne)은 실제로 중세 후반기의 대학교의 교육내용을 분석하여, 근대 이후보다도 중세 후반기에 자연철학을 비롯한 수학과 의학에서 실험적 과학교육이 훨씬 더 많이 행해지고 있었다는 점, 비록 비판을 목적으로 언급되기는 했지만 새로운 과학의 급진적인 생각들이 언급되고 논의되었던 점, 아리스토텔레스 철학을 거부할 수 있는 대체 철학으로서의 데카르트주의를 정착시켰다는 점, 그리고 과학 혁명기의 영웅들이 그러한 대학을 통해서 거부해야 할 것들을 습득했었다는 점 등을 들어 대학교의 역할을 긍정적으로 평가하였습니다.

다른 하나는 부정적인 시각입니다. 과학 사학자 웨스트 폴(R. S. Westfall)은 과학 혁명기의 대학교와 고대의 아리스토텔레스 과학이 근대과학으로 전환되는 과정에 대해 다음과 같은 평가를 내렸습니다.

"유럽의 대학교는 과학 활동의 중심지가 아니었을 뿐만 아니라, 자연과학은 대학교와 별개의 활동중심을 갖고 진행되었습니다. 대학교는 오히려 근대 과학이 구축되는 자연에 대한 새로운 개념을 반대하는 주요 센터였던 것입니다."

한때는 웨스트폴의 평가에 동조하는 사람들이 많았습니다. 그러나 당시의 대학이 새로운 사상이 적극적으로 제기되고 논의될 수 있었던 장은 아니었지만, 간접적인 여러 가지 방식으로 과학혁명이 가능할 수 있게 만들었다는 점에서 긍정적인 견해를 갖는 학자들도 있습니다.

새로운 지식개념도 과학혁명에 영향을 주었다

과학혁명이 일어나는 데는 단지 몇 가지 과학적 발견으로만 이루어지기는 어려웠을 것입니다. 중세 서양의 스콜라 학파의 지식의 목표는 영원한 진리의 명상이었습니다. 즉 "지식은 신에 의한 계시며, 지식은 고정된 것이라"생각하였고, 확장이나 진보의 개념은 없었습니다. 중세 유럽의 지식관은 매우 정적이었고 당시의 자연의 탐구는 명상을 통해 이해하는 것이었습니다. 즉, 자연의 탐구는 자연에 숨겨진 비밀을 신이 드러내면 이를 받아들이기만 하면 되는, 그런 명상적인 지식개념이었습니다. 이 지식개념에 도전한 사람은 영국의 철학자이자 정치가 이었던 프랜시스 베이컨(Francis Bacon, 1561-1626) 이었습니다. 베이컨은 다음과 같이 주장했습니다.

"지식의 목표는 명상이 아니라 행동이다. 조용히 수동적으로 받아들이는 것이 아니라 적극적으로 자연에 도전해서 조작하고 행동해서 지식을 얻어야 한다"

이는 지식에 대한 새로운 개념을 주장한 것입니다. 베이컨은 과거의 명상적 지식개념을 뒤집고, 조작적(造作的)이고 행동적(行動的)인 지식을 주장한 것입니다. 과학지식을 얻고 이해하기 위해 직접 조작(실험)하고 실시해야 한다는 것은, 탐구와 실험을 통해 자연을 이해하고 지식을 습득해야 한다는 오늘날의 과학적 활동을 말하는 것입니다. 베이컨의 '아는 것은 힘이다(Scientia est potentia)'라는 유명한 말이, 곧 근대적인 지식을 상징하는 말이 되었습니다. 지식은 명상의 대상이나 정적인 것이 아니라, 인간에게 유익한 결과를 주는 힘이 돼야 하고, 그래야 가치 있는 지식으로서 인정받는다는 것입니다. 이 베이컨의 새로운 지식개념은 과학의 새로운 목표를 제시한 것으로 곧 과학혁명의 정신적 기반이 되었고, 이후에 실현된 산업혁명의 철학적 기반이 되기도 하였습니다.

뉴턴의 과학도 영향을 미쳤다

뉴턴이 과학의 역사에서 행한 위대한 업적은 흔히 '뉴턴 종합(Newton Synthesis)'이라는 말로 대변합니다. 이는 크게 두 가지를 의미하는데, 하나는 만유인력이라는 단일한 힘에 근거하여 천상계(하늘)의 운동과 지상계의 운동이 동일한 운동법칙으로 설명된다는 것을 보여 주었다는 것입니다. 다른 하나는 정확하고 수학적이며, 기계적인 방법과 실험적이고 경험적인 방법이 융합될 수 있음을 보여 준 것입니다. 즉, 그는 과학적 방법의 두 가지 전통을 효율적으로 사용함으로써 새로운 과학지식을 얻을 수 있었는데, 이는 근대 과학의 중요한 과학적 방법으로 정착되었습니다.

뉴턴의 역학에 따라 당시 많은 과학자들은 자연계에 존재하는 힘을 수식으로 표현하려고 노력했습니다. 화학자들은 서로 다른 물질들 사이의 화학결합의 차이를 화학적 친화도 차이로 설명하려하기도 하였고, 전·자기 분야에서도 비슷한 시도가 있었습니다. 샤를 드 쿨롱(Charles-Augustin de Coulomb, 1736-1806)은 전기를 띤 물체 사이의 전기력를 수학적으로 표현하였습니다. 그 외에도 연소현상 등을 같은 방식으로 설명하려는 시도가 행해졌으며, 생명과학분야나 사회과학분야에서도 이런 시도가 일어났습니다. 각각의 현상에 기본이 되는 힘이나 작용을 얻어내고, 그로부터 현상을 수학적으로 설명하려는 뉴턴의 과학적 방법이 널리 적용되었습니다. 뉴턴 과학이 수학적, 합리적, 경험적, 실험적 방법을 사용하여 목적을 달성했기 때문에, 다른 분야도 그렇게 함으로써 성공을 거둘 수 있다는 믿음을 주어 18세기 유럽 사상 전반에 커다란 영향을 미쳤습니다. 이로부터 형이상학적이고 독단적이며 철학적인 논의를 배격하고, 합리적이고 경험적인 면을 강조하게 되었고 이것이 18세기의 계몽주의(啓蒙主義)[4]입니다.

5.3 과학혁명의 특징은 무엇인가?

- 과학혁명은 미래지향적이었다.
- 웨스트폴은 과학혁명의 특징을 다섯 가지로 설명하였다.

과학혁명은 미래지향적이다

근대 역사가인 헐버트 버터필드(Herbert Butterfield)는 과학혁명이

4 계몽주의(啓蒙主義): 16-18세기에 유럽 전역에 일어난 혁신적 사상. 교회의 권위에 바탕을 둔 구시대의 정신적 권위와 사상적 특권과 제도에 반대하여 인간적이고 합리적인 사유를 제창하고, 이성의 계몽을 통하여 인간생활의 진보와 개선을 꾀했다.

야 말로 르네상스나 종교혁명과는 비교가 안 되는 서양사상의 가장 큰 혁명이었다고 말합니다. 그 이유는 '르네상스'는 잃어버린 그리스 로마의 문화를 되찾자는 중세 시대의 문화 정신의 운동이었고, '종교개혁'은 타락한 종교성을 회복시키자는 종교적 운동이었으므로 기독교 내부에 한해서만 일어난 운동이었기 때문입니다. 즉, 르네상스나 종교개혁은 어떤 면에서 보면 과거지향적인 변화이지만, '과학혁명'은 사회 전반에 걸쳐 여러 학문분야에서 일어난 미래지향적 사건이므로 성격과 중요성 면에서 차이를 보입니다. 유럽사회에서 과학혁명은 르네상스나 종교개혁 보다 도 더 큰 사회적 영향력을 발휘했을 뿐 만 아니라, 유럽의 과학혁명이 유럽사회를 넘어 전 세계적으로 과학 및 사회분야에 커다란 영향을 미쳤다고 봅니다.

웨스트폴(R. S. Westfall)에 의해 주장되는 과학혁명의 특징은 다음과 같습니다[4].

과학혁명은

첫째, 상식적이고 질적인 아리스토텔레스 과학에서 이성적이고 양적인 플라톤 과학으로 변화한 것이다.

둘째, 질적(質的)인 것이 양적(量的)인 것으로 대치되면서 과학의 수학화와 계량화가 이루어졌다.

셋째, 기계론적인 자연개념이 발전하였다. 목적론적 유기체적 사고 대신 기계적, 인과론적 사고로 변하였다. 그로 인해 원자론이 부활하고, 자연현상을 물질과 운동으로 설명 하려는 기계적 철학의 결과가 나타나고 뉴턴에서 절정을 이루었다.

넷째, 새로운 과학적 방법이 발달하였다. 즉, 베이컨(F. Bacon)은 수집에서 시작해 일반화시키는 즉, 귀납적 방법을 주장하고, 데카르트(R. Decartes)는 진리로부터 수학적 연추로 결론을 얻는 연역적 방법을 주장하였다.

갈릴레이가 수학과 실험을 접합시켜 근대 과학적 방법을 태동시켰다.

다섯째, 궁극적 설명을 버리고 즉각적 기술을 택하였다. 즉, 과학적 현상에 대해 왜(Why)일어나는가의 관점에서 어떻게 (How) 일어나는가의 관점으로 변화하였다. 즉 아리스토텔레스는 돌이 땅으로 떨어지는 이유를 설명하려고 하였다. 반면에 갈릴레이는 무거운 물체가 왜 땅으로 떨어지는지에 대한 이유 보다는 어떻게 떨어지는 가를 알아보는 가속도의 측정에 관심이 있었던 것이다.

5.4 새로운 과학은 교황청과 대립적이었다

▪ 천동설과 지동설의 충돌이 있었으나, 후일 교황청은 갈릴레이 주장을 인정한다.

코페르니쿠스의 지동설이 등장하기 전까지, 태양계 천체의 움직임은 주로 프톨레마이오스가 확립한 체계에 의해 설명되었습니다. 그의 체계는, 지구는 정지해 있고 태양은 움직이고 있다는 가정을 전제로 하고 있었습니다. 그러나 그것은 천체들을 지배하는 통일된 물리적 법칙에 근거한 것이 아니어서 현실성이 없었죠. 별개의 경우에 임의의 법칙이 적용되는, 현대적 관점에서 본다면 그다지 과학적이라고 할 수 없는 체계였던 것입니다. 코페르니쿠스는 이런 임의성에 대해 불만을 가졌고, 연구를 거듭한 끝에, 태양은 정지해 있고 지구를 포함한 행성들이 태양의 주위를 돌고 있다는, 당시로서는 혁명적인 이론을 제안하였습니다. 1543년, 코페르니쿠스가 사망하고, 지동설에 대한 그의 주장을 담은 '천체의 회전에 관하여'가 출판되었습니다.

갈릴레이는 코페르니쿠스 이론의 열렬한 지지자이기는 했지만, 결코 교황청과 대립하고 싶어 하지 않았습니다. 갈릴레이는 교황청의 신분이 높은 사람들과도 꽤 친분이 있는 편이었고, 지동설을 지지하지 말라는 경고를 받았습니다. 그는 '두 가지 주요 세계관에 관한 대화'라는 책을 1632년에 발간하였고, 그 후 반대 세력의 격렬한 항의가 이어져 종교 재판소에 회부되었습니다. 1633년, 갈릴레이는 종교 재판소에서 유죄 판결을 받습니다. 종교재판이 끝나고 갈릴레이가 "그래도 지구는 돈다"라는 말을 했다는 일화는 그의 과학적 진리탐구에 대한 열정을 나타내는 한 가지 증거 입니다. 교황청은 1900년대 후반이 되서야 갈릴레이의 주장을 인정했으며, 갈릴레이와의 대립에 대한 반성으로 천문학 연구에 투자하고 있고, 또한 천문대도 가지고 있습니다.

우리가 알고 있는 코페르니쿠스의 태양중심설(지동설)은 중세시대의 우주관이었던 지구중심설(천동설)을 뒤엎는 사건입니다. 이와 유사한 개념은 고대 그리스의 피타고라스가 "우주의 한 가운데에 큰 불덩어리가 있다"라고 생각한 것인데, 이것이 태양중심설에 대한 하나의 발상입니다. 그러나 지구중심설에 의해 빛을 발하지 못하다, 기원전 3세기 아리스타르코스는 지구와 달, 지구와 태양간의 거리의 비를 연구하고, 달과 태양의 시지름(視直徑, apparent diameter)[5]을 연구하다 천체현상이 지구 중심설 이론과 잘 맞지 않는다는 사실을 알게 되었습니다. 이를 바탕으로 아리스타르코스(Aristarchus)는 최초로 태양중심설을 주장하게 됩니다. 당시 그의 주장은 스토아학파에 의해 신성모독이라 비난받았으며, 역사에서 크게 드러나지 못했습니다. 16세기의 코페르니쿠스에 이르러서 아리스타르코스의 이론은 재발견되게 됩니다[5].

---

5 시직경: 다르게는 시지름, 또는 각지름(angular diameter)이라 부른다. 시지름은대부분 지구의 관측자가 본 천체의 겉보기지름을 뜻하며, 각도 단위인 초(″) 또는 분(′)·도(°)로 나타낸다.

5.5 화학혁명은 늦게 시작되었다

- 인류의 화학적 활동은 불을 발견하면서부터 시작된다.
- 화학은 불의 발견 → 생활기술 → 연금술 → 의학. 화학 → 플로지스톤설 → 정량화학→ 근대화학 순으로 발전했다.

화학혁명은 왜 늦어졌나?

인류는 40만 년 전 불을 발견했습니다. 당시에는 불을 일구는 기구로 부싯돌이 이용되었습니다. 인류는 불을 다루기 시작 하면서 만물의 영장으로 변모하게 되었고, 이로 인해 추위로부터 자신을 보호하고, 동물을 사냥하고, 맹수로부터의 공격을 방어하며 고단위 영양을 섭취하게 되었습니다. 아울러 불을 이용하여 다른 기구도 개발하였습니다. 이러한 불의 이용이 곧 인류가 행한 최초의 화학활동이라고 볼 수 있습니다. 우리나라 김해지방에서도 2500년 전 사용된 것으로 보이는 부싯돌이 발굴된 적이 있습니다. 그 후에 구리의 제련기술이 발전되고, 소위 연금술이 발전하게 되었죠. 또, 고대인들도 의약 및 화장품(4천 년 전 화장품이 최근에 발굴되었다)을 사용하고 이를 제조한 근거가 밝혀졌고, 그 결과로 연금술이 탄생하고 연금술로부터 근대화학으로 발전되었다고 생각합니다. 8세기부터 발전된 아라비아의 연금술이 12세기에 들어 유럽에 전해지고 16세기에 와서 의학과 화학이 접목되게 됩니다. 이시기에 파라켈수스가 황, 수은, 염으로 우주가 만들어 졌다는 삼원리설을 주장합니다. 그 후 베허(Johann Joachim Becher, 1635-1682, 의화학자)의 주장-세 가지 연소성 흙으로 물질이 구성되었다고 주장-과, 슈탈(의화학자)의 플로지스톤설이 나타났습니다.

플로지스톤설은 일상생활에서 만나게 되는 많은 화학적 현상을 설명하였음으로 18세기를 통해 화학전반을 설명해 주는 이론체계로서 화학자들 사이에 폭 넓게 받아 들여져, 독일에서 발전된 플로지스톤설은 1750년경부터는 프랑스 화학자들에게도 소개되었습니다. 그러나 플로지스톤설은 곧 정확하고 정량적으로 수행되는 실험자들에 의해 도전을 받기 시작했습니다. 슈탈은 물질이 연소하는 것은 물질에 잡혀 있던 플로지스톤이 물질로부터 분리되는 현상이라고 했습니다. 나무를 태우면 재가 남는데, 이것은 나무가 재와 플로지스톤이 결합하였기 때문이라고 주장하고, 불에 잘 타는 물질은 플로지스톤을 많이 포함한 물질이고 잘 타지 않는 물질은 플로지스톤을 조금 포함한 물질이라고 설명했습니다. 금속과 같은 물질을 가열하면 오히려 무게가 증가하는 현상을 볼 수 있는데 플로지스톤설에서는 이런 현상을 설명하기 위해 플로지스톤은 마이너스의 무게를 갖기도 한다고 주장했죠. 이러한 금속의 연소에서 무게가 증가하는 실험적 사실의 설명이 적절하지 않았지만 플로지스톤설이 유행한 이유는 무엇인가? 이 이론으로 당시의 많은 화학적 현상을 설명할 수 있었고, 연소를 통해 무엇인가 날아간다는 감성적인 인식과 또 하나의 새로운 원소라는 생각 때문이었을 것입니다.

이 플로지스톤설이 100년 동안 서구 화학을 지배해왔기 때문에 화학혁명은 늦어지게 되었다고 인정합니다. 1500년대에 와서 비링구치오의 정량화학과 로버트 보일의 실험화학이 등장하면서 화학혁명이라는 새로운 국면을 맞게 됩니다.

연금술은 어떠했나

- 연금술 작업에서 꼭 필요한 것이라고 알려진 '엘 릭서(elixir, 묘약)' 가 여러 가지 실험을 촉진하게 했다.
- 베이컨도 한때 연금술의 가능성을 믿었다.

이슬람권의 연금술은 헬레니즘의 전통을 이어받으면서도 독자적인 특색이 있었습니다. 유럽 학자들은 이슬람권의 대연금술사로 게버(Geber)라는 이름을 떠올리고 있는데, 최근의 조사에서 그가 썼다고 하는 몇 개의 연금술서- '완전한 전서'(Summa perfectionis) 등이 있다-가, 사실은 여러 사람들이 그들의 저서를 게버라는 한 전설적인 인물이 저작 한 것으로 표기한 것이라 알려졌습니다. 그리고 게버라는 사람은 아라비아어의 이름으로 자비르 이븐 하이안(Jabir ibn Haiyan, 776년경 활동)이라는 8세기의 연금술사를 말한다는 설도 있습니다. 물론, 이 사람도 많은 연금 술서를 남기고 있는데, 그 저서들은 게버의 것과 일치하지 않는 것도 있습니다. 여하튼 자비르의 연금술에는 재미있는 몇 가지가 있습니다. 예를 들면, 자비르는 물질을 다음과 같이 정(精)[6], 금속체 (금속), 물체 (비휘발성으로 분말상인 고체, 즉 정이나 금속체 이외의 물질) 등 3가지로 분류했습니다.

그는 또, 금속은 유황(그 종류는 여러 가지가 있다고 함)과 수은으로부터 만들어졌다고 했습니다. 그의 이러한 생각은 18세기의 화학이나 연금술에서도 살아남았습니다. 한편, 금속은 네 원소(흙, 물, 공기, 불)에서 만들어졌고, 네 가지 성질(건, 냉, 습, 열)을 서로 다른 비율로 포함한다고 하는 아리스토텔레스적인 사고도 포함하고 있습니다. 또

6 정(精)은 장뇌, 수은, 비소, 유황 등의 휘발성 물질, 또 다른 분류가 있는데, 거기에는 수은을 금속으로 하고 있다.

한 연금술 작업에서 꼭 필요한 것이라고 알려진 '엘 릭서(elixir)'는, 그리스어인 크세리온(x rion)에서 유래한 것인데, 아라비아어로는 '알 익서(al-iksr)'가 되며, 금속의 조악함을 변하게 만드는 묘약이란 뜻입니다. 이 묘약의 존재 그 자체는, 비록 어리석은 착상이지만, 이것 때문에 여러 가지 실험을 촉진하게 되는 역사적 공적이 있습니다.

12세기에 이르자, 거의 모든 것이 기독교 문화 일색인 유럽에 이슬람권으로부터 여러 가지 새로운 철학이나 과학의 지식이 책을 읽을 수 있었던 성직자 계층을 통해 들어왔습니다. 이 지식 속에 연금술도 물론 포함되어 있었습니다. 이 연금술이라는 기묘한 지식에 교양 있는 사람들, 예를 들면 알베르투스 마그누스, 토마스 아퀴나스, 로저 베이컨 등 뛰어난 학자들도 제각각 흥미와 관심을 보였습니다. 다만 그들의 연금술에 대한 대응은 어느 정도 서로 달랐던 것 같습니다. 알베르투스 마그누스는 그것을 조건부로 인정했으며, 토마스 아퀴나스는 그의 저서에 연금술을 간단히 다루는 정도였고, 로저 베이컨은 연금술의 가능성을 믿었습니다. 이러한 연금술은 연금술의 내부에 감춰져 있다고 생각되는 일종의 모호한 신비성이나, 종교성과 윤리성, 연금술의 목적인 금속이 아닌 것을 금과 같은 귀금속으로 만든다는 비속한 물욕성이 기묘하게 엉켜서, 중세의 사람들을 강하게 끌어들였던 같습니다. 그러나 연금술에 관해 알고 있던 사람들 중 어느 누구도 성공할 수는 없었습니다. 이슬람권의 학자들도 그랬듯이, 연금술에 무관심했던 사람이나 마그누스와 같이 일부만 인정했던 사람들도 상당히 있었음은 확실한 것 같습니다. 또한 일반적으로 가톨릭 교회는 반대 입장을 가졌습니다. 특히 요하네스 22세(Johanness XXⅡ, 1316-1334 재위)는 '사기죄에 대해서'(De crimine falsi)라는 칙령을 반포하면서까지 연금술을 강력하게 금지했으며, 연금술사나 그 선동자도 처벌한다고 선포했습니다. 또 샤를 5세(Charles V, 1322-1328 재위)는,

1380년에 연금술에 필요한 화학 조작을 하는 데 쓰이는 기구류의 소유를 금지시키기도 했습니다. 연금술의 상징적인 그림은 중세에 이어 많은 수가 남아 있습니다. 그러나 연금술의 찬성자는 물론 반대자도 모두 연금술의 과학적인 진리의 본질을 파악한 것은 아니었습니다. 당시는 그러한 것이 불가능했기 때문입니다.

화학혁명은 어떻게 진행되었나?

- 화학은 과학혁명에 크게 기여하지 못했다.
- 화학혁명은 플로지스톤설을 부인하는 것으로부터 시작되었다.
- 화학의 새로운 변화는 공기에 대한 연구로부터 시작되었다.

역학과 생물학에서 커다란 변화를 겪고 있던 17세기에 화학분야는 큰 변화가 없었습니다. 그에 대한 가장 큰 이유로 그리스 시대부터 받아들여져 온 사원소설과 17세기부터 화학계를 지배하던 플로지스톤설이 커다란 장애가 되었기 때문이라고 봅니다.

18세기 초기에는 플로지스톤설의 영향력이 매우 커서 화학자들은 그들이 발견한 새로운 현상들을 플로지스톤이론에 기초하여 설명하려고 노력했으나 올바른 결론에 도달하지 못했습니다. 새로운 기체가 분리되고 근대 화학의 기초가 성립된 것은 플로지스톤설이 사라지는 18세기 말 이후였습니다. 18세기 중엽에는 고대의 네 원소 중에서 흙에는 이미 많은 종류의 서로 다른 흙이 있음을 알게 되어, 흙은 더 이상 하나의 원소라고 생각하지 않았습니다. 그러나 물, 공기, 불은 그때 까지도 원소라고 받아들여지고 있었습니다.

화학의 새로운 변화는 공기에 대한 연구로부터 시작되었습니다.

영국의 화학자이며 의사이기도 했던 블랙(Joseph Black, 1728-1799)은 1754년에 탄산마그네슘을 가열해서 보통 공기와는 화학적 성질이 다른 기체를 분리하고 이 기체를 고정공기라고 불렀습니다. 블랙은 이 기체 중에서는 물질이 연소하지 않으며, 공기 중에 이 기체가 포함되어 있음을 밝히기도 했는데, 이 기체는 후에 이산화탄소(CO2)라는 것이 밝혀졌습니다. 1766년 캐번디시(Henry Cavendish, 1731-1810)는 금속을 묽은 산에 작용시켜 자신이 가연성 공기라고 명명한 수소를 만들고, 물이 더 이상 하나의 원소가 아니라 수소와 산소의 화합물이라는 것도 밝혔다. 그는 수소를 공기 중에서 전기불꽃을 이용해서 폭발시키면 용기 벽에 수증기가 묻게 되는 것을 발견하고 이 수증기는 수소의 폭발 시에 수소와 공기 중의 산소가 결합해서 생성된 것이라고 설명했습니다. 캐번디시와 동료 화학자였던 영국의 프리스틀리(Joseph Priestley, 1733-1804)는 여러 가지 기체들을 만들어 저장했는데, 그가 만들어 낸 기체 중에는 암모니아, 염산가스, 산화질소, 산소, 질소, 일산화탄소가 포함되어 있었습니다. 프리스틀리는 성직자였으며 정치학자이기도 했는데, 1774년 8월 묽은 수은을 가열하여 얻은 무색, 무취의 기체를 자신이 고안한 용기에 모았습니다. 그는 이 기체 속에서 양초를 태우면 양초가 매우 격렬하게 연소하는 것을 알아내고, 이 공기를 탈 플로지스톤 기체라고 명명했습니다. 프리스틀리가 파리에서 라부아지에를 만나서 그가 발견한 이 기체, 즉 산소에 대하여 설명했는데 이것은 라부아지에로 하여금 근대 화학의 기초를 닦게 하는 데 크게 기여했습니다. 그러나 프리스틀리는 플로지스톤설을 끝까지 버리지 못하고 그가 발견한 현상들을 플로지스톤설에 의해 설명하려고 노력했습니다.

스웨덴의 약사였던 셀레(Carl Wilhelm Scheele, 1742-1786) 도 1773년경에 산소를 분리해 냈습니다. 그는 또한 공기가 단일의 원소가 아니라 연소를 도와주는 공기인 산소와 연소를 방해하는 공기인 질소의 혼합물이라고 주장하고, 산소와 질소의 존 재비는 1대 3이라고 하였습니다.

화학혁명의 원인은 무엇인가?

▪ 물리학과 뉴턴 역학의 수학적 체계화 등의 발전이 화학혁명에 영향을 미쳤다

화학혁명을 일으키게 된 원인들은 무엇이었을까? 화학혁명은 특히 내용, 방법, 성격상의 변화가 함께 수반되었는데 어떻게 라부아지에가 새로운 이론체계와 명명법을 도입하게 되었는가? 이에 대해 라부아지에가 파리 과학 아카데미 회원이면서 라플라스(Pierre Simon Laplace, 1749-1827)와 열에 관한 공동연구를 수행 했던 것과, 당시 화학의 주변 학문 분야 즉 물리학과 뉴턴 역학의 수학적 체계화 등의 발전도 화학혁명에 영향을 미쳤다고 봅니다[6]. 당시 라부아지에는 파리 과학아카데미의 회원이면서 라플라스를 포함한 여러 수학자, 물리학자들과 활동하는 과정에서 이들의 영향으로 정량적·체계적 방법의 중요성을 인식하게 되었을 것입니다. 따라서 라부아지에는 단순히 새로운 물질들을 발견하고 그들의 성질을 고찰하는 것 뿐 만 아니라, 이런 지식들을 얻기 위해서는 구체적인 실험 목적과 구체적인 실험계획과 더불어 이에 대한 체계적인 설명과 이론 중요성하다는 것을 인식했던 것 같습니다. 이런 것은 오늘날의 과학자들에게는 일상적인 것이지만, 당시로서는 획기적인 사고였을 겁니다. 뿐만 아니라, 이미 상당히 발전해 있던 물리학의 영향으로 화학의 체계화도 이루어졌을 것으로 생각됩니다. 그러면서 플로지스톤설이나 정성적 화학은 서서

히 자리를 잃게 되고, 화학이 하나의 학문분야로 독립되고, 보다 이론적·체계적·정량적 과학으로 발전되었다고 볼 수 있습니다.

근대화학의 아버지는 라부아지에이다

- 라보지에가 기존의 사원소설을 뒤집었다.
- 질량보존의 법칙이 플로지스톤설을 뒤집었다.

천문학 혁명이 오랫동안 사람들의 마음을 사로잡고 있던 지구 중심설을 부정하는 것에서부터 시작되었던 것과 마찬가지로 화학에서의 혁명은 잘못된 플로지스톤설을 부정하는 일에서 부터 시작해야 했습니다. 18세기 말에 플로지스톤설을 부정하고, 아직 기초 단계에 있던 화학을 한 차원 끌어올려서 근대 화학의 기초를 닦은 사람은 근대 화학의 아버지라고 불리는 프랑스의 라부아지에(Antoine-Laurent de Lavoisier, 1743-1794)였습니다.

1772년경에 라부아지에는 이전부터 행해지고 있던 연소 실험을 되풀이했습니다. 라부아지에는 캐번디시가 행했던 산소와 수소의 폭발에 의해 물을 만드는 실험을 하고 물은 수소와 산소의 혼합물이라는 결론을 끌어냈습니다. 그는 또 묽은 산에 금속을 녹이면 금속이 물에서 산소를 빼앗아 산화물을 만들어 산과 결합해서 염이 되고, 물의 수소는 유리되어 기체로 발생된다고 설명했다. 이것이 바로 금속이 산에 녹아 수소를 발생하는 현상이죠. 이러한 발견과 라부아지에의 이론은 여러 가지 현상을 만족스럽게 설명할 수 있었으므로, 흙·물·공기·불의 사원소설은 급속히 설 땅을 잃게 되었습니다. 그는 원소를 "화학 분석에 의해 도달하게 된 실재의 것"이라고 새로 정의하고, 그의 저서인 '화학원론'에 확실한 원소 23종을 실었습니다. 라부아지에가 이룩한 화학에서의 성공은 몇 가지 경험적인 화학법칙을 확립시키는데 크게 기여했습니다. 1783년 라부아지에는 그때까지의 실험결과를 종합하여 새로운 화학이론으로, "화학반응 전후에 있어서 반응 전 물질의 총질량과 생성물의 총질량은 변함이 없다"는 '질량보존의 법칙'과, '연소와 산화'는 모두 물질과 산소의 결합임을 발표하였습니다. 라부아지에는 열과 빛은 연소과정의 화학과는 무관한 것이고, 연소하거나 산화 할 때의 무게의 변화는 오로지 산소와의 반응에 의한 것이라고 주장하였습니다. 기체화학의 공적은 공기는 원소가 아니라 몇 가지 기체들의 혼합물임을 밝힌 것과 이로부터 화학결합을 이해할 수 있게 한 것입니다. 화학의 아버지라 불리는 라보지에의 질량보존의 법칙은 곧 기존의 플로지스톤설을 반박하는 근거가 되었고, 정량화학을 세우는 결정적 계기가 되었습니다. 질량보존의 법칙은 1백 여 년 동안 화학자들의 사고를 한정해 오던 플로지스톤설로부터의 해방의 선언입니다. 앞에서 지적한 바와 같이 플로지스톤설은 오랫동안 화학이 새로운 세계로 나아가는 데 커다란 장애가 되어 왔었기 때문에, 라부아지에의 이러한 선언은 매우 의미 있는 일이었습니다. 물리학에서의 뉴턴 역학의 발견과 견줄 수 있을 정도의 중요한 사건이라고 평가하는 사람들도 있습니다. 라부아지에의 질량보존의 법칙과 더불어 발표된 중요한 경험적 화학법칙은 돌턴이 제안한 '배수비례의 법칙'으로서 두 가지 원소가 결합하여 두 종류 이상의 화합물을 만들 때, 한 원소의 일정량과 결합하는 다른 원소의 질량비는 간단한 정수가 된다는 것이었습니다. 세 번째 법칙은 프랑스의 프루스트(Marcel Proust, 1871-1922)가 1799년에 처음 제안한 '일정성분비의 법칙'이다. 이 법칙은 화합물을 얻는 방법에 관계없이, 한 화합물을 구성하고 있는 원소들의 질량비는 항상 일정하다는 것이죠.

그러나 이러한 화학법칙이 성립되어야 하는 이유를 당시에는 만족스럽게 설명할 수 없었습니다. 따라서 새로 발견된 많은 기체와 실체에 대한 새로운 규명이 필요하게 되었죠. 따라서 이미 원자설이 등장하기 위한 모든 준비가 완성되었다고 볼 수 있습니다. 즉, 원자설은 시대적 필요에 의한 산물이기도 합니다.

돌턴의 '원자설(atomic theory)'이 발표되면서 화학의 새로운 체계가 확립되게 되었습니다. 뒤따라 원자의 구성입자와 원자량을 알게 되고, 다수의 원자들이 알려지면서 원소기호와 원자번호가 도입되어 체계화되기 시작했습니다. 이를 바탕으로 원자번호 순으로 나열된 '원자주기율표(原子週期律表, atomic periodic table)'가 등장하게 되었습니다. 이러한 화학에서의 새로운 체계와 급격한 변화야 말로, 화학이라는 학문의 혁명적 사건들이라고 할 만 합니다. 그렇다면 원자의 구성성분을 알게 된 것이 과학사적으로 어떤 의미를 갖는가?

돌턴의 원자설의 역할은 무엇인가?

- 질량보존의 법칙, 배수비례의 법칙 및 일정성분비의 법칙을 원자설로 설명하였다.
- 원자설이 원자구조와 성질 및 새로운 원소의 발견을 유도했다.

원자설은 영국의 돌턴(John Dalton, FRS, 1766-1844)에 의해 1803년 처음으로 주장됐습니다. 19세기 초에는 이미 공기가 여러 가지 성분들, 즉 산소, 질소, 수증기로 이루어져 있다는 것이 알려져 있었죠. 돌턴은 뉴턴의 설명대로 원자가 서로 반발한다면 여러 가지 원자가 섞여 있을 수 없다고 생각하고, 여러 가지 기체의 원소는 다르며 같은 원소끼리는 반발하지만 다른 원소들은 서로 반발하지 않는다고 생각했습니다. 돌턴이 주장한 이러한 원자설은 그 후 오랜 동안 많은 실험에 의해 검증과정을 거치면서 수정되고 보완되었습니다. 특히 19세기 말에 방사능이 발견되어 원자도 분해될 수 있다는 것이 밝혀져 원자는 더 이상 쪼갤 수 없다고 한 것은 옳지 않다는 것이 밝혀졌지만, 화학반응을 원자의 결합과 분리로 파악한 것은 매우 중요한 사건이었습니다.

이러한 돌턴의 원자설은 그때까지 밝혀졌던 경험적 화학법칙을 설명하는데 큰 힘을 발휘하였습니다. 원자설에 따르면 화학 변화는 원자들의 결합 상태만을 바꾸는 것이므로 화학반응 전후에 질량이 일정해야 한다는 질량보존의 법칙을 쉽게 설명할 수 있습니다. 마찬가지로 화합물이 형성되는 방법에 관계없이 어떤 화합물의 조성비는 같아야 된다는 것은 곧 일정성분비의 법칙입니다. 돌턴은 원자의 여러 특성들 중에서 원소들을 구별하게 하는 가장 중요한 성질은 원자의 상대적 질량이라는 것을 지적하고, 수소 원자의 질량을 단위로 한 상대적 질량 표를 만들었습니다. 각각의 원소사이에 반응하는 양, 즉 당량(當量)이 이미 실험적으로 결정되어 있었으므로, 당량을 기초로 상대적 질량을 결정할 수 있었습니다. 수소 1g과 반응하는 산소의 당량은 8g이므로 소수 한 개와 산소 한 개가 반응한다고 하면, 산소의 질량은 수소 질량의 8배가 됩니다. 그러나 원소 사이에 반응하는 양을 이용하여 원소의 원자량을 결정하기 위해서는, 한 원소의 원자 몇 개가 다른 원자 몇 개가 다른 원소의 원자 몇 개와 결합하는가를 정확히 알아야만 합니다. 수소 1g과 산소 8g이 반응한다는 실험적 사실로부터 수소 원자량과 산소 원자량의 비를 구하기 위해서는 수소 원자 몇 개와 산소 원자 몇 개가 결합하는지 밝혀져야 했습니다. 그러나 원자의 결합수를 결정할 수 있는 방법이 쉽게 발견될 것 같지 않아 원자설은 시련을 겪기도 했습니다.

원자의 결합수를 결정하는데 새로운 지표를 제공할 새로운 가설을 1811년 아보가드로(Amedeo Avogadro, 1776-1856)가 제안했습니다. 이보다 앞서 게이뤼삭(Louis Joseph Gay-Lussac, 1778-1850)이 두 종류의 기체가 화합하는 경우, 두 기체의 질량비뿐만 아니라 부피도 간단한 정수비를 이룬다는 것을 발견했습니다. 이 발견을 기초로 아보가드로는 서로 다른 원소라도 온도, 압력 및 부피가 모두 동일하면, 같은 수의 입자가 들어 있을 것이라는 가설을 발표했습니다.

돌턴의 원자설이 제기된 이래 많은 과학자들의 노력으로 속속 새로운 원자가 발견되었고, 또 원자들의 여러 화학적, 물리적 성질이 밝혀졌습니다. 간단한 화학적 방법에 의해 분류해 낼 수 있는 원소들은 19세기 말에 이미 거의 그 정체를 드러내고 있었지만, 어떤 원소들은 과학자들의 끈질긴 노력 끝에 20세기에 와서야 발견되기도 했습니다. 발견된 원소의 수가 늘어나고, 이들의 성질이 밝혀지면서, 원소들이 가지는 성질에 여러 가지 규칙성이 있다는 사실도 알려지기 시작했습니다. 이런 지식들이 주기율표를 만드는 생각의 바탕이 된 것으로 보입니다.

주기율표의 등장이 화학을 크게 발전시켰다

- 많은 원소의 발견이 주기율표를 탄생시켰다.
- 원소의 전자 배치가 결합수와 반응성 등에서 규칙성을 갖게 한다.
- 원자번호의 도입이 주기율표 탄생과 화학발전에 기여하였다 .

원소가 가진 규칙성을 발견하려는 노력은 19세기 초반부터 시작됐습니다. 이때에는 이미 많은 원소들의 원자량과 원자가(原子價)가 실험에 의해 결정돼 있었습니다. 이러한 원소들의 성질을 이용하여 서로 관련이 있는 원소들을 여러 개의 집단으로 분류하려는 노력이 프랑스, 독일의 많은 과학자들에 의해 시도되었습니다. 그중 독일의 마이어(Julius Lothar Meyer, 1830-1895)와 러시아의 멘델레예프(Dmiteri Mendeleev, 1834-1907)의 시도가 대표적이었습니다. 마이어와 멘델레예프는 주기율을 정식화하여, 여러 원소의 성질이 원자량이 증가하면 따라서 주기적으로 변한다는 것을 발견하고, 주기율표를 만들어 이러한 원소들의 성질변화를 나타냈습니다. 마이어와 멘델레예프가 독립적으로 만든 주기율표에는 당시로써는 아직 빈자리들이 남아 있었지만, 그들은 누락된 원소들의 성질을 놀랠 만큼 정확하게 예견하기도 했습니다. 멘델레예프는 그의 주기율표에 빠져 있던 칼슘 다음의 원소와 아연 다음의 두 원소의 질량과 성질을 정확히 예언했습니다. 멘델레예프의 예언에 따라 1874년 갈륨(Ga)이 발견됐고, 1879년에 스칸듐(Sc), 1885년에 게르마늄(Ge)이 발견됐습니다. 이때까지 원소를 분류하는 데는 원자량이 가장 많이 쓰이고 있었습니다. 그런데 1861년 크룩스(Sir William Crookes, 1832-1919)가 분광법을 이용하여 탈륨(Tl)을 발견하면서, 원소가 내는 스펙트럼(spectrum)은 원소의 여러 가지 성질과 함께 원소의 고유한 성질임을 알게 되었습니다. 원소가 높은 온도에서 내는 빛은 모든 파장의 빛이 아니라 원소에 따라 고유한 파장의 빛만을 내게 됩니다. 소금(NaCl)을 태우면 노란색 불꽃이 나오는 것은, 나트륨(Na)이 내는 고유한 빛이 노란색의 파장과 같기 때문입니다. 이러한 원소의 특성적인 스펙트럼은 마치 원소의 지문(指紋)과 같아서 원소의 종류를 구별하거나, 새로운 원소를 규명하는 데 큰 도움이 됩니다. 1890년에 레일리(John William Strutt Rayleigh, 1842-1919)는 여러 가지 기체의 비중을 측정하는 가운데 대기 속의 질소(N) 비중이 화학적으로 만든 질소의 비중보다 크다는 것을 발견하고, 공기를 자세히 분석하여 공기 중에는 질소 이외의 새로운 기체가 소량 섞여 있다는 것을 발견했습니다. 이 기체의 스펙트럼을 조사한 결과, 이 기체가 내는 스펙트럼은 그때까지 알려진 다른 어떤 기체의 스펙트럼과는 다르다는 것을 발견했습니다. 이것이 최초로 발견된 비활성 기체인 아르곤(Ar)이었습니다. 그 후에 헬륨(He), 네온(Ne), 크립톤(Kr), 크세논(Xe) 등의 비활성 기체를 발견했습니다. 비활성 기체의 발견으로 주기율표는 7족에서 8족으로 불어나게 되었고 완전한 모양의 주기율표를 갖추게 되었습니다. 그러나 그 당시의 주기율표에는 아직도 빈자리가 남아 있었습니다. 이러한 빈자리를 완전히 메우고 주기율표의 잘못된 부분을 바로잡아, 자연을 이루고 있는 원자들을 완전하게 우리에게 드러나게 한 사람은 영국의 물리학자 모즐리(Henry Gwyn Jeffreys Moseley, 1887-1913)였습니다. 모즐리는 원소가 내는 특정한 X선의 파장과 원자 번호 사이에 간단한 규칙성이 존재한다는 것을 발견합니다. 모즐리는 X선 분석을 이용하여 수소(H)에서 우라늄(U)까지 원소가 92 개가 있다는 것을 발견하고, 란탄족(lanthanoid, 혹은 lanthanide) 원소 15개(원자 번호 57-71)와 우라늄(U)보다 가벼운 원소 7개가 아직 발견되지 못했다는 것을 알았습니다. 그는 또한 원자량의 순서로 나열한 주기율표가 원자번호의 순서와 다른 점이 있다는 것을 지적하였습니다. Ar과 K, Co와 Ni, Te와 I가 그런 원소들이었습니다. 이 원소들은 모즐리에 의해 제 자리를 찾게 된 거죠. 그렇다면 주기율표가 왜 특별한가? 주기율표는 원자번호 순으로 배열되어 있고, 원자번호는 원자가 가지고 있는 전자의 수와 동일합니다. 원소들의 성질은 원자들의 전자수와 전자의 배치에 의존하므로, 주기율표로부터 원소들의 성질을 예측 가능하게 되었습니다. 아울러서 원소들의 성질을 이해 할 수 있으면, 이들 원자들이 일으키는 반응도 이해할 수 있기 때문에 화학에서는 주기율표가 매우 중요합니다.

오늘날 우리가 사용하는 주기율표는 국제 순수 및 응용 화학회(IUPAC)에서 2년 마다 정하는 표준 주기율표를 사용합니다. 2012년 6월에 새로 개정된 원소주기율표에는 2012년 초 원소명과 번호가 정해진 114번 플레로븀(Fl, flerovium)과 116번 리버모륨(Lv, livermorium)이 수록되어 있습니다[7, 8].

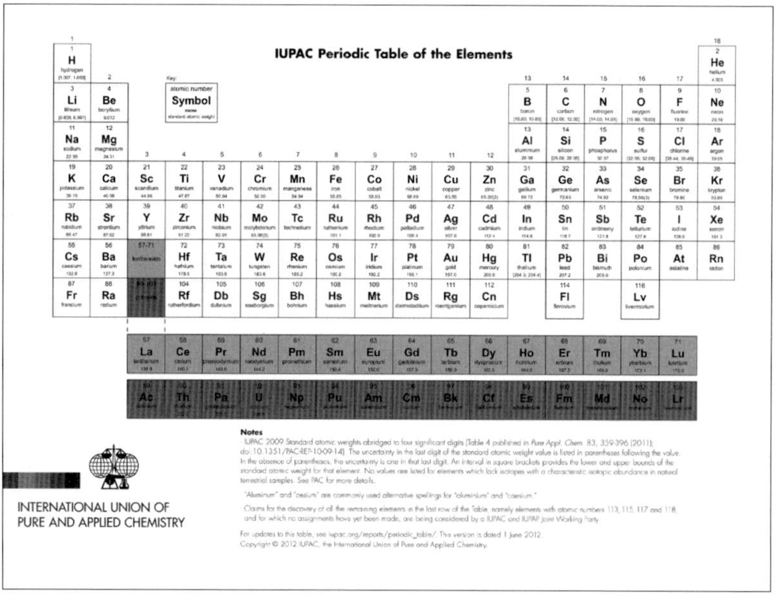

주기율표(출처: 참고문헌[9])

한편, 원자번호의 도입 또한 화학 발전에 상당히 기여했다고 보여집니다. 그 이유는 핵반응을 제외한 모든 화학반응이 전자에 의한 반응이기 때문입니다. 어떤 한 원소의 전자 수를 알면 이들 원소의 전자의 배치를 알 수 있고, 아울러 이들 전자들이 반응에서 어떻게 거동 할 것인가를 예측 할 수 있고 이해 할 수 있게 되었기 때문입니다.

화학혁명에 대한 새로운 관점도 있다

늦어진 18세기의 화학혁명을 어떻게 이해해야 하는가? 16-17세기의 과학혁명을 받아드리지 않았던 것처럼, 여러 이유를 들어 16-17세기의 과학혁명에서 화학혁명을 제외할 이유가 없다고 보는 견해가 있습니다. 즉, 당시 화학자들이 실행한 일들이 "새로운 과학에 중요한 공헌을 하고 있다"라고 생각 했을 거라는 겁니다. 프리스틀리(Joseph Priestly, 1733-1804)나 블랙(Joseph Black, 1728-1799)과 같은 화학자들은 자연철학에도 중요한 공헌을 하였으므로, 18세기 자연철학자들도 당시 화학자들이 시대에 뒤처진 사람들이라고 생각하지 않았을 거라는 것입니다. 그래서 화학자들은 과학 혁명기에 그 선두에 있었다고 보는 겁니다. 따라서 라부아지에의 화학 개혁이 중요한 영향을 미친 것도 사실이고, 플로지스톤설에 대한 거부도 중요했지만 근대화학이 있게 하는 결정적 사건으로 보기는 어렵다는 것입니다. 또한 라부아지에의 화학체계가 19세기 초에 그대로 살아남은 것이 거의 없었으므로, 라부아지에와 18세기라는 시기를 '화학혁명'이 일어난 현장으로 단정하는 것은 무리가 있다고 보는 시각입니다[10].

5.6 과학혁명에 대한 새로운 시각도 있다

▪ 혁명은 연속성이 없이 일어나는 사건이다.

지금까지는 "과학혁명이라는 사건이 실제로 존재했고 그것은 유럽의 과학사만이 아니라 유럽사 전체에서 매우 중요한 사건이었으며, 나아가서는 동아시아를 포함한 세계사 전체에 큰 영향을 미친 사건이었다."라는 데에 대부분의 학자들이 동의 해왔습니다[11]. 그러나 오늘날 일부 과학사학자들은 실제 과학혁명이 있었는가? 라고 반문을 하기도 합니다. 여기서는 과학혁명에 대한 기존의 관점과는 다르게 보는 몇몇 학자들의 견해를 소개하고자 합니다.

먼저, 퀸스 대학교 과학사 교수인 피터 보울러(Peter J. Bowler)와 웨일스 대학교 교수인 이완 리스 모르스(Iwan Rhys Morus)가 그들의 저서에서 주장하는 내용을 소개해보죠. 이들은 다음의 몇 가지 관점에서 과학혁명의 전통적인 설명에 오류가 있다고 보고 있습니다. 즉,

첫째, 과학혁명이 낳은 지적 변화는 큰 변동이지만 역사상 비길 데 없는 사건은 아니라는 점에 일반적으로 동의한다.

둘째, '혁명'이라는 말에 오류가 있다. 즉, 근대 초의 접근과 그 이전 사이에 명백한 연속성이 존재하기 때문이다.

셋째, "근대과학이 과학혁명으로 갑자기 출현하지 않았다" 는 점에서 과학혁명이라고 하는 것은 잘못이라고 보는 견해입니다.

이 부분에 대해 '현대과학의 풍경, 1권, 제2장'(김봉국, 홍성욱 공역)[12]을 보면 더 잘 이해 할 수 있습니다.

한편, 스티븐 샤핀(Steven Shapin)은 그의 저서에서 "과학혁명과 같은 것은 없었다. 갈릴레오, 데카르트, 혹은 보일의 삶과 사상이 17세기의 이탈리아인, 프랑스인, 혹은 영국인들의 전형을 보여주지도 않았다."라고 주장합니다. 여기서 문제의 핵심은 이렇습니다. "17세기에 유럽에 살지 않은 사람이 훨씬 많았고, 그들은 자신들이 17세기에 살고 있다는 것도 몰랐고, 과학혁명이 일어나고 있음을 깨닫지 도 못했

는 대에도 불구하고, 과학혁명을 지지하면서 판도라 상자를 열지 않고 그냥 둘 것인가?"하는 것입니다. 즉, 과학혁명이 서구 과학의 기원을 그리스에서만 찾으려는 유럽중심주의적 과학사적 인식론에 의해 만들어진 것이 아닌가? 라고 생각하는 거죠. 이에 대해 '과학혁명'(한영덕)**[13]**을 읽으면 구체적인 내용을 더 잘 이해 할 수 있습니다.

또 다르게는 마이어(Ernst Mayr, 1904-2005)와 같은 진화생물학자들은 생물학은 물리과학과는 다른 종류의 과학이므로, 따라서 생물학에는 '과학혁명'이나 '패러다임'과 같은 것은 존재하지 않는다고, 그의 저서 '이것이 생물학이다'(최재천 외 공역)**[14]**를 통해 논박합니다. 그렇다면 과학혁명을 역사적으로 어떻게 평가하고 받아드려야 하는가? 하는 것은 또 다른 논의 과제가 될 수 도 있습니다.

제6강

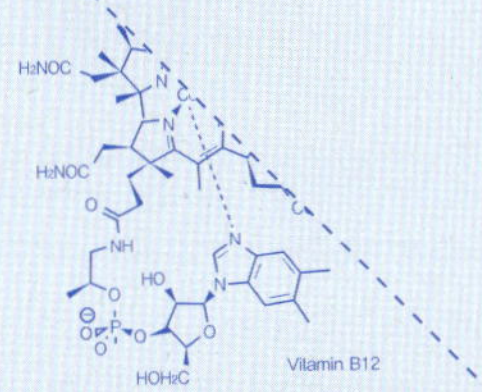

20세기 과학발전은 새로운 과학기술 시대를 열었다

6.1 양자가설과 양자론은 무엇인가?

6.2 상대성이론과 질량과 에너지의 관계는 어떤 것인가?

6.3 불확정성 원리는 무엇을 말하나?

6.4 전자의 파동성을 파동방정식으로 나타낸다

6.5 DNA 구조 규명이 생명공학을 탄생시켰다

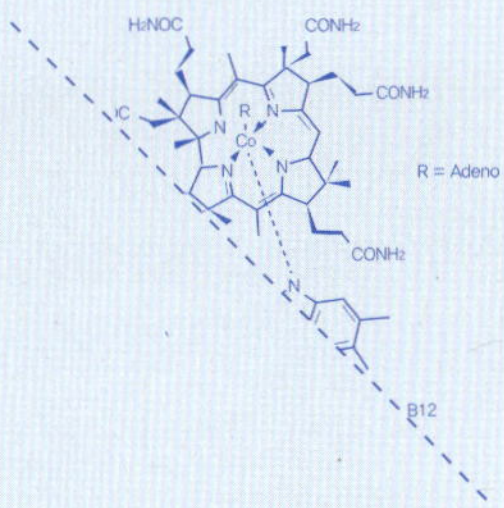

"나는 신이 세상을 어떻게 만들었는지 알고 싶다. 이런 저런 현상이나, 원소의 스펙트럼에는 관심이 없다. 다만 그의 생각을 알고 싶다."

- Albert Einstein -

제6강

들어가기 전

20세기는 모든 분야의 과학이 활발하게 발전한 시대입니다. 특히 거시적 관점에서 보던 물질관으로부터 유도되고 고찰했던 고전적 개념에서, 보다 작은 물질의 근원과 원리를 이해하려는 미시적 관점에서의 시도가 놀라운 과학이론들을 창출했다고 볼 수 있습니다. 20세기 전반은 물리과학의 황금기였다면 후반기는 생명과학의 시대였습니다. 잘 알려진 바와 같이 20세기 전반기는 물리학에서 상대성이론과 양자역학으로 대표되는 혁명이 진행된 시기였고, 물리학의 힘이 제2차 세계대전을 통해 원자폭탄이라는 부정적인 과학의 산물로 나타나기도 했습니다. 이로 인해 과학이 '힘의 상징' 으로 대중의 머릿속에 자리를 잡았고, 물리학은 전후 수십 년 동안 과학 내부의 위계에서 뿐 아니라 대중적 이미지에서도 높은 지위를 누릴 수 있게 되었습니다. 이는 규모가 매우 큰 입자가속기의 건설과 같은 고에너지 물리학의 거대과학 프로젝트에 대한 적극적인 지원을 가능케 한 원동력이기도 합니다. 그러나 1950년대 초 DNA 이중나선 구조의 규명으로 촉발된 분자생물학의 급부상과 1970년대 DNA 재조합 기법의 개발에서 비롯된 생명공학의 발전은 20세기 후반 들어 생물학이 과학의 중심이 되게 하였습니다. 이러한 변화는 1970년대부터 사회적 필요에 의한 연구의 중요성이 강조되면서 생명공학은 빠른 속도로 발전해 왔습니다.

20세기에 과학기술 혁명을 주도한 몇 가지 사건들로 막스 플랑크 (Max Planck, 1858-1947)의 양자가설, 보아(Niels Bohr, 1885-1962)의 양자론, 아인슈타인(Albert Einstein, 1879-1955)의 상대성 이론, 하이젠베르그(Werner Heisenberg, 1904-1967)의 불확정성 원리, 슈뢰딩거 (Erwin Schrodinger, 1887-1961)의 파동 방정식 그리고 왓슨 크리크의 DNA의 구조 규명과 나노과학의 출현 등을 살펴보죠.

제6강 20세기 과학발전은 새로운 과학기술 시대를 열었다

6.1 양자가설과 양자론은 무엇인가?

- 양자가설은 입자성과 파동성을 통합한 이론이다.
- 미시 물질세계의 에너지는 불연속적이다.

빛이 입자(粒子)이며 동시에 파동성(波動性)을 가진다는 가설(빛의 이중성(二重性)이라 한다)로 이 문제에 대한 최초의 이론적인 통합을 시도한 것은 1900년 독일의 물리학자 막스 플랑크(Max Karl Ernst Ludwig Planck, 1858-1947)였습니다. 그는 빛의 에너지는 입자로 설명할 수 있는 특정한 단위, 즉 양자(量子)를 가진다는 양자가설을 내놓아 빛의 파동성과 입자성을 하나의 이론 틀 안에 집어넣으며 현대 물리학으로의 전환점을 마련했습니다.

독일의 빈(Wilhelm Wien, 1864-1928)과 영국의 레일리(Lord Rayleigh,

1842-1919)는 각각 흑체복사[1]의 진동수와 온도의 관계를 나타내는 공식을 발표했는데, 빈의 공식은 진동수가 큰 영역, 레일리의 공식은 진동수가 작은 영역에서만 실험과 잘 맞았습니다. 플랑크는 빛이 진동수(ν)에 일정한 상수(플랑크 상수, h)[2]를 곱한 값을 에너지의 단위로 가진다고 가정함으로써 모든 진동수 영역에서 잘 맞는 공식을 얻을 수 있었습니다.

양자가설(quantum hypothesis, 量子假說)에 따르면 진동수 ν(nu 라고 읽는다)인 빛은 $h\nu$(ha nu라고 읽는다), $2h\nu$ 등의 불연속적인 에너지 값만 가질 수 있으므로, 빛을 $h\nu$ 크기의 에너지 입자들의 모임으로 볼 수 있습니다. 이는 아인슈타인의 광양자설(1905년)과도 잘 맞는 것입니다. 그렇다면 빛은 파동성과 입자성을 동시에 가진다는 뜻이죠. 파동인 빛이 입자의 특성을 가진다면 반대로 입자도 파동의 성질을 가질까? 이 의문은 1923년 드브로이(Louis Victor Pierre Raymond de Broglie, FRS, 1892-1987)의 전자의 물질파 이론[3]에 의해 확인되었습니다. 1925년 슈뢰딩거와 하이젠베르크는 물질파를 설명하는 이론 체계인 양자역학을 확립함으로써 원자와 그보다 더 작은 미시 물질세

1 흑체복사란 흑체가 빛을 내보내는 것을 말한다. 흑체(黑體)는 자신에게 입사되는 모든 전자기파를 100% 흡수하는, 반사율이 '0'인 가상의 물체이다. 모든 빛을 흡수한다는 가정에서 검은 물체라는 뜻의 이름이 붙여졌지만, 이상적인 흑체도 전자기파를 복사하므로 완전히 검지는 않다. 흑체라는 개념은 1862년에 구스타프 키르히호프(Gustav Robert Kirchhoff, 1824-1887)가 처음 사용했다.

2 플랑크 상수(Planck常數, Planck constant, 기호 h)는 입자의 에너지와 드브로이 진동수의 비 (h = E/f, E는 에너지, f는 드브로이 진동수)이다. 양자역학의 기본 상수 중 하나다. 이 상수를 도입한 물리학자 막스 플랑크의 이름을 땄다. 기호는 라틴 문자 'h'이다. 값은 $h = 6.62606957(29) \times 10^{-34}$ J·s 이다.

3 물질파(物質波, matter wave) 또는 드브로이파(de Broglie wave)는 양자역학에서 물질의 파동을 말하며, 파장은 입자의 운동량에 반비례하고 진동수는 입자의 운동에너지에 비례한다. 물질의 파장은 드브로이 파장이라고도 한다.

계를 체계적으로 다룰 수 있게 하였습니다.

양자가설은 물질에 의한 열복사[4]의 방출 또는 흡수는 연속적으로 일어나는 것이 아니라, 각각에 상응하는 특정 진동수에 비례하는 불연속적인 단위(에너지 양자)의 정수배의 형식으로 일어난다고 하는 가설입니다. 아인슈타인의 광양자설과 보어의 원자구조 등에 적용되었고, 이후 양자역학이 시작되는 계기가 되었습니다.

양자역학의 탄생으로 원자 내부구조와 그와 관련된 문제가 풀렸고, 현대에 실현된 물질에 대한 깊은 이해와 이용에 절대적인 공헌을 했다고 보여 집니다. 원자력의 이해와 이용이 한 가지 예이며, 반도체의 이용과 나노과학도 양자역학으로 가능해졌습니다.

양자화란 무엇인가?

- 양자화란 에너지의 불연속화를 의미한다.
- 전자의 양자화는 곧 전자가 들뜰 수 있음을 나타낸다.

일반인들에게는 '양자화'라는 단어의 의미를 이해하기 쉽지 않습니다. 여기서 물리학자나 화학자들이 흔히 말하는 양자화란 무엇인가?를 쉽고 간단하게 살펴보기로 하겠습니다. 보어의 원자모형에서는 궤도, 각운동량, 에너지 값 등이 불연속적(不連續的)인 것만 허용됩니다. 이렇게 "물리량이 연속적인 값을 갖지 못하고 특정한 값이나, 그의 배수만을 갖게 되는 것을 양자화(quantized, 量子化)되어 있다"고 합니다. 이러한 보어의 발상은 지금까지의 역학에 대한 개념을 뛰어 넘는 혁명적인 것이었습니다. 일반인은 양자화라는 개념을 이해하기 쉽지 않

4 열복사(熱輻射, thermal radiation)는 열이 전자기파의 형태로 운반되거나 물체가 전자파를 방출하는 현상을 말한다.

습니다. 양자화란 쉽게 말해 어떤 특정한 값의 배수로 되어 있다는 것입니다. 여기서 이 특정한 값을 하나의 높이가 10cm인 벽돌이라고 생각합시다. 이 벽돌로 50cm의 높이를 쌓았다고 하면, 이 높이는 10cm 벽돌의 5배가 되는 것으로 생각하면 됩니다. 원자와 같이 작은 규모의 물체에서는 에너지와 전하(電荷, charge)를 연속적으로 더할 수 없고, 작은 덩어리(특정 값) 단위로만 더할 수 있다는 것입니다. 에너지일 때는 이 단위를 양자라고 하고, 전하일 때 이 단위는 전하량이 됩니다. 예컨대 이온의 전하를 바꿀 때는 전자를 더하거나 빼는 것만이 가능하며, 따라서 이온이 가진 전하량은 전자 전하량 단위로만 늘어나거나 줄어드는데, 이를 양자화 되어 있다고 말하는 것입니다. 다르게 말하면 전자 전하량의 절반 또는 1/3만 더하거나 빼는 것은 불가능합니다. 일상에서 양자화를 보기는 드물지만, 한 가지 예로 100원짜리 동전으로 1000원, 10,000원 등과 같은 금액을 100의 배수로 지불할 수는 있어도, 100원 짜리 동전을 반으로 나누거나 1/3로 나누어서 그에 해당하는 값을 지불할 수는 없는 것과 같습니다.

앞서 언급한 것처럼 보아가 원자에 있는 전자의 궤도나 에너지가 양자화 되어 있다고 하는 것은 전자 들뜸과 같은 또 다른 현상을 예측 가능케 합니다. 즉, 전자가 더 높은 에너지를 가지는 궤도함수로 들뜰 수 있다는 것입니다. 원자의 선 스펙트럼이 이러한 양자화나 전자 들뜸의 가능성에대한 증거가 되기도 합니다. 전자가 양자화 되어 있고 낮은 에너지 준위에서 더 높은 에너지 준위로 들뜰 수 있다는 사실을 인식함으로서 원자에 대한 더 많은 물리적 성질의 이해와 해석에 큰 진전을 이루게 되었고 그 결과로 화학과 물리학 등의 발전에 크게 영향을 미쳤습니다.

원자구조와 선 스펙트럼 그림에서는 들떠 있던 전자가 낮은 상태로 전이하면서 빛을 내는 것을 보여줍니다. 만일 전자의 에너지준위를 나태는 주양자수가 n=3에서 n=2로 전이한다면 그 에너지 차이인 1.89 eV에 해당하는, 즉 4.58×10^{14}Hz의 진동수, 656nm 파장을 갖는 붉은 빛의 광자를 방출하게 됩니다. 한편 빛의 파장이 780nm보다 크게 되거나 370nm 보다 작으면 우리 눈으로 볼 수 없어 각각 적외선, 자외선이라고 합니다. n=2로 전이하는 경우에는 우리 눈으로 보이는 가시광선이 되어 이 스펙트럼을 발견한 사람의 이름을 따서 발머 계열(Balmer series)이라 합니다. 이 그림을 통해 원 주위에 있는 전자들의 에너지가 불연속적이라는 것을 알 수 있습니다. 즉, 원자 주위의 전자들은 양자화되어 있다고 말합니다.

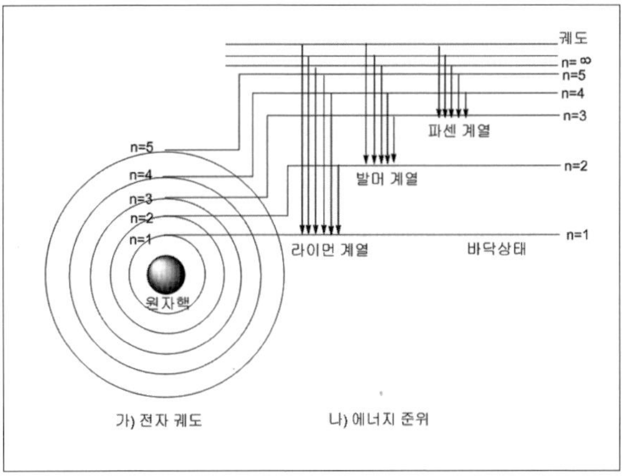

원자구조와 선 스펙트럼

그렇다면 물질이 양자화 되어 있다는 것이, 왜 새롭고 혁명적인 발상인가? 이전의 역학, 즉 뉴턴의 역학에서는 예를 들어 공을 굴려 움직이게 할 때 힘을 가하는 정도에 따라 공이 어떤 속도 값이라도 가지게 할 수 있으며, 이에 따라 어떤 에너지 값도 가지게 할 수 있습니다. 즉 연속적인 에너지 값을 가질 수 있는 것이죠. 그러나 수소 원자의 전자는 이렇게 연속적인 에너지 값을 갖는 것이 허용되지 않습니다. 이러한 원리는 다른 원자 모두가 불연속적인 선 스펙트럼(line spectrum)을 갖는 것으로 보아, 수소와 같다는 것이 분명합니다. 다시 말하면 미시세계(微視世界)의 모든 물질들은 그 에너지가 양자화 되어 있다는 것입니다. 즉 거시세계와 미시세계를 다른 관점으로 보아야 한다는 것입니다.

양자론은
양자역학을 기초로
전개된 물리학이론의 총칭이다

뉴턴 이후 200여 년 동안 많은 과학자들의 기여로 고전역학(古典力學)이 완성되었습니다. 이 고전역학은 자동차나 축구공 같이 큰 물체의 운동 궤도를 정확하게 설명할 수 있습니다. 그러나 과학자들이 나노(nano)크기와 나노크기 이하의 물질세계를 탐구하면서 고전 물리학 규칙에 맞지 않는 몇 가지 사실들을 알게 되었습니다. 즉, 원자들은 태양계와 다르고, 게다가 전자가 입자성과 파동성을 가진다는 것도 알게 되었죠. 따라서 고전역학의 몇 가지 발상들은 양자역학(量子力學)이라는 새로운 이론으로 대치되거나 보안되었습니다. 즉, 원자나 전자와 같은 미시적 세계에 대한 구체적 지식에 대한 동경심이 결국 양자론을 탄생시킨 겁니다. 미시적 세계의 운동 문제에 대한 연구는 막스 프랑크의 흑체복사 연구로부터 시작되었습니다. 즉, "흑체로부터 방출되는 복사열이 양자(量子quantum)라는 불연속적인 단위로 되어 있다"는 것이었습니다. 간단히 말하면 에너지는 불연속적입니다. 양자론(量子論, quantum theory)은 플랑크의 양자가설(1900)을 시작으로 아인슈타인의 광양자설(1905), 이어서 보어가 전자의 에너지가 양자화 되어 있어 전자궤도[5]에 불연속성이 존재함을 발표하면서 확

5 전자궤도(electron orbital, 電子軌道)란 원자의 전자가 점유하는 공간을 말한다. 흔히 이 궤도 안에 전자가 들어있다고 표현한다.

립되었습니다. 보어는 양자론으로 원자구조나 원자 스펙트럼 해석에 성공하였으나, 이 당시에는 고전물리학 개념과 양자가설이 충돌했거나 혼합되어 있었을 것입니다. 보어의 전자궤도 불연속성에 대한 주장은, 오늘날의 표현으로 보면 전자는 더 높은 에너지 상태로 들 뜰 수 있고, 들떠있던 전자는 에너지를 방출하면서 다시 본래의 낮은 에너지 궤도로 되돌아올 수 있다는 것을 말해주는 것입니다.

6.2 상대성이론과 질량과 에너지의 관계는 어떤 것인가?

- 고전역학은 거시적이다.
- 고전역학은 에너지가 적고 물체속도가 광속도 보다 매우 느릴 때 만 성립한다.
- $E = mc^2$ 이라는 등식이 세상을 바꾸었다.

아인슈타인의 생애 최대 업적은 1915년에 독일 베를린의 카이저 빌헬름 물리학 연구소에서 완성한 '일반상대성이론'이라고 할 수 있을 것입니다. 1905년 '광속도 불변의 원리'를 바탕으로 서로 같은 속도(등속도)로 움직이는 모든 관측자들에게는 물리법칙이 변화지 않고 유지된다는 특수상대성 이론을 발표한 아인슈타인은, 자신의 논의를 확장시켜 가속도의 경우를 다룰 수 있는 이론을 찾으려고 노력했습니다.

고전역학과 상대론적 역학의 차이는?

역학(力學)은 물체가 힘을 받았을 때 운동이 어떻게 일어나는가에 대하여 통일적이고 체계적인 법칙을 세우는 물리학의 한 영역입니다. 이에 대한 최초의 그럴 듯한 역학이론은 뉴턴에 의해 "운동의 세 법칙"으로 정리할 수 있었고, 이는 거의 250년 동안 깨어지지 않고 물리학의 중심 이론으로 지배해 왔습니다. "물체가 힘을 받았을 때, 이 힘에 비례하는 가속도가 생겨나고, 이 비례상수는 바로 그 물체의 질량에 반 비례한다"는 운동의 법칙은 달을 비롯한 천체의 운동이나 지상에 있는 사과의 운동 등에 두루 다 적용되어 한 치의 오차 없이 성립되는 듯이 보였습니다. 그러나 아인슈타인이 특수상대성이론을 제창한 이후, 뉴턴의 역학체계는 새로운 해석이 필요할 수밖에 없게 되었습니다. 이전의 역학체계를 지금에 와서는 고전역학이라고 부르고, 이 이론은 물체의 속도가 빛의 속력에 비하여 크지 않고, 에너지가 크지 않는 범위에서만 성립하는 근사이론에 불과하게 되었습니다. 그렇더라도 우리 일상생활에서 경험하는 속력은 빛의 속력에 비하여 100만분의 일 정도밖에 되지 않으므로, 이 상대론의 효과를 거의 무시할 수 있습니다. 그러나 물체의 속력이 빛의 속력의 0.1정도만 되더라도 상대론적인 관점에서 물체의 운동을 다루어야 합니다. 아인슈타인은 우리가 보통 $K = \frac{1}{2}mv^2$ [6]으로 표현하는 운동에너지의 상대론에 부합되는 상대론적 운동에너지를 얻을 수 있었습니다.

그러나 움직이는 물체를 정지한 외부에서 관측하는 입장에서는, 위 식과 같은 운동에너지가 있는 것으로 관측하게 됩니다. 이는 물체의 속력이 커지면 커질수록 그 속력의 제곱보다도 훨씬 큰 비율로 운동에너지가 증가하여, 거의 빛의 속력에 이르러서는 운동에너지가 무한

6 $K = \frac{1}{2}mv^2$ 으로 표현하는 운동에너지의 상대론적 운동에너지는 $K = (\gamma-1)m_0C^2$. 여기서 γ는 로렌츠 인수, c 는 광속도이고, m_0는 그 물체의 정지 질량으로 그 물체와 같이 운동하는 좌표계에서 측정되는, 즉 고유시간이나 고유 길이처럼 물체의 본질적인 질량이다.

해 지게 됩니다. 아인슈타인은 정지 관측자가 운동하는 물체의 질량을 측정했을 때, m = γ m_0과 같은 식으로 질량이 표현된다는 것을 알아내었고 이를 상대론적 질량이라 했습니다. 이 상대론적 질량을 운동질량(m)이라 하거나 그저 질량이라고 하기도 합니다. 즉, 물체의 속력이 빛의 속력에 가까이 가면 '시간 팽창'과 같은 비율로 질량이 증가하는 것입니다.

상대성이론은 세상을 얼마나 변화시켰을까?

물리학자 아인슈타인은 타임지가 선정한 20세기의 가장 영향력 있는 인물 중 한사람입니다. 막강한 권력의 소유자도, 유명한 문학가나 철학자도 아니고 예술가도 아닙니다. 그런 아인슈타인이 20세기에 가장 영향력 있는 인물로 선정된 것은, 그의 상대성이론의 영향력을 현대 우리사회의 여러 곳에서 찾아 볼 수 있기 때문일 것입니다. 상대성이론(相對性理論, theory of relativity)은 아인슈타인이 제창한 '시간과 공간에 대한 물리이론'으로, 특수상대성이론과 일반상대성이론이 있습니다. 상대성이론에 의하면, "서로 다른 상대 속도로 움직이는 관측자들은 같은 사건에 대해 서로 다른 시간과 공간에서 일어난 것으로 측정하지만, 그 움직임에 대한 물리 법칙의 내용은 관측자 모두에 대해 서로 동일하다."고 보는 것입니다.

상대성 이론은 단순한 자연법칙이 아니라 일종의 사고체계라고 할 수 있어, 인식에 대한 커다란 변혁을 가져 왔습니다. 아인슈타인은 상대성이론에 대해 다음과 같이 언급하였습니다.

"상대성이론은 돌파구가 있을 것 같지 않은 심각하고 깊은 옛 이론의 모순을 해결하기 위해 생겨났다. 이 새로운 이론은 일관성과 간결함을 유지하면서 옛 이론의 모순을 강력히 해결한다[1]."

기존의 갈릴레이와 뉴턴의 방법, -추상적 수학 개념과 자세한 관측-으로는 자연현상을 다 이해하지 못했던 모순점을 해결하기 위해, 측정 대상의 물체와 기준을 새롭게 이해하려는 시도였던 것입니다. 상대성이론은 당시로는 매우 파격적이었을 것이며, 특히 빛과 시간에 대한 관념에서 두 두러 졌을 것입니다. 이러한 증거는 당시의 화가들에게서도 찾을 수 있습니다. 예를 들어 사각의 큐빅 모양으로 입체감을 표시한 피카소(Pablo Ruiz Picasso, 1881-1973)의 '아비뇽의 여인들(1907년 여름 파리에서 완성)'이란 그림은 상대성 이론의 영향을 받았다고 보는 것입니다. 이 그림은 한쪽 면에서만 대상을 보고 그린 것이 아니고 여러 방향에서 본 모습을 하나의 평면에 합쳐서 그린 것이기 때문입니다. 이런 기법은 아인슈타인이 3차원 공간에 시간이라는 새로운 차원을 더해 4차원 시공간 개념을 만들었던 것처럼 새로운 차원을 첨가해 그린 그림이라고 평가하는 이들이 있습니다. 아인슈타인 이전 사람들은 시간이란 시작도 없고 끝도 없는 무한 것이라 생각했습니다. 그러나 아인슈타인의 상대론은 시간이란, 영원할 수도 있고 시작과 끝이 있을 수도 있다고 주장하는 것입니다. 고대 이래로 철학에서는, 시간과 공간은 물질보다 앞서 존재하고 신의 직관에 속하는 것으로 보았습니다. 독일 철학자 칸트 역시 시간을 '인간의 경험을 규정하는 절대적 관념'으로 보았습니다. 상대성 이론이 나오기 이전에는 절대시간과 절대공간의 개념으로 받아들였으나, 상대성이론이 나오면서 시공간은 관측자에 따라 변할 수 있고, 물질에 의해 영향을 받는다는 인식을 하게 되었습니다.

또한, 아인슈타인은 엔트로피를 "모든 과학에서 제1법칙이다"라고 하였습니다. 엔트로피 법칙은 열역학 제2 법칙이고, 이 법칙은 물질과 에너지는 한 방향으로만 변한다고 규정하는 법칙입니다. 열역학 제2 법칙시간이 왜 과거에서 미래로만 직선적으로 흘러가는지에 대한 설명은 여러 가지가 있지만, 그 중 한 가지는 바로 열역학 제2법칙, 즉 엔트로피(무질서도)의 증가 때문입니다. 열역학 제2법칙에 의하면 고립계에서는 항상 엔트로피가 증가하는 방향으로 변하게 되고, 결국에는 엔트로피가 최댓값을 가지는 평형상태에 도달하게 됩니다. 열역학 제2법칙에 의하면 엔트로피가 증가함에 따라 시공간의 에너지 분포가 변하면, 그 이전의 상태로 돌아가지 않으며 커지는 쪽이 자동으로 시간이 흘러가는 미래가 되는 것입니다. 이렇게 나타나는 시간의 방향성을 열역학적 시간의 화살이라 하는데, 우리가 경험하는 시간의 방향성은 열역학적 시간의 방향성과 같기 때문에 시간이 거꾸로 흐르지 않는다고 보는 것입니다[2].

한편, 20세기를 전후한 현대 과학자들이나 당시 철학의 한 사조인 유물론에서는 '물질(원자 와 같은)은 변하지 않는 근원적인 것'이라고 여겼습니다. 그러나 질량의 등가성 이론($E = mc^2$, E=에너지, m=질량, c= 빛의 속도)으로 이러한 사고는 큰 타격을 받았습니다. 물질이 에너지로 사라지거나 에너지에서 만들어질 수도 있기 때문입니다. 이와 같은 기존 사고방식의 위기는 당시 과학에서의 새로운 발견들 때문에 상대성 이론이 등장하기 이전부터 이미 시작되었을 것입니다. 그런 증거로 러시아의 유물론자 레닌이 특수 상대성 이론이 발표된 1905년 '유물론과 경험비판론'이라는 책을 써서 물질의 철학적 개념을 새로 정의했다는 것을 들 수 있습니다. 즉 물질의 변환 가능성을 받아들인 것이며, 그 후에 많은 철학자들의 물질개념도 달라졌다고 볼 수 있습니다.

또 다르게는 아인슈타인이 일반상대성이론을 발표하며, 이론을 증명할 수 있는 실험 3개를 제시한 것과 같은 아인슈타인의 학문에 대한 태도는 또 다른 학자들에게도 큰 영향을 줬을 것입니다. 만일 실험이 잘못되면 자신의 이론은 틀렸다는 것이죠. 철학자 포퍼(Karl R. Popper, 1902-1994)는 이처럼 '반증가능성'을 갖고 있는 이론만이 과학적인 이론이라는 주장을 펴기도 했습니다. 이 주장은 '반증주의(falsificationism)'[7]라는 새로운 과학철학을 탄생시켰습니다. 스페인 철학자 호세 오르테가 이 가세트(Jose Ortega y Gasset, 1883-1955)도 특수상대성이론에 영향을 받아, 관점의 수만큼 현실이 존재한다고 주장하는 '관점주의(觀點主義, perspectivism)[8]'철학을 발표했습니다. 이 관점주의는 다원주의와 민주주의에 직·간접적인 영향을 주었다고 생각합니다. 아인슈타인의 이론은 '스타트랙'등과 같은 SF영화에도 큰 영향을 미쳤을 뿐만이 아니라, 오늘날 21세기 과학을 선도하고 있다고 봅니다. 아인슈타인 이론들은 21세기에도 과학과 사회 전반에 걸쳐 큰 변화를 주도하는 힘이 될 것인가?

질량과 에너지가 비례한다는 것은 어떤 의미인가?

- $E = mc^2$ 이 원자력 발전을 가능케 하였다.

---

7 반증주의(falsificationism)란 가설이나 이론은 관찰이나 실험에 의해 지속적인 확인을 받게 되며 반증된 가설이나 이론은 더 우수한 가설이나 이론으로 대체되어 과학이 발전한다는 과학관이다. 반증주의자들은 가설은 반증 가능성이 높을수록 더 큰 의미를 지니며, 가설은 반증 시도를 극복하면서 발전되어 점점 더 우수해 진다고 주장한다. 어떤 가설이 '반증가능하다'는 것이 그 가설이 틀리다는 것을 의미하지 않는다. 대신 만약 가설이 틀렸다면 어떤 관찰이나 실험을 통해 그 가설이 틀렸다는 것을 보일 수 있다는 것을 의미한다.

8 관점주의(觀點主義, perspectivism)라는 개념을 제시한 바 있다. 관점주의는 한마디로 이 세상에 보편적, 객관적, 절대적 진리란 존재하지 않는다는 주장이다.

질량불변의 법칙은 원소들 사이의 화학 반응에서는 반응 전후의 질량이 같다는 법칙입니다. 전자에 의해 만들어지는 결합의 분해와 생성에서 얻어지는 에너지의 차이는 반응물 결합과 생성물 결합 에너지의 차이에 해당하며, 이런 화학반응에서 반응열은 방출하기도 하고 주위로부터 흡수하기도 합니다. 그러나 핵연료의 핵반응에서는 엄청난 양의 에너지가 방출됩니다. 이런 핵반응의 엄청난 에너지의 근원은 어딘가?

1900년대 초 아인슈타인(Albert Einstein,March 1879-1955)은 질량은 실제적으로 '응결된 에너지'라는 것을 발견했습니다. 즉, 어떤 질량이 소멸되면서 내는 에너지(E)와 소멸되는 질량(m)은 비례하며 비례상수는 빛의 속도 제곱(c^2)에 해당합니다($E = mc^2$). 진공상태에서 빛의 속도는 2.99792458×10^8m/s 이고, (c^2)는 상수 이므로 질량이 증가하면 에너지도 증가합니다. 이 등식은 핵반응에서 에너지가 왜? 어떻게 방출되는가를 이해할 수 있는 열쇄입니다. 만약 어떤 계(界, system)[9]가 질량을 잃으면 계는 에너지를 잃는 것입니다. 즉, 발열(發熱)이 일어나는 거죠. 반대로 어떤 계가 질량을 얻으면 계는 에너지를 얻습니다. 즉, 흡열(吸熱)이 됩니다. 또 이 식에서 상수 'c^2'이 큰 수 이므로 작은 량의 질량이 변한다 해도 큰 에너지 변화가 동반되는 겁니다.

여기서 이 식을 통해 핵분열(核分裂, nuclear fission)과 핵융합(核融合, nuclear fusion)을 살펴보기로 하죠. 핵분열은 질량이 무거운 핵이 질량이 더 작은 중간 크기의 안정한 핵으로 되면서 에너지를 방출하는 것입니다. 또 핵융합은 질량이 가벼운 핵이 더 무거운 질량을 가지는 핵으로 되면서 훨씬 더 많은 양의 에너지를 방출하는 것입니다. 이런 핵융합 반응은 곧 태양에서 에너지를 생성하는 기본반응 유형입니다.

하나의 U-235 원자의 핵분열에 의해 방출되는 에너지는 하나의

---

9 화학에서 계(界, system)란 플라스크에서 반응을 시킬 경우 플라스크 내부의 반응물을 계라고 하며, 플라스크 밖을 주위(周圍, surround)라고 한다.

TNT 분자 연소열의 약700만 배에 해당합니다. 작은 양의 우라늄이 합쳐져 임계질량(臨界質量, critical mass)[10]에 다다르면 거대한 폭발을 일으킬 수 있습니다. 이것이 2차 세계대전에 등장한 원자폭탄입니다. 폭탄 제조에 사용할 U-235를 분리하는 것은 어렵습니다. 1945년 히로시마에 사용한 폭탄 제조에 사용할 U-235를 분리하는 데 무려 2년 이상 걸렸습니다. 이 에너지와 질량의 등가성 법칙은 핵반응에서 잘 관찰되며, 특히 소립자의 생성, 소멸 등에서 에너지가 질량으로 변하고, 질량이 모두 에너지로 변하는 것이 관찰되었습니다.

이 관계식의 매우 중요한 결과로 질량이 큰 물질이, 질량이 더 작은 물질로 변환되면서 에너지를 방출할 수 있다는 것과, 핵질량은 그 핵을 구성하는 핵자들의 부분 질량의 합과 동일하지 않다는 것을 말해줍니다[11]. 따라서 U-235(질량= 235)의 분열에 의해 생성되는 파편의 질량(Kr 질량: 91; Ba 질량:142)은 우라늄 핵의 질량보다 더 작습니다.

이와는 다르게 핵융합을 보면 중수소(D 질량수: 2) 두 개가 융합되어 헬륨(He 질량: 3)을 형성합니다. 핵융합이나 핵분열에서 방출되는 에너지는 중성자가 운반합니다. 인류는 이런 에너지를 만들고 활용하는 노력을 계속하고 있습니다. 오늘날 모든 핵 발전은 핵분열 방식입니다. 질량과 에너지의 등가성에 대한 이론에 의해 얻어진 결과로 인류는 위험과 이익 두 가지 요소에 대해 계속적으로 저울질 하게 될지도 모릅니다. 강대국인가? 아닌가? 가에 대한 평가지표로 핵무기의 보유 여부가 될 수도 있기 때문입니다. 그러나 미래의 에너지원으로서 원자력이 높은 가치를 인정받지만, 일본의 후쿠시마 원전사고

---

10 임계질량은 방사성 동위원소가 핵 연쇄반응과정에서 폭발을 일으킬 수 있는 최소 질량이다. 핵분열을 이용하는 핵무기는 핵물질이 임계 질량을 초과하여 폭발되도록 설계되어 있다.

11 핵질량과 그 핵을 구성하는 핵자들의 부분 질량의 합의 차이를 질량결손(質量缺損, mass defect) 이라고 한다.

와 같은 위험 요소를 배재할 수는 없습니다. 그런 면에서 과학의 양면성을 가장 잘 보여주는 사례이기도 합니다. 이미 여러 나라가 원자력 발전을 포기 했거나 축소하겠다는 결정을 내리기도 하였습니다. 과연 미래에 인류는 원자력으로 인해 덕을 볼 것인가? 아니면 엄청난 위험을 겪을 것인가?

6.3 불확정성 원리는 무엇을 말하나?

- 전자의 위치와 속도를 동시에 측정할 수 없다.
- 카오스 이론이 복잡과학을 탄생시켰다.

독일의 물리학자 베르너 하이젠베르크(Werner Karl Heisenberg, 1901-1976)가 1927년 어떤 물체의 위치와 속도를 동시에 정확하게 측정하는 것은 이론적으로 불가능하다고 주장하였습니다. 이 법칙을 '불확정성원리(不確定性原理, uncertainty principle)'라고 합니다. 자동차와 같은 큰 물체의 경우에는 속도와 위치를 모두 측정하는 것은 쉽습니다. 이는 불확정성원리가 의미하는 불확정도가 일상적인 큰 물체에 대해 관측하기에는 너무나 작은 값이기 때문입니다. 그러나 전자와 같이 매우 작은 입자가 빛의 속도 이상으로 운동하는 경우는, 이 불확정 정도는 무시할 수 없을 만큼 큽니다.

불확정성원리에 따르면 위치와 속도의 불확정도를 곱한 양은 어떤 미세한 물리량, 즉 플랑크 상수 $h/(2\pi)$로서 약 10^{-34} J·sec 이상의 값을 갖습니다. 원자나 원자구성 입자처럼 극히 작은 입자에서는 불확정도의 곱이 의미가 있습니다. 전자와 같은 원자구성 입자의 속도를 정확하게 측정하려고 하면 예측이 불가능한 방향으로 입자들이 튀어나와서, 이 입자의 위치를 동시에 정확하게 측정하는 것은 의미가 없습니다. 이러한 결과는 측정기구와 측정기술의 적합성 여부나 관측자와는 아무런 관계가 없으며, 원자구성입자의 차원에서 입자와 파동 간의 본질적인 상호연관성 때문에 발생하는 것입니다. 불안정한 원자나 원자핵들이 좀 더 안정한 상태로 변환할 때 방출하는 에너지의 불확정도와, 불안정한 계의 수명시간(life time)에서 나타나는 불확정도 사이에도 동일한 관계가 성립합니다. 불확정성원리는 입자의 위치와 운동량 관계에만 성립하는 것만이 아니라, 양자역학의 일반적인 관측에 적용될 수 있습니다. 불확정성원리는 뉴턴 역학이 원자수준에는 적용될 수 없는 이유를 말해줍니다. 따라서 큰 물체에 적용했던 뉴턴의 고전 역학법칙은 원자 수준과 같은 미시세계에서는 양자역학(量子力學)의 다른 법칙으로 대체되어야 합니다. 양자역학은 "미시세계에서는 모든 입자(粒子)가 파동성(波動性)을 갖고 있고, 입자가 한 시점에 한 위치에만 있는 게 아니라, 일정한 운동 공간 내에 퍼져 있으므로 하나가 동시에 여기도 저기도 있을 수 있다"고 보는 것입니다. 양자역학의 법칙은 세밀한 궤도운동을 설명하지 않습니다. 그것은 대안적으로 가능성 있는 현상을 묘사하며, 다른 대안적 사건들의 발생에 대한 상대적 확률 값을 제공합니다. 불확정성원리는 보어의 상보성원리[12]와 합쳐져서 양자역학에 대한 정통 해석인 소위 코펜하겐 해석[13]으로 구체화됐습니다. 불확정성원리에 의해 지배되는 양자역학적

12 상보성 원리란, "거시세계의 용어와 거기에서 얻어진 개념을 바탕으로 원자현상이라는 미시세계를 기술할 수밖에 없기 때문에 미시세계를 기술하는 우리의 용어에는 어떠한 한계가 있기 마련이다"라고 보는 개념을 말한다.

13 코펜하겐 해석(Copenhagen Interpretation of Quantum Mechanics): 전자의 상태를 서술하는 파동함수는 측정되기 전에는 여러 가지 상태가 확률적으로 겹쳐있는 것으로 표현된다. 하지만 관측자가 전자에 대한 측정을 시행하면 그와 동시에 "파동함수의 붕괴(collapse of wavefunction)"가 일어나 전자의 파동함수는 겹침 상태가 아닌 하나의 상태로만 결정된다는 것이다. 이 해석은 보어와 하이젠베르크의 해석으로

세계관이 야기했던 가장 커다란 논란은 사람의 관찰, 혹은 측정 행위가 측정 대상에 영향을 미친다는 것이었습니다.

한편, 고전역학에서는 확실히 알 수 있는 것들이 양자역학에서는 확률적으로 변합니다. 이러한 사고의 변화가 비결정론(非決定論 indeterminism)적 세계관을 등장하게 하는 계기가 되었습니다. 비결정론[14]이란 결정론에 정반대되며 자연과 사회에 법칙성이나 필연성이 존재한다는 것을 부정하는 견해입니다. 자연과학에서 비결정론을 보여주는 한 예로는 생물학의 진화론을 들 수 있습니다. 생물진화는 단순한 것에서 복잡한 것으로, 저차원적 기능을 갖는 것에서 고차원적 기능을 갖는 것으로의 변화와 같은 일정한 경향성을 띱니다. 그러나 진화의 방향은 일정한 경향성을 띨 뿐 유전적 소인 또는 환경 및 그 밖의 어떤 요소에 의해 필연적으로 규정되지는 않습니다. 물리학에서는 비결정론의 예로 흔히 양자역학을 드는 경우가 있습니다. 양자역학에서는 한 물리계의 특성을 고전역학의 기술방식인 위치와 운동량 대신 상태함수로 기술합니다. 그런데 이 상태함수는 고전역학의 위치와 운동량처럼 물리계를 결정론적으로 기술하지는 못합니다. 상태함수는 다만 한 물리계에서 어떤 물리량을 측정했을 때 얻게 될 이론값을 확률적으로 지정해줄 수 있을 뿐입니다. 이러한 요소 때문에 양자역학을 비결정론의 예로 들곤 합니다. 사회이론이나 역사이론은 일반적으로 자연과학이론보다 더욱 비결론적인 성격을 갖는다고 볼 수 있다. 양자역학의 비결정론적 문제에 대한 논쟁은 현재까지지도 계속되고 있습니다.

양자역학 분야에서 비결정론적인 세계관이 확립된 것과는 별도로,

양자역학에 대한 해석 중 하나이다.

14 비결정론: 사물이나 현상 사이의 인과적 관계 또는 한 사물이나 현상의 다른 사물이나 현상에 대한 필연적 결정을 부정하는 철학적 입장.

통계적 접근을 주로 사용하는 비 평형 통계역학, 동력학계(dynamical system), 그리고 복잡성(complexity)의 과학에 관한 관심이 고조된 것도 20세기 후반에 나타난 과학계의 두드러진 변화 가운데 하나라고 할 수 있습니다. 최근에 특히 대중들로부터 많은 관심의 대상이 되고 있는 카오스(chaos)이론은, 복잡성 과학의 등장으로 과학계의 변화된 모습을 보여주는 좋은 예라고 할 수 있습니다. 카오스이론은 1963년 MIT의 기상학자 에드워드 로렌츠(Edward N. Lorenz)가 당시 물리학자들에게는 잘 알려지지 않았던 한 기상학 잡지에 '결정론적인 비주기적 유(Deterministic Nonperiodic Flow)'라는 논문을 발표하면서 고개를 들기 시작한 새로운 유형의 과학이론이다. 당시 로렌츠는 기상 현상을 몇몇 단순한 수학 방정식을 사용하여, 기술하는 과정에서 초기 조건의 미세한 차이가 시간이 흐름에 따라 그 차이가 점점 커져서, 마침내 그 결과에 있어서는 엄청나게 큰 차이가 난다는 것을 컴퓨터의 도움으로 발견했습니다. 이 현상이 '나비효과(Butterfly effect)'혹은 '갈매기 효과(Seagull effect)'라는 말로 더 잘 알려져 있습니다.

6.4 전자의 파동성을 파동방정식으로 나타낸다

- 원자의 전자 분포를 파동방정식으로 나타낼 수 있다.

파동방정식(波動方程式)은 음파, 전자기파, 수면파 등의 파동을 기술하는 중요한 하나의 편미분 방정식입니다. 이 방정식은 물리학의 여러 분야에 등장합니다. 또한 양자역학과 일반 상대성 이론에도 파동방정식에서 발전된 방정식 들이 중요합니다.

에르빈 슈뢰딩거(Erwin Schrodinger, 1887-1961)는 미세한 입자의 운동을 지배하는 확률 파동, 즉 이 파동이 외부의 영향에 의해 어떻게 변하는가를 파동함수의 형태로 기술했는데, 이것을 '슈뢰딩거의 파동방정식'이라고 합니다. 예를 들어 얇은 두개의 틈으로 광자를 통과시키는 실험을 한다고 해봅시다. 이때 단일 광자가 어디를 때릴지는 알 수 없습니다. 하지만 그것이 어떤 장소를 때릴까 하는 확률은 정확하게 계산할 수 있습니다. 이 확률을 구하는 방정식이 바로 슈뢰딩거 방정식입니다.

오늘날 슈뢰딩거 방정식은 원자·핵·고체물리 분야에서 널리 사용되고 있습니다. 예를 들어 원자현미경의 원리인 '터널링 현상'을 풀기 위해 슈뢰딩거 방정식이 사용되며, 원자력 발전이나 원자폭탄과 같이 원자핵 붕괴로 에너지를 얻는 모든 분야에 필수적으로 사용되고 있습니다. 마치 뉴턴 역학처럼 현대 물리학을 다루는 분야에는, 대부분이 슈뢰딩거 방정식이 활용된다고 말할 수 있을 정도입니다.

슈뢰딩거는 고전 역학의 토대 위에 드 브로이(Louis Victor Pierre Raymond de Broglie, 7th duc de Broglie, FRS, 1892–1987)의 물질파 개념을 도입해 원자핵 주의를 회전하는 전자들의 움직임을 연구하여, 파동이론, 즉 "전자가 원자의 핵 둘레에 산재한 점(입자)이 아니라 파동형태로 존재한다"는 파동방정식을 만들어냄으로써 20세기 물리학에 커다란 획을 그렸습니다. 이 이론은 1925년에 선보인 하이젠베르크의 행렬역학과 함께 이른바 양자역학을 태동시켜 자연을 바라보는 과학자들의 시야를 완전히 바꿔놓았습니다. 파동방정식을 만들어낸 공로로 1933년 슈뢰딩거는 디랙(Paul Adrian Maurice Dirac, 1902-1984) 과 더불어 노벨물리학상을 받았습니다.

도대체 '양자역학'이라는 낯선 물리학 이론이 생활과 무슨 관계가 있을까? 이 질문에 대답하기 위해 반도체 없는 컴퓨터를 상상해 보기로 하죠. 반도체가 없다면 노트북, 스마트폰과 같이 작은 컴퓨터의 탄생이 불가능했을 것인가? 현대 물리학의 기초인 양자역학은 컴퓨터의 주요 부품인 반도체의 원리를 설명하는 등 현대인의 삶에 지대한 영향을 끼치고 있는 많은 기술들의 이론적 바탕이 됐습니다. 또한 양자역학은 다중우주 구조의 설명에 이용되기도 하며, 다양한 과학기술의 측면뿐 아니라 철학, 문학, 예술 등 다방면에 중요한 영향을 미쳐, 20세기 과학사에서 빼놓을 수 없는 중요한 사건으로 꼽을 수 있습니다. 과연 이러한 영향은 미래에도 계속될 것인가? 지켜볼 일입니다.

6.5 DNA 구조규명이 생명공학을 탄생시켰다

- 왓슨과 크릭이 DNA의 구조 연구를 시작 전에 DNA가 유전물질임이 확인되었다.
- DNA 구조 규명이 유전공학을 탄생시켰다.
- 생명공학 발전에 DNA 재조합 기법의 개발, 복제와 무성생식 기술의 발전, DNA를 엮는 중합효소 발견, 유전암호 해독법 개발, DNA 서열 분석 방법 개발, DNA 증폭 기술 개발 및 인간게놈지도 작성 등도 기여했다.

20세기 생명과학분야의 최대 발견을 한 가지만 꼽으라면 대부분 'DNA(deoxyribonucleic acid, 核酸)구조의 이중나선 모형'을 들 것입니다. 이러한 업적으로 왓슨(James Dewey Watson, 1928 -), 크릭(Francis Harry Compton Crick, 1916-2004), 윌킨스(Maurice Hugh Frederick Wilkins, 1916 -)가 1962년 노벨생리·의학상을 수상하였습니다. 왓슨은 1950년에 22살의 나이로 이학박사 학위를 취득하였고,

대학원 시절 왓슨에게 큰 영향을 미쳤던 사람은 유전학자인 뮐러(H. J. Miiller, X-선 조사(照射)로 돌연변이가 일어난다는 사실을 발견하여 1946년에 노벨 생리·의학상 수상)와 소네본(T. M. Sonneborn), 그리고 논문 지도교수인 미생물학자 루리아(S. E. Luria) 등이었습니다. 왓슨의 박사학위 논문은 '박테리오파지 증식에 대한 X-선의 영향'에 관한 것이었습니다.

왓슨은 1950년 9월부터 1년 동안 바이러스 DNA의 운명에 대해 집중적으로 연구하였고, 1951년 봄 이탈리아 나폴리의 동물학 연구소의 한 심포지엄에서 윌킨스를 만났습니다. 윌킨스로부터 DNA 결정의 X-선 회절사진을 처음으로 보게 된 왓슨은 크게 자극을 받아 핵산과 단백질의 구조를 밝히는 쪽으로 연구 방향을 전환했습니다. 왓슨은 X-선 회절 연구로 유명한 영국 캠브리지대학교 캐번디시 연구소의 켄드류(John Cowdery Kendrew, 1917-1997)와 함께 연구할 때 물리학자 크릭을 만났고, 두 사람은 DNA 구조 해석을 위한 공동 연구를 시작하게 되었습니다. 이 두 사람은 X-선 회절 연구를 포함한 많은 실험과 핵산에 관한 광범위한 문헌 연구를 통해, 1953년 봄 DNA 이중나선 모형을 밝혔습니다.

생물학자 제임스 왓슨과 물리학자 프랜시스 크릭의 모든 생명체의 유전과 형질 발현에 관여하는 물질인 DNA의 이중나선 구조를 제안한 1 쪽짜리 네이처지 논문은, 동료 과학자들 사이에서 즉각 그 중요성을 인정받았습니다. 이 논문은 분자생물학의 역사에서 가장 중요한 사건 중 하나로 기록되는 것이었습니다. 그러나 두 명의 젊은 과학자가 밝힌 업적의 배경에는 그 이전까지 한 세기에 달하는 유전학과 생화학의 발전이 있었기 때문에 가능했다고 생각합니다. 그레고어 멘델(Gregor Mendel, 1822-1884)의 유전법칙, 미국의 생물학자 토머스 헌트 모건(Thomas Hunt Morgan, 1866-1945)의 초파리 연구(1910년대), 1927년 허먼 뮐러(Paul Hermann Müller, 1890-1967)의 방사선을 쬔 초파리에서 돌연변이 유발 실험, 1935년 막스 델브뤽(Max Delbrück, 1906-1981) 등의 유전자가 안정된 고분자(macrololecule)로서 물리적·화학적 방법을 사용해 분석될 수 있다는 주장 등이 그 예입니다. 한편, 1940년대 초에는 대다수의 생물학자들이 유전자가 단백질이라고 인식하였으나, 미국 록펠러연구소의 오스왈드 에이버리(Oswald Avery, 1877-1955)가 유전자는 디옥시리보핵산, 즉 DNA라는 사실을 밝혀 냈습니다(1944년). 이러한 에이버리의 결론은 1952년 방사성 동위원소 추적자를 이용한 앨프리드 허시(Alfred Day Hershey, 1908 - 1997)와 마사 체이스(Martha C. Chase, 1927-2003)의 실험을 통해 재차 확증되었습니다. DNA가 유전물질임이 확인된 것이었습니다. 왓슨과 크릭이 DNA의 구조를 규명하는 데 착수한 것은 바로 이 시기였습니다. 아울러 이시기에 어윈 샤가프, (Erwin Chargaff, 1905 -2002), 라이너스 폴링(Linus Carl Pauling, 1901-1994) 등의 연구로 DNA가 당과 인산, 그리고 아데닌(adenine, A), 구아닌(guanine, G), 시토신(cytosine, C), 티민(thymine, T)이라는 네 개의 염기로 구성되어 있고 나선 구조를 이루고 있다는 사실이 이미 알려져 있었습니다.

왓슨과 크릭은 직접 실험은 하지 않았지만 물리 화학자였던 로잘린드 프랭클린(Rosalind Franklin, 1920-1958)이 찍은 DNA의 X선 회절 사진을 입수할 수 있었고, 이런 모든 자료에 종합해 DNA의 이중나선 구조를 제안하였습니다. 이 구조에 따르면 DNA는 당과 인산이 결합해 만든 두 개의 축이 서로 꼬여 있고, 이로부터 안쪽으로 튀어나온 염기가 아데닌은 티민과, 구아닌은 시토신과 각각 수소 결합을 하고 있는 형태였습니다. 이모형은 오늘날에도 별로 수정할 필요가 없을 정도로 정확했습니다. 왓슨과 크릭의 설명은 구조 자체만으로 DNA의 자기복제를 간단하게 이해할 수 있다는 단순성과 심미성의 측면에서도 많은 찬사를 받았고, 후속 논문에서 배열된 염기의 순서(ACGGT...)가 바로 유전의 '암호'라고 암시했습니다. 이러한 문제의식에서 출발해 DNA의 염기 순서가 어떻게 생물체를 구성하고 대사를 조절하는 단백질 합성을 지시하는가 하는 유전암호를 해독해낸 것은 1960년대 말의 일이었습니다. 이에 따르면 염기들은 3개를 한 단위로 해서 – 이러한 단위를 '코돈(codon)'이라 부른다 – 각각이 단백질을 구성하는 20가지 필수 아미노산 중 한 가지의 합성을 지시하는 겁니다. DNA 위에 있는 이러한 염기의 배열은 리보핵산(ribonucleic acid, RNA)으로 전사(轉寫)된 후 이것이 다시 특정 단백질 합성을 지시하게 되는 것입니다. DNA 구조 규명과 유전암호의 해독은 고전 분자생물학을 완성한 것으로 유전물질의 구조와 기능, 그리고 복제 메커니즘이 규명되어, 유전자의 기능을 분자적인 수준에서 연구할 수 있게 하였습니다. 이러한 탐구에 크게 힘을 실어 주면서 분자생물학의 실제적 응용을 촉진한 것은 바로 'DNA 재조합(recombinant DNA) 기법'이었습니다.

과학의 역사에 길이 남을 업적을 불과 스물다섯 살에 성취한 왓슨이 학자로서 누린 최대의 영광은 두말할 것도 없이 서른 네 살의 나이에 노벨 생리·의학상을 수상한 일입니다.

현대 생명공학을 가능하게 한 생명과학 기반기술은 어떤 것이 있나?

오늘날 생명공학은 21세기 첨단 과학기술의 대표주자 중 하나로 간주됩니다. 그러나 다른 한편으로 생명공학은 인간성의 상실, 자연질서의 교란, 사회문제의 악화를 초래할 수 있는 '나쁜 과학'의 대명사로도 인식되고 있습니다. 그렇다면 이 생명공학은 어떤 과정을 거쳐 오늘날의 모습을 갖게 되었을까? 오늘날의 현대 생명공학 발전의 시작은 당연히 'DNA 이중나선 구조의 규명'이지만, 그 외에도 결정적은 몇 가지 생명과학 기술들이 있었기 때문에 가능했습니다. 관련 분야 학자들이 생명과학 발전에 기여했다고 보는 대표적인 관련 기반기술은 다음과 같습니다.

1) DNA 재조합 기법의 개발,

2) 복제와 무성생식 기술의 발전,

3) DNA를 엮는 중합효소 발견,

4) 유전암호 해독법 개발,

5) DNA 서열 분석 방법 개발,

6) DNA 증폭 기술 개발, 그리고

7) 인간게놈지도 작성 등입니다.

이들 중 몇 가지의 이론적, 실험적 기술들을 간단하게 살펴보겠습니다.

DNA 재조합 기법은
기존 DNA의 일부로
새로운 DNA를 만드는 기법이다

'DNA 재조합 기법'이란 생물체의 DNA 중 일부를 잘라내어 이를 다른 생물체에서 잘라낸 DNA와 이어 붙여, 새로운 DNA를 만드는 기법을 말합니다. 이렇게 만든 '재조합 DNA'는 특정 종(種)의 DNA를 다른 종의 세포로 옮겨 넣는 데 이용할 수 있는 기술입니다. 이 기술은 분자생물학의 지식을 유용한 산물을 만드는 데 응용할 수 있게 했을 뿐만 아니라, 분자생물학의 새로운 연구의 장을 열었다는 점에서 중요하게 생각합니다. DNA 재조합 기법은 박테리아와 박테리아 사이, 혹은 박테리아와 박테리오파지 사이의 DNA 교환으로부터 힌트를 얻었습니다. 이 재조합 기법은 이어서 발견된 제한효소(制限酵素, restriction enzyme)[15], 1970년에 베르너 아르버와 해밀턴 스미스는 제한효소를 발견하고 이를 분리해냄)를 이용함으로서 더욱 발전하였습니다. 제한효소의 발견으로 1.5m나 되는 인간 DNA 사슬에서 연구에 필요한 특정 부위만 작게 잘라내는 일도 가능해졌습니다.

이어 1974년에 허버트 보이어(Herbert Boyer)와 스탠리 코헨(Stanley Cohen)이 박테리아에 있는 원형 DNA 분자인 플라스미드(plasmid)를 이용해 두꺼비의 DNA를 박테리아에 집어넣어 이식한 DNA가 RNA로 전사될 수 있음을 보여 주었습니다. 즉, 고등동물의 단백질을 박테리아를 써서 합성해낼 수 있는 가능성이 열린 것입니다. DNA 재조합 기법의 도입은 생명을 조작할 수 있는 가공할 만한 수단이라는 점에서 많은 과학자들이 흥분했습니다. 그러나 이런 DNA 재조합 기법을 통해 이전에 없던 새로운 병원체가 만들어져 공공보건에 심대한 위협을 줄 수도 있다는 우려가 제기되었습니다. 이와 관련하여 1976년에 미국 국립보건원이 DNA 재조합 실험을 규제하는 규칙을 제정하게 되었습니다. 그러나 DNA 재조합을 둘러싼 논쟁은 계속되었으나, 과학자들의 DNA 재조합의 위험성 관리능력의 향상과 유전공학을 이용한 유용 단백질의 대량생산, 뿌리 혹 박테리아를 이식한 작물의 개발, 인간의 유전병 치료 등과 같은 방대한 유용성이 보고되면서, 1980년대 들어 DNA 재조합에 대한 규제가 다소 약화되고 본격적인 생명공학의 시대를 맞이하게 되었습니다.

---

15 제한효소는 1970년에 베르너 아르버와 해밀턴 스미스가 발견하고 이를 분리했다.

유전적으로 동일한 생명체를 만들 수 있다

유전적으로 동일한 생명체를 만들 수 있을까? 식물은 접붙이기를 이용해서 동일한 복사체(複寫體)를 쉽게 얻을 수 있다는 것은 고대부터 알려져 있었습니다. 그러나 유성생식을 하는 고등동물의 경우는 매우 어려웠습니다. 1920년대 후반부터 일종의 동물 복제에 대한 시도가 있었지만, 성체 동물의 복제의 불가능성만을 인식하게 하는 듯했습니다. 이러한 인식을 뒤집은 연구는 1990년대 중반 스코틀랜드 로슬린 연구소의 이언 윌머트(Ian Wilmut, 1944 -) 연구팀이 '돌리(Dolly)'라는 복제양을 출산하게 한 것이었습니다. 복제(複製), 즉 클로닝(cloning)은 살아 있는 생명체와 유전적으로 동일한 '복사체'를 만드는 것입니다. 1997년 2월에 네이처지에 발표된 돌리의 탄생은 엄청난 반향을 불러왔습니다. 이는 곧 인간의 개체복제로 이어질 수 있는 가능성을 제시한 것이기 때문에 사회 전반에 걸쳐 엄청난 파장을 일으켰습니다. 급기야 세계 각국의 정부와 국제기구들은 인간의 개체복제를 금지하는 법안 마련에 나섰고, 일부 국가들은 모든 종류의 인간복제를 금지하는 법을 만들기도 했습니다. 그러나 1998년 이후 줄기세포 연구가 급부상하면서 인간복제는 배아줄기세포 연구에 대한 응용 가능성으로 또 한 번 주목받게 되었습니다. 복제된 인간 배아로부터 줄기세포를 추출해 면역거부반응이 없는 대체 세포나 장기를 앞으로 언젠가 만들어낼 수 있을지 모른다는 낙관적인 예측 때문이었습니다. 이로부터 파생된 인간 '배아' 복제를 둘러싼 논쟁은 지금 이 시간에도 계속되지만, 2012년 노벨생리·의학상이 줄기세포 분야에 주어졌습니다. 미래 인류의 건강과 생명연장이라는 낙관적 관점이 더 크게 작용 했던 것 같습니다.

대장균 추출물에서 DNA를 합성하는 효소를 발견했다

미국의 아서 콘버그(Arthur Kornberg, 1918 -)가 1956년 대장균의 추출물에서 DNA를 합성하는 효소를 발견했습니다. 이 효소는 긴 DNA 사슬을 엮는 일꾼 노릇을 하기 때문에 DNA 중합효소(polymerase)라는 이름을 붙였습니다. DNA 중합효소는 DNA 복제를 돕는 효소이고, DNA 중합효소가 제대로 작동하기 위해서는 마그네슘 이온과 같은 조효소가 필요합니다. 이런 효소들은 주형(template)으로 읽히는 DNA 가닥을 따라서 다른 DNA의 합성을 촉매화합니다. DNA 중합효소는 단일 가닥의 DNA에 결합하여 DNA 복제를 시작합니다. 새로 합성된 분자는 주형에 상보적이며 주형의 짝이 되는 가닥과 동일합니다. 1984년에 캐리 멀리스(K. Mullis)가 특정 DNA 서열을 증폭하기 위한 중합효소 연쇄 반응(polymerase chain reaction, PCR)으로 발전시켰습니다. 중합효소 연쇄반응은 DNA의 원하는 부분을 복제·증폭시키는 분자생물학적인 기술입니다. 이 기술로 사람의 게놈과 같은 매우 복잡하며 지극히 미량으로 존재하는 DNA 용액에서도, 연구자가 원하는 특정 DNA 단편만을 선택적으로 증폭시킬 수 있습니다. 또 증폭 시간이 짧고(약 2시간 정도), 실험 과정이 단순하며, 전자동 기계로 증폭할 수 있기 때문에 이 PCR 기술과 여기서 파생된 여러 기술들은 분자생물학, 의료, 범죄 수사, 생물의 분류 등 DNA를 취급하는 작업 전반에서 매우 중요합니다. 이를 통해 모든 생체에서 DNA가 어떻게 만들어지는지 알게 되었고, 생명공학 여러 분야의 발전에 크게 기여한 연구결과이기도 합니다.

유전암호 해독법과 DNA 서열분석 방법 개발

한편, 1966년에 이르러서야 아데닌(adenine, A), 구아닌(ganine, G), 시토신(cytosine, C), 티민(thymine, T)가 수없이 나열된 DNA의 염기서열을 해독하는 데 성공하게 되었습니다. 미국의 마셜 니런버그(Marshall Warren Nirenberg, 1927-)와 코빈드 코라나(Har Gobind Khorana, 1922 -)는 'A-G-C'처럼 3개의 DNA 염기가 모여서 아미노산을 만들어내고 모두 20종의 아미노산이 존재한다는 것을 밝혀냈습니다. 이 아미노산이 수백 수천 개씩 서로 연결되어 생명체의 단백질을 합성하는 거죠.

미국의 앨런 맥삼(Allan Maxam, 1942-)과 웰터 길버트(Walter Gilbert, 1932 -), 그리고 영국의 프레드릭 생거(Frederick Sanger, 1918-)는 1977년 에 DNA 염기배열을 손쉽게 알아내는 방법을 개발했습니다. 이 기술은 오늘날의 DNA 지문분석법과 생명체의 전체 게놈을 밝혀내는 게놈 프로젝트를 뒷받침하는 기술이 되었습니다. DNA 지문분석법은 1984년 영국의 알렉 제프리(Alec Jeffreys)가 발명했습니다. DNA 염기서열은 손가락의 지문처럼 사람마다 모두 다르기 때문에, 그 차이를 알아내는 방법을 알아 낸 것 입니다. 이 방법은 DNA 서열을 제한효소로 나누면 크기가 다양한 부분으로 나누어진다는 것을 이용한 거죠. 현재 범죄 수사에서 신원확인이나 친자를 밝혀내는 일에 활용되고 있습니다.

인간게놈 정보로 유전자 치료가 가능해 졌다

DNA 염기배열을 알아내는 방법이 개발되자, 이를 이용하여 사람의 유전자 지도를 밝히기 위해, 6개국으로 구성된 연구팀에 '인간 게놈 프로젝트'가 1990년부터 시작되었습니다. 이 과제는 인간이 가진 전체 DNA에 담긴 유전정보를 밝히는 것이었습니다. 게놈(genome, 또는 유전체遺傳體)지도 작성은 생명체의 DNA에 담겨 있는 모든 유전정보를 확보하는 것이며, 그 결과가 얻어지면 유전질환의 조절과 치료가 가능하기 때문에 인류 모두의 관심사였습니다. 인간의 유전정보 해독이 진행되는 사이에 인플루엔자(1995), 효모(1996), 선충(1998), 그리고 애기장대(2000) 등의 게놈 해독이 이루어 졌습니다. 국제 공동연구팀은 2003년 99.99%가 밝혀진 인간게놈지도를 공개했습니다. 이는 곧 새로운 단백질체학(proteomics)[16]과 같은 새로운 생명공학시대를 여는 위대한 과학적 사건이었습니다.

유전정보 지식이 늘어나면서 인류는 질병의 치료와 생명연장을 위해 다방면에서 생명공학을 이용한 새로운 도전을 시작했습니다. 그 중하나가 "유전자 치료(gene therapy)"입니다. 미국 국립보건원(NIH)은 1990년 유전질환을 갖고 있는 여자아이를 대상으로 유전자 치료를 시도했습니다. 병의 치료에 유용한 단백질을 만드는 유전자를 환자의 DNA에 삽입해 병을 치료하는 방법이었습니다. 유전자 치료는

---

16 단백질체학(proteomics): 단백질체학이란 "주어진 세포의 유전체로부터 발현될 수 있는 모든 단백질들의 발현, 발현 후의 변형, 그리고 단백질사이의 모든 상호작용을 규명함으로서 세포 안에서 발현되는 모든 단백질의 정확한 구조와 기능의 총체적 규명과 이들 단백질사이의 기능 및 상호연관을 밝히고, 이를 바탕으로 생명현상과 질병에 관한 것을 보다 깊게, 그리고 총체적으로 이해하고자 하는 학문"이다. 단백질체(proteome)은 세포내의 한 유전체로부터 만들어 질 수 있는 모든 단백질을 통틀어서 일 컷는 말이며, 단백질체의 기능과 단백질들 사이의 상호연관성에 관한 연구를 하는 학문이 곧 단백질체학이다. Proteomics라는 용어는 1994년 이탈리아에서 열린 단백질 관련학회에서 Marc Wilkins에 의해 단백질체를 의미하는 Proteome에 학문을 의미하는 접미어 -ics를 붙여 만들어 졌다.

효과적 치료방법이 없는 유전병과 암, 에이즈를 정복할 유력한 방법으로 기대를 모으고 있습니다. 유전자 치료법[17]을 사용하려면 우선적으로 해당 질병의 원인 유전자를 규명해야하고, 질병 유전자 분석 및 발현 조절 기작 연구가 이루어 져야 하고 어떻게 유전자를 전달할 것인가? 그 방법을 찾아야 합니다. 그렇다고 해도 유전자 치료에 대한 여러 가지 위험 가능성이 예상되고 있는데, 그 중 하나가 세포를 환자 몸에 주입할 때 나타날 수 있는 면역 반응입니다. 실제로 유전적 대사 장애를 앓고 있던 소년이 유전자 치료 과정에서 과도한 면역 반응으로 사망하는 사건이 일어났습니다. 이로 인해 유전자 치료법에 대한 엄격한 기준이 만들어졌습니다. 또 다른 문제는 레트로바이러스 벡터(retroviral vector)[18]를 사용하면, 다른 인접 유전자의 발현을 촉진시켜 암을 유발시킬 수도 있다는 것입니다. 근본적으로 유전자 치료의 목적은 유전질환을 앓고 있는 사람의 유전적 결함을 교정하는 데 있으나, 이러한 치료 방법을 통해 형성된 유전적 변화가 다음 세대에 전달될 수 있기 때문에 심각한 사회적, 윤리적 논란이 되고 있습니다. 과연 현대 생명공학 기술은 인류의 건강과 수명 연장에 어떤 미래를 약속 하겠는가?

1950년대 이후 간단한 생명공학 발전사

년 도	내 용	년 도	내 용
1953	DNA 이중나선 구조 규명	1983	DNA 증폭 기술 개발
1956	DNA 중합 효소 발견	1984	DNA 지문 분석법 발명
1969	제한 효소 사용	1990	유전자 치료 시작
1966	유전암호 해독법 개발	1994	최초 유전자 변형 식품 FDA승인
1973	DNA 제조된 생명체 등장	2003	인간 개놈지도 작성
1977	DNA 서열 분석법 개발		

17 유전자 치료법에는 체세포 유전자 치료와 생식 세포 유전자 치료가 있다.

18 레트로바이러스 벡터: 유기체의 크로모좀으로 삽입하기 위해 레트로바이러스로부터 만든 인공 DNA 구조를 말한다.

제7강

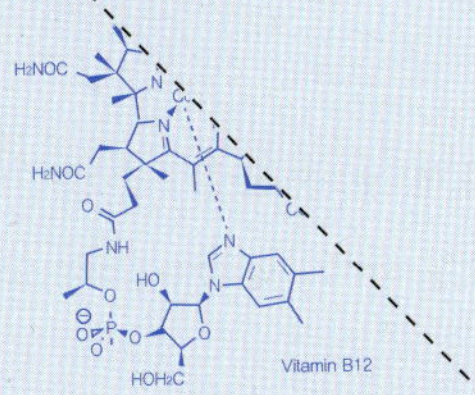

노벨 과학상의 사회학적 의미는 무엇인가?

7.1 왜 노벨상인가?

7.2 노벨상은 어떻게 선정하나?

7.3 노벨상의 특징은 무엇인가?

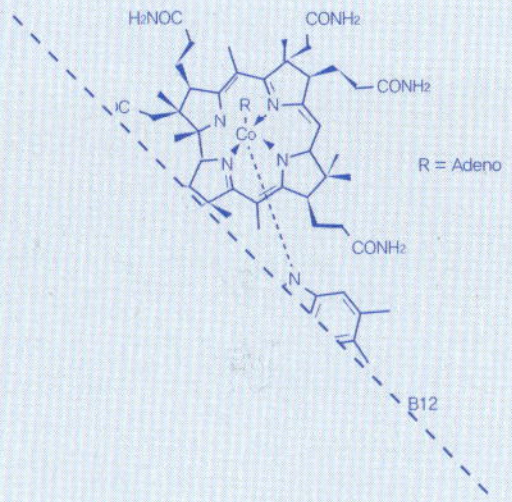

물리학상과 화학상,
생리·의학상 메달 앞면

화학상과 물리학상의
메달 뒷면

"과학을 하는 데는 3가지 이유가 있다. 그 첫째는 기술적 응용을 하기 위함이요, 둘째는 체스경기를 벌리기 위함이며, 셋째는 신에 이르는 길을 찾기 위함이다."

- Simon Weil -

제7강

들어가기 전

매년 9월에서 10월에 이르면 세계의 이목이 노벨상 수상자 발표에 집중됩니다. 그것도 특별히 물리학상, 생리의학상 및 화학상 등과 같은 노벨 과학상에 대한 관심이 더 많습니다. 이러한 관심은 해를 거듭할수록 그 도가 더 심해지는 경향을 보이고 있습니다. 왜 그런가? 무엇이 이처럼 노벨 과학상에 특별히 관심이 많아지게 하는가?

그 이유는 아마도 국가적 차원에서는 노벨 과학상 수상자 수가 과학 선진국으로의 평가 척도가 되었고, 또한 개인적으로는 노벨상이 가지는 명예와 부에 대한 기대감 때문일 겁니다. 본 강좌에서는 이런 관점에서 노벨상의 사회학적 의미를 살펴보고, 아울러 노벨상의 선정 과정과 노벨상의 특징 등에 대해 살펴보기로 하겠습니다.

제7강 노벨 과학상의 사회학적 의미는 무엇인가?

7.1 왜 노벨상인가?

▪ 노벨상을 수상하면 명예와 부를 다 같이 얻는다.

노벨상은 과학 분야의 물리, 화학, 생의학 분야와 더불어 경제, 문학 그리고 평화 분야에서 인류의 발전에 가장 크게 기여한 지적 업적에 수여되는 상들 가운데 세계에서 가장 권위 있는 상으로 널리 인정받고 있습니다. 심지어는 국가 역량의 평가 지표로도 이용되기도 합니다. 그래서 일까 매년 10월이 되면 세계는 새로운 노벨상 후보자에 관심이 집중되곤 합니다.

노벨상은 과학자들뿐만 아니라, 일반인들에게까지 그 이름이 알려진 몇 안 되는 상들 중 하나이기도 합니다. 상이 차지하는 중요성 면에서 노벨상과 비견할 수 있는 국제적인 상으로는 올림픽 대회에서 수여되는 상이라 할 수 있습니다.

실제로 노벨상 수상 업적들은 20세기의 인류사회의 과학, 경제, 사회, 문화 전반에 걸친 발전의 기반이 되었고, 미래 인류사회 발전의 원동력이 될 것이라고 생각합니다. 따라서 노벨상이 그동안 사회에 미친 영향을 살펴보는 것은 과학자뿐만 아니라, 과학기술 정책을 다루는 사람이나 일반인들에게도 중요하고 흥미로운 일입니다. 노벨 과학상의 연구 업적을 이해하면 미래의 첨단 과학기술의 발전과정을 이해하고 미래 사회에 대한 예측과 대응이 가능하게 될 것이기 때문입니다. 이것이 노벨 과학상이 수상자나 사회에 미치는 영향과 후보자 선정 배경 및 평가 기준이 사회학자들이 즐겨 찾는 주제가 되는 이유이기도 합니다.

노벨상이 이처럼 다른 상에 비해 우위를 인정받는 것은 무엇 때문인가? 단순히 인류의 발전에 가장 크게 기여한 업적이기 때문인가? 100 년이 넘는 긴 역사와 전통 때문인가? 아니면 상금이 많기 때문인가? 여기에 대해 해리엇 주커만(Harriet Zuckermann)은 그의 저서 'Scientific Elite(과학 엘리트)'[1]에서 다음과 같이 주장합니다. 즉, "오늘날 노벨상은 국가, 기관 및 대학의 과학적 지위를 평가하는 척도가 될 만큼 탁월성을 인정받고 있다"는 것이죠. 그러면 이런 탁월성은 어디에 근거하는 것일까요?

첫째는 역사나 상금 면에서 노벨상 보다 더 오랜 역사를 가지고 있고 상금이 더 많은 과학상들이 있으나, 다른 포상제도보다 높은 권위가 확보되었다는 것입니다.

둘째는 제도적으로도 확고하다는 상징성도 확보되어 있다는 것입니다.

셋째로 국적에 구분 없이 수상자가 배출되며,

넷째로 매년 수상자를 배출하고 수상자 수가 많아지므로 과학자들의 관심도 높아졌다는 것에 근거를 두고 있습니다.

그렇다면 노벨상의 탁월성의 지표는 무엇인가? 수상 연구 내용이 관련 분야 연구에 미치는 영향(충격 지수)이 매우 크고, 그런 영향력이 수상 이후에도 이에 상응하는 정도이거나 그 이상으로 높다는 점을 들고 있습니다. 즉, 수상 이후에도 수상 연구내용의 영향력이 지속되는 것이죠. 아울러, 수상자 후보선정에 대해 동의하는 사람이 많고, 후보선정에 대한 이견이 적다는 점 등도 노벨상의 탁월성의 지표라고 보는 것입니다.

노벨상이 가져다주는 이러한 권위는 결국 사회의 여러 분야에서의 변화나 목적 달성에 크게 기여하기도 했습니다. 물론 여기에는 노벨의 처음 의도와는 맞지 않는 사건도 상당수가 있었지만, 노벨 수상자 또는 노벨상이라는 권위가 이데올로기적, 정치적, 상업적 그리고 군사적 유형의 사업에 정통성을 부여하는데 이용되기도 하였습니다. 한 가지 예로, 44명의 미국 노벨상 수상자가 대통령에게 월남전 종식을 촉구한 것을 들 수 있습니다. 물론 반전운동 자체가 노벨상을 받은 것은 아니었지만, 노벨상 수상자들의 집단 행위가 반전운동의 정통성을 부여하는데 어떤 형태이든 역할을 했다고 보는 사건입니다. 사회적이거나 정치적인 쟁점보다, 과학과 관련된 문제라면 노벨상 수상자들의 집단적 행위는 더 강력한 힘을 발휘할 겁니다. 1975년 노벨상 수상자들이 점성술을 강력히 비난했던 논문 발표 사건이 그 한 예입니다[2].

노벨상은 노벨의 유언에 따라, 노벨 물리학상, 화학상, 생리·의학상, 문학상, 평화상이 제정되었습니다. 최초의 노벨상 수상식은 노벨이 사망한 지 5년째인 1901년 12월 10일에 이루어졌습니다. 그러나 노벨 경제학상으로 알려져 있는 알프레드 노벨을 기념하는 경제학상은 1968년 스웨덴 리크스방크에 의해 제정되어 그 이듬해인 1969년부터 수여되기 시작했습니다.

7.2 노벨상은 어떻게 선정하나?

- 노벨상 수상자는 스웨덴의 과학아카데미 총회와 카롤린스카 의과대학의 간부진들에 의해 최종 결정된다.

노벨상 수상자는 스웨덴의 과학아카데미 총회와 카롤린스카 의과대학의 간부진들에 의해 최종 결정됩니다. 노벨상 운용자금을 관리하는 노벨 재단은 기금 관리의 책임과 권한만 있을 뿐 수상자 선정에는 관여할 수 없습니다. 매년 스웨덴 과학아카데미는 노벨상 수상자 선정을 위한 추천권자의 선정과 추천된 후보들의 업적 평가를 위해 각 분야별로 5명의 노벨상 위원회를 임명합니다. 각 위원회 위원은 통상 3년 내지는 5년 마다 재 선출되는데, 노벨상 후보 추천자들은 종신 지명권자와 당 해년도 후보 추천을 위해 초빙되는 추천자 두 부류로 구분됩니다. 노벨상 후보자 지명 관련 사항이 도착하면 노벨상 위원회가 개별 심사를 하고, 보고서를 과학 아카데미 총회와 카롤린스카 의과대학에 제출하게 됩니다. 선정 과정의 모든 문서나 기록을 남길 수 없도록 규정화되어 있습니다. 노벨상은 노벨이 죽은 12월 10일 스웨덴 국왕이 스톡홀름에서 수여합니다. 보다 구체적으로 보면, 노벨상 수여 기관들은 해당 부문마다 대략 1,000명 정도의 관련 분야 학자들에게 후보자 추천을 요청하는 안내장을 보냅니다. 후보자 추천요청을 받는 사람들은 직전 년도의 노벨상 수상자들과 상 수여 기관을 비롯해 물리학, 화학, 생리학·의학 분야에서 활동 중인 학자들과 대학교수 및 학술단체 직원들입니다. 추천 안내장을 받은 사람들은 해당 후보를 추천하는 추천사유를 서면으로 제출해야 하며 자기 자신을 추천할 수는 없습니다. 이들이 추천하는 후보자 명단은, 그 다음해 1월 31일까지 노벨위원회에 도착해야 합니다. 후보자는 부문별로 보통 100~250명가량이 됩니다. 2월 1일부터 각 분야 노벨 위원회가 추천된 후보자들을 대상으로 선정 작업에 착수합니다. 이 심사 기간 동안 각 위원회는 수천 명의 인원을 동원해 후보자들의 연구 성과를 검토합니다. 필요한 경우에는 검토 작업에 외부 인사를 초빙하기도 하며, 심사와 관련된 모든 내용에 대한 비밀을 엄격히 지키고 있습니다. 이런 과정을 거쳐 각 노벨 위원회가 9~10월초 사이에 스웨덴 왕립 과학 아카데미와 기타 상수여 기관에 추천장을 제출합니다. 대부분 위원회의 추천자가 노벨상 수상자로 결정되며, 상수여 기관에서 행해지는 심사 및 표결 과정은 철저히 비밀에 부쳐지고 11월 15일까지는 최종 수상자를 결정해야 합니다. 일단 수상자가 결정되고 나면 번복할 수 없으며, 시상 과정에서도 특정 후보를 지지하는 외교적 혹은 정치적 발언을 하는 것은 금지되어 있습니다. 이러한 선정 절차와 방법도 노벨상의 탁월성을 인정하는 요인이 될 수 있을 겁니다.

7.3 노벨상의 특징은 무엇인가?

- 독창성을 중시한다.
- 학문적 사회적 전승이 강한 특징을 보인다.
- 사회적 배경도 영향을 미친다.
- 공동 수상자가 증가한다.
- 수상시기가 노령화 된다.
- 수상 내용의 영향력이 지속적이다.

독창성 있는 연구를 한 살아있는 사람에게 수여한다

노벨상은 독창성을 중시한다. 인류에 큰 기여를 한 연구, 발명이 있을 경우 그 아이디어를 맨 처음 만든 사람에게 상을 수여합니다. 반도체의 원리를 만든 사람에게는 상을 수여하지만 그에 바탕을 둔 생산이나 응용에 큰 기여를 한 사람에게는 수여하지 않는 거죠. 노벨상은 살아 있는 사람에게만 수여합니다. 그래서 아무리 위대한 업적을 남겼어도 죽은 자에게는 노벨상을 수여하지 않습니다. 이러한 독창성을 중시하는 특징 때문에, 노벨상 수상자 배출 국가나 대학과 같은 기관이 편중되는 현상을 보인다고 볼 수 있습니다. 창의성 역점 교육으로 유명한 유대 민족에서 노벨상 수상자가 높은 비율을 차지하는 것을 그 예로 들 수 있습니다. 이스라엘 국적자로 처음 노벨 과학상을 받은 사람은 아론 시에차노버(Aaron Ciechanover, 2004, 화학상)이지만, 최근 30년간 유대인(부모 중 한 사람이 유대인 인 경우)은 생리의학상 27.1%(19명), 물리학상 23.1%(18명), 화학상 26.5%(18명)를 차지합니다. 이 기간 중 유대인 중 미국 국적자가 미국인 수상자의 47%를 차지합니다[3]. 이는 유대 민족 특유의 토론 중심, 창의적 전통 교육의 산물이라고 하는데는 이의가 없습니다. 창의력 중심 교육으로 노벨상 분야에서 약진하는 또 다른 나라로 호주를 들 수 있습니다. 호주도 대학교육의 질적 향상과 창의력 개발 중심 교육시스템을 도입하여, 80년 대 이후 생리·의학상을 세 번이나 수상하는 성과를 얻었습니다.

한편 노벨상 수상자를 배출한 상위 15위 대학들은 Cambridge(62), Harvard(48), Columbia(38), Paris(34), Chicago(29), Massachusetts Institute of Technology(26), UC Berkeley(25),

Oxford(25), Ludwig Maximilian University of Munich(25), Yale(18), Caltech(17), Johns Hopkins(15), Georg August University of Gottingen(14), Princeton(13), Cornell(13), City University of New York(13), ETH(Eidgenössische Technische Hochschule) Zürich(12), ENS(12), Illinois Urbana-Compaign(11), Wisconsin-Madison(11), Technical University of Munich(11) 및 New York University(9)이며 이중 절대 수의 대학이 미국 대학들입니다. 이는 노벨상 수상자 절대수가 미국이 배출한 것임을 의미합니다. 1901년부터 2012년까지 노벨 과학상 수상자 총 553명 중 238명이 미국인이며, 이는 전체의 43%를 상회합니다. 연구소로는 독일의 '막스플랑크 연구회'소속 연구소들로 1901년 붙어 지금까지 32명의 수상자를 배출했습니다. 그 외에도 '유럽입자물리연구소'(CERN, Conseil European pour la Recherche Nucleaire, 총 6명), TWA 항공사가 설립한 Howard Hughes Institute(생리의학상 3명, 화학상 4명), 그리고 영국 정부가 지원하는 캠브리지 대학의 LMB(Lab of Molecular Biology, 생리의학 및 화학상 13명) 등의 연구기관에 많은 수의 수상자를 배출하였습니다.

21세기에 와서 일본 국적의 노벨 과학상 수상자는 15명이 되었습니다. 유카와 히데키(湯川秀樹.1907-1981)가 중간자의 존재를 예상한 공로로 1949년 노벨물리학상을 받은 것을 시작으로 화학상 7명, 물리학상 6명, 생리의학상 2명이 배출되었습니다. 일본이 이처럼 노벨 과학상 부분에서 약진하는 이유는 무엇일까? 많은 학자들은 지속적이고 안정적인 도전연구의 지원 정책을 그 이유로 들고 있습니다.

학문적
사회적 전승이 강하다

노벨상은 스승과 제자가 수상을 했거나 스승과 제자가 공동으로 수상하는 등의 학문적 사회적 전승이 강한 특징을 보입니다. 노벨상 수상자들의 약 절반 이상이 노벨상을 수상했거나, 나중에 노벨상을 수상하게 되는 과학자들의 학생이거나 공동 연구자들입니다. 이러한 특징 때문에 여러 대학들이 노벨상 수상자를 교수로 초빙하려는 경향이 나타납니다. 또한 부자(夫子)간에 부부(夫婦) 간에, 그리고 형제(兄弟)가 노벨상을 수상한 경우도 많아 친족관계에 의한 유대와 학문의 근친교배(近親交配)가 강한 특징으로 나타납니다. 1972년까지 92명 중 48명이 사제(師弟) 간에 노벨상을 수상했고, 톰슨(Joseph John Thomson, 1856-1940)과 그 제자 8명, 그리고 러더포드(Ernest Rutherford, 1871-1937)와 그의 제자 11 명이 노벨 과학상을 수상했습니다. 부자(夫子)가 노벨상을 수상한 경우도 여섯이나 됩니다. 닐스 보어(Niels Henrik David Bohr, 1885-1962, 1922년 물리학상)와 오게 보어(Aage N(iels) Bohr) 1922-, 1975년 물리학상), 존 톰슨((Joseph John Thomson, 1856-1940, 1906년 물리학상)과 파짓 톰슨(George Paget Thomson, FRS, 1892-1975, 1937년 물리학상), 폰 오일러 켈핀(Hans Karl August Simon von Euler-Chelpin, 1873-1964, 1929년 화학상)-울프 본 오일러 (Ulf Svante von Euler, 1905-1983년, 1970년 생리·의학상), 칼 만네 예오리 시그반(Karl Manne Georg Siegbahn , 1886-1978, 1924년 물리학상)-카이 만네 뵈리에 시그반(Kai Manne B rje Siegbahn, 1918- , 1981년 물리학상) 그리고 헨리 브래그(William Henry Bragg, OM, KBE, PRS, 1862-1942)와 로렌스 브래그(William) Lawrence Bragg, 1890-1971)는 1915년에 X선 결정구조 연구로 노벨 물리학상을 공동 수상하였습니다. 아버지와 함께 수상한 로렌스 브래그는 최연소 노벨상 수상자로 남아 있습니다.

또 부부, 형제 등 가족이 노벨 과학상을 수상한 경우도 네 가족이나 됩니다. 부부 수상자로 피에르 퀴리·마리 퀴리 부부(1903년 물리학상 공동 수상), 프레데리크 졸리오퀴리·이렌 졸리오퀴리 부부(1935년 화학상 공동 수상), 칼 페디낸드 코리·거티 테리사 코리 부부 (1947년 생리학·의학상 공동 수상)가 있습니다. 과학상은 아니지만, 형제들이 노벨상을 수상한 경우로 형인 얀 틴베르헌은 1969년에 노벨 경제학상을 수상하였고, 동생인 니콜라스 틴베르헌은 1973년 노벨 생리학·의학상을 수상하였습니다.

노벨상을 두 번 받은 사람은 모두 네 명이나 됩니다. 마리 퀴리(1903년 물리학상-방사선의 연구; 1911년 화학상-라듐과 폴로늄의 발견), 라이너스 폴링(1954년 화학상-화학 결합의 성질에 관한 연구; 1962년 평화상-핵실험 반대 운동), 존 바딘(1956년 물리학상 -반도체 연구와 트랜지스터의 발명; 1972년 물리학상-초전도 현상의 연구) 그리고 프레더릭 생어(1958년 화학상-인슐린의 구조에 대한 연구; 1980년 화학상-핵산의 염기 서열에 대한 연구) 등입니다.

이런 친족이나 사제 간의 학문 근친교배 현상은 1980년대를 들어서면서 급격히 감소하는 경향을 보입니다. 이는 학문의 발달과 과학자 계층이 넓어진 것이 원인이라 생각합니다.

수상자의 사회적 배경도 수상에 영향을 미쳤다

해리엇 주커만[1]에 의하면 1901년부터 1973년 까지 미국 내 과학상 수상자의 사회적 배경을 살펴보면, 아버지의 직업이 전문직(54%)이거나 관리자(28%)로 82%가 중 상류사회 계급 출신입니다. 이시기의 미국 내 수상자들의 종교적 배경을 분석해보면, 프로테스탄트와 유태교인들이 주축을 이룹니다. 이러한 현상은 미국이 청교도가 이주하여 형성된 사회이며, 또 제2차 세계대전 이후 많은 유대인 과학자들이 이주하였기 때문인 것으로 보입니다. 해당 시기 동안 노벨상 수상자 주에서 생리의학 부분과 물리분야에서 유태교를 믿는 수상자가 40%를 상회합니다. 이처럼 전체 유대인의 수에 비하면 매우 큰 비중을 차지한다고 볼 수 있습니다. 이는 앞서 토론한 유대민족의 교육방법과도 관련이 있다고 생각합니다.

미국 내 노벨과학상 수상자 (1901–1973)종교 비율(출처: 참고문헌[1])

수상 분야	프로테스탄트(%)	유태교(%)	기타(%)
생리의학	54	39.3	6.7
화 학	84	10.6	5.4
물 리	58.6	41.4	0

공동연구가
단독연구보다 우세하다

1901년부터 지난해까지 노벨 과학상은 단독 수상보다는 공동 수상자의 수가 꾸준히 증가하고 있습니다. 특히 생리·의학상 부분(62.7%)이 가장 많고, 뒤를 이어 물리분야(55.2%) 그리고 화학분야(39.2%)가 가장 적으며, 전체적으로는 52.4%가 공동 수상을 하였습니다. 공동연구에 의한 과학상 수상은 1950년대를 기점으로 급격히 증가하였고, 특히 2000년대 들어서는 90%에 이릅니다. 1950년 이전 50년 동안의 공동 수상 비율이 평균 25.5% 였던 것에 비춰보면 실로 급격한 증가 추세입니다. 그러면 왜 공동 수상자가 이처럼 증가하는 것인가? 이러한 현상은 과학의 융·복합화 내지는 대형화에 따른 결과가 주요 원인으로 분석되지만, 각기 독립적인 연구에 의해 얻어진 유사결과라도 그 업적을 인정하고 있는 선발위원회 기준이나 업적 발굴 방법(예, 인터넷의 발전)의 발전에도 영향이 있습니다. 즉, 과학 지식의 공유와 확산이 이전 보다 훨씬 자유로 와 졌다는 것입니다.

여성 과학자의 수상이 증가하고 있다

노벨상이 처음 수여된 1901년부터 지금까지 노벨 과학상을 받은 여성 과학자는 모두 16명으로 매우 적은 숫자입니다. 하지만 이 가운데 절반이 넘는 9명이 최근 30년 이내에 수상했으며, 수상분야는 생리·의학상(8명)에 집중되어 있습니다. 특히 2009년에는 9명의 노벨 과학상 수상자 중 3명의 여성 과학자가 수상하였습니다. 물론, 1903년 마리 퀴리가 여성으로 처음 노벨상을 수상하였지만, 왜 여성 수상자가 적었는가? 또 왜 생리·의학상 부분에 여성 과학자 수상이 더 많은가?에 대한 대답은 간단하지 않습니다. 그러나 과학 분야에서의 여성 과학자는 계속 증가하고 있어, 어느 분야든 여성 과학자의 노벨상 수상은 더욱 증가할 것이라는 생각입니다.

수상업적 연구연령은 낮아지고 수상 시기는 늦어진다

X선 결정구조 연구로 노벨 물리학상을 아버지와 함께 수상한 로렌스 브레그는 그의 나이 25세에 수상한 최연소 노벨상 수상자입니다. 그렇다면 노벨상을 수상하게 된 연구는 수상자의 어느 연령기에

이루어진 것인가? 수상 연구 내용을 생애 어느 시기에 수행했는가를 살펴보는 것도 가치가 있고 흥미 있는 일입니다. 대부분의 수상 연구 내용은 20대 중반에서 30대 초반의 연구가 우세한 것으로 나타납니다. 2007년 일본 문부 과학성이 펴낸 과학기술백서에 따르면 최근 20년(1986-2006) 동안의 노벨 과학상 수상자 137명 중 66명(48%)이 30대의 연구 결과로 수상했습니다. 이러한 현상은 인문사회과학 분야와는 다르게 자연과학의 창의적 성과는 젊은 시기에 나타난다는 특성 때문으로 보입니다.

그러면 수상자들은 노벨상을 언제 받았는가? 자연과학의 창의적 성과가 젊은 시기에 나타나는 반면, 수상 시기는 점차 더 늦어지는 경향성을 보입니다. 50세 이하에 노벨 과학상을 받은 사람은 1980년대 20명에서 2000년대 8명으로 줄어 들었습니다. 즉, 수상 연구내용은 젊은 시기에 이루어지고, 노벨상 수상 시기는 더 늦어지는 경향을 보입니다. 이러한 이유는 그 동안 과학이 놀랍게 발전하면서 새로운 발견에 대한 검증 기간이 그만큼 더 많이 소요되기 때문이라고 생각됩니다. 탄소-탄소 짝지움 반응법 개발로 2010년 노벨 화학상을 수상한 연구 내용은 거의 30년이나 지나서야 수상하기도 했습니다. 그렇다면 누가 이 '새로운 과학적 발견'을 검증하는가? 이 검증은 관련 분야의 많은 과학들의 끊임없는 도전과 확인으로 이루어집니다. 그 검증 결과가 학술 논문과 산업적 응용으로 나타나기도 하고, 그리고 또 다른 과학적 발견으로 나타납니다.

수상 연구결과는 꾸준히 영향을 미친다

일반적으로 좋은 과학 논문은 발표 초기 4-5년간 인용지수가 급격히 올라가다 서서히 떨어지는 경향을 보입니다. 그러나 훗날 노벨상을 받은 논문은 30-40년 동안 지속적으로 인용이 되거나 관련 분야에 영향을 미칩니다. 대표적인 예로 고도로 복잡한 유기화합물을 쉽게 만들 수 있는 '팔라듐 촉매를 이용한 교차 짝지움(cross coupling) 반응'이라는 합성방법을 고안한 미국 델라웨어 대학의 리처드 헤크(Richard F. Heck) 교수와 네기시 에이이치(Ei-ichi Negishi) 미국 퍼듀대 교수, 스즈키 아키라(Akira Suzuki) 일본 홋카이도대 명예교수가 2010년 노벨 화학상 수상자로 선정된 것을 들 수 있습니다. 팔라듐 촉매를 이용한 탄소-탄소 교차 짝지움 반응 분야 연구는 처음 논문이 발표된 이후 30여 년간 꾸준히 인용되고 연구되어 오늘날 화학, 의약품 및 전자재료 등 다양한 분야에서 폭넓게 활용됨으로서 그 우수성을 검증받았습니다. 연구 논문의 활용 정도는 해당 논문이 다른 연구 논문에서 얼마나 인용했는가를 나타내는 인용지수(impact factor)로 알 수 있습니다. 이런 이유 때문에 해당 연구 논문의 관련 분야에서의 인용지수가 절대적인 평가 요소는 아니지만 노벨상 수상을 예견하는데 지표가 되기도 합니다.

일부 국가나 대학(기관)으로 편중되는 경향이 나타난다

지난 110년 동안의 노벨 과학상 수상자 중 43% 이상을 미국 과학자가 수상하였습니다. 이 비율은 최근 30년 동안에는 전체의 54.5%로 증가했습니다. 특히 1990년대에는 수상자의 60%가 미국 과학자였습니다. 왜 이렇게 높은 비율을 차지할까요? 이와 같은 많은 수상자를 배출하는 원동력은 '창의적 기초연구 강화'라는 과학기술 정책 기조와 이런 과학기술 정책이 지속적으로 유지되고 있는데 있는 것으로 분석됩니다. 최근 노벨 과학상 분야에서 주목할 만한 국가는 일본과 호주를 들 수 있습니다. 이들 두 나라 역시 기초 연구 지원 정책 기조와 이 정책의 꾸준한 경제적 지원과 대학 경쟁력의 확보 때문이라고 인식하고 있습니다.

이상의 고찰로부터 살필 수 있는 노벨상의 사회학적 의미는 무엇일까요? 앞서 언급한 것처럼 노벨상 수상 실적은 국가 경쟁력과 연관성이 깊습니다. 이런 관점에서 어떤 교훈을 얻을 수 있겠는가를 생각하는 것은 흥미롭고 국가적으로 중요한 일입니다.

노벨상 수장자 배출 상위 15개 대학

졸업생 기준		졸업생, 구성원 포함	
대학명	배출 수	대학명	배출 수
Cambridge	62	Columbia	97
Harvard	48	Cambridge	89
Columbia	38	Chicago	85
Paris	34	MIT	77
Chicago	29	Harvard	74
MIT	26	UC Berkeley	66
UC Berkeley, Oxford Ludwig MaximilianUniversity of Munich	25	Paris	59
Yale	18	Oxford	57
Caltech	17	Stanford	51
Johns Hopkins	15	Yale	49
Georg August University of Gottingen	14	Georg August Universityof Gottingen	45
Princeton, Cornell, CUNY	13	Cornell	42
ETH Zurich, ENS	12	Ludwig Maximilian University of Munich	36

Illinois Urbana-Compaign, Wisconsin-Madison,Technical University ofMunich	11	Johns Hopkins, NYU	33
NYU	9	Princeton, Caltech	32

노벨 과학상 공동 수상 현황 (1901-2012)[4]

년 대	분야별 공동수상 횟수			합계	공동수상 비율(%)
	물리학상	화학상	생리의학상		
1900 (1901-1910)	3	0	2	5	16.7
1910 (1911-1920)	1	1	0	2	13.6
1920 (1921-1930)	2	1	3	6	22.2
1930 (1931-1940)	3	4	3	10	41.7
1940 (1941-1950)	0	2	6	8	33.3
1950 (1951-1960)	8	3	6	17	56.7
1960 (1961-1970)	5	4	9	18	60.0
1970 (1971-1980)	9	5	9	23	76.7
1980 (1981-1990)	8	6	8	22	73.3
1990 (1991-2000)	8	6	8	22	73.3
2000 (2001-2010)	10	8	10	28	90.0
2010 (2012-)	2	1	2	5	66.6
공동수상 합계	59 (2인:30) (3인:29)	41 (2인:23) (3인:18)	66 (2인:33) (3인:33)	166	
전체수상횟수	106	103	103	312	
공동수상비율	55.7%	39.8%	64.4%	53.2%	

*화학상: 1916, 1917, 1919, 1924, 1933, 1940, 1941, 1942 수상자 없음.
물리학상:1916, 1931, 1934, 1940-1942 수상자 없음.
생리·의학상: 1915-1918, 1921, 1925, 1940, 1942 수상자 없음.

국가별 노벨 과학상 수상자 현황(1901–2012)

국 가	물리학상	화학상	생리의학상	합 계
미 국	86(중복1)	63	90	239
영 국	23	25(중복1)	21	69
독 일	23	27	17	67
프랑스	12	8	10	30
스웨덴	4	4	8	16
스위스	3	6	7	16
일 본	6	7	2	15
네덜란드	9	3	2	14
러시아	10(중복1)	1	2	13
덴마크	3	1	5	9
캐나다	2	4	3	9
오스트리아	3	1	4	8
오스트레일리아	1	1	6	8
이탈리아	4	1	3	8
벨기에		1	4	5
이스라엘		4		4
아르헨티나		1	2	3
헝 가 리		1	1	2
중 국	2			2
스페인			1	1
포루투갈			1	1
남아공			1	1
노르웨이		1		1
체 코		1		1
핀란드		1		1
파키스탄	1			1
인 도	1			1
아일랜드	1			1
룩셈부르크			1	1
합 계 (29개 국)	194 (중복2)	162 (중복1)	191	547 (중복3)

제8강

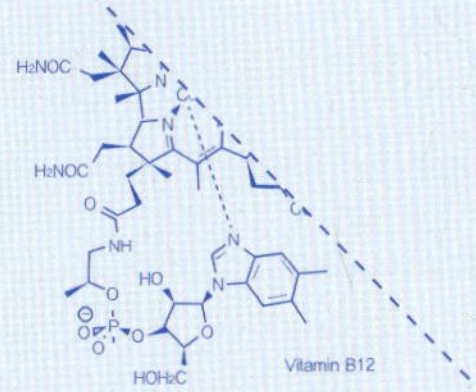

현대과학은 어떠하며 어디로 가나?

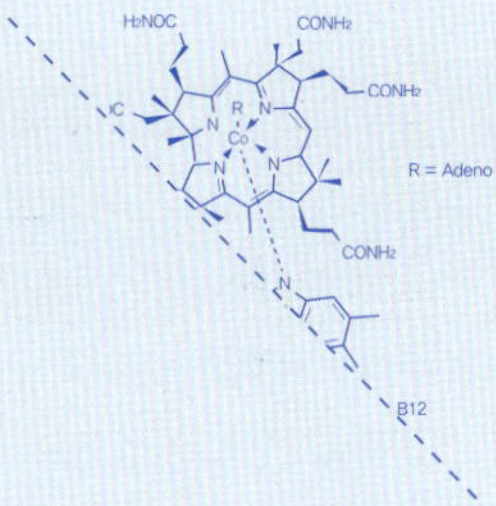

"과학은 우리 세대의 가장 어리석은 사람조차 지난 세대의 천재보다 앞서갈 수 있는 학문이다"

- Max Gluckman -

제8강

들어가기 전

오늘날 우리는 우리의 일상생활에서 첨단 과학·기술의 제품을 배제하고는 살 수 없게 되었습니다. 서양의 근대과학이 성립된 이후로부터 20세기를 거치는 동안 과학은 놀라운 속도로 발전하였고, 그 발전 속도는 더욱 가속되는 경향을 띄고 있습니다. 그런 가운데 과학·기술이 유익과 위험 모두를 가지고 있음을 인지하면서 현대 과학·기술을 보는 시각 또한 다양해 졌습니다.

이 강좌에서는 이러한 과학·기술의 양면성과 현대 과학철학의 시각을 살펴보려고 합니다. 아울러 과학의 한계는 무엇이며, 과학에서 연구윤리가 왜? 필요한지 그 이유도 살펴보겠습니다.

마지막 부분에서 오늘날의 과학과 기술의 관계는 어떠한가 가속도가 붙은 과학·기술의 발전 방향은 어디를 향하고 있는가를 살펴봄으로써, 오늘날의 첨단과학과 미래 인류사회에 화두(話頭)가 될 만한 과학 분야의 이해에 도움을 주고자 합니다.

제8강 현대과학은 어떠하며 어디로 가나?

8.1 과학기술은 양면성이 있다

- 과학기술의 유익성은 이익과 위험요소로 평가하는 기대지수(DQ)로 평가할 수 있다.

과학과 기술은 서로 밀접한 관련이 있다. 일상생활에서는 이 둘을 구분하기 쉽지 않습니다. 현대에는 오히려 과학과 기술의 차이가 더욱 좁혀져 있고, 기초과학과 응용과학의 융합화가 가속화되고 있기 때문입니다. 기술이란 인간의 필요와 욕구를 충족시키기 위해 인간이 물질의 본질을 변화시키는 모든 과정을 말합니다. 이러한 과정이 반드시 과학적 원리에 기초할 필요는 없습니다. 선사시대 인류는 관련된 화학적 지식이 없이도 광석을 제련해 냈습니다.

현대사회가 과학과 기술로부터 혜택을 누리고 있지만, 과학·기술의 진보와 관련된 위험도 있다는 것을 인지하고 있습니다. 해당 과학·기술의 이익이 위험보다 큰지를 알 수 있는 방법은 이에 대한 기대지수(desirability quotient, DQ)를 계산해 보는 것입니다. 이 방법은 위험-이익 분석 (risk-benefit analysis) 이라고 불리는 방법입니다.

기대지수(DQ) = 이익 / 위험

현대 과학·기술은 질병, 죽음, 경제적 손실, 환경오염 등과 같은 위험과 이익 모두를 가지고 있습니다. 위험과 이익을 결정하는 것은 오로지 사회의 몫이지만, 그러나 과학적 조사가 위험을 평가하는데 상당한 도움이 될 수 있습니다.

미국의 국가안전회의 평가에 따르면 42개 분야 기초산업 노동자 중에서 화학 산업 종사자의 안전도 순위가 매년 1등이거나 1등 근처에 있습니다. 이것은 화학물질이 위험하다는 일반적인 믿음과는 큰 대조를 이룹니다[1].

8.2 현대 과학철학의 시각

- 기술개발과 사용이 사회변화의 방향과 속도를 결정한다.
- 과학기술이 인간의 의지와 상관없이 인간과 자연을 제어하고 지배한다.

기술발전이란 시대의 흐름 앞에 수동적이 되는 것은 과학자나 공학자라고 해서 예외는 아닙니다. 기술발전을 직접 이끌어가는 전문가들에게도 기술발전의 완급이나 방향을 조절할 권한은 없습니다. 자기의 전문 영역 외에는 잘 모를 뿐 아니라, 자기가 개발하는 기술이 장차 어떻게 얼마나 활용될지 모르기 때문입니다. 설사 안다 하더라도 시장 경쟁의 한 가운데에서 어떤 기술을 개발할 것인가 말 것인가를 논한다는 것은 의미가 없습니다. 이렇게 생각하고 보면 "기술은 인간이 자신의 목적을 위해 사용하는 도구"라는 말에 반문을 하게 됩니다. 즉, 인간은 기술의 주체인가, 아닌가? 에 대한 질문이죠.

과학과 문학, 사회학 등이 개별 분과학문으로 발전한 이후에도 "인간이란 무엇인가?", "존재란 무엇인가?", "앎이란 무엇인가?", "옳음의 기준은 무엇인가?"와 같은 근본적인 명제들은 여전히 철학의 영역에 남아 있습니다. 철학에서는 또 다른 분과학문에 대해 질문을 던집니다. "과학(물리학, 생물학)이란 무엇인가?"는 과학철학의 물음이고, "기술(공학)이란 무엇인가?"는 기술철학의 물음입니다.

산업혁명 이후 기술이 급격하게 발전하면서부터 철학자들이 기술에 관심을 가지게 되었습니다. 이전까지 기술은 인간 삶의 너무도 당연한 부분이면서도 별로 중요하지 않은 것으로 생각되어 사실상 크게 관심을 끌지 못했습니다. 철학자들의 기술에 대한 이러한 물음은 기술의 경이로 움에서 비롯되었고, 기술을 경이롭게 생각한 것은 그리 오래전 일이 아닙니다.

새롭게 발전된 첨단과학 때문에 20세기는 기술적 가치에 대한 열광과 함께 시작되었으나, 20세기 후반에 오면서 기술과 그 가치에 대한 이러한 열광은 도전 받기 시작했습니다. 즉, 기술이 자연과 인간사회를 위협하는 존재로 인식될 뿐 만 아니라, 합리성이나 효율성 같은 기술적 가치도 비판의 대상이 되었기 때문입니다. 이런 열광과 비판의 근저에는 기술결정론이라는 이론이 있었기 때문이기도 합니다**[2]**. 여기서 현대 과학철학의 두 가지 시각, 즉 기술결정론(technological determinism)과 기술비관론(technological pessimism)에 대해 간단히 살펴보기로 하죠.

기술 결정론적 사고는
기술의 개발과 사용이
사회변화의 방향과 속도를 결정한다는 것이다

"기술의 개발과 사용이 사회변화의 방향과 속도를 결정한다"는 기술 결정론적 사고가 20세기 동안 많은 논쟁과 비판을 불러왔습니다. 기술결정론(technological determinism, 技術決定論)에 대한 정확한 정의는 어렵지만, 다음의 세 가지 가정이 서로 결합되어 이루어졌다고 보는 것입니다.

> 첫째, 기술의 발전은 사회와 무관하게 그 자체의 내적 논리에 따라 이루어지며,
> 둘째, 기술이 사회를 특정한 방향으로 발전시키며, 그리고
> 셋째, 기술의 발전 방향은 진보의 방향이라는 것입니다.

아울러 이 이론은 기술이 사회에 미치는 영향의 정도와 방향에 따라 둘로 나누기도 합니다. 하나는 "강한 결정론(hard determinism)"으로 특정 기술이 필연적으로 특정한 사회를 낳을 수밖에 없다는 이론입니다. 다른 하나는 "약한 결정론(soft determinism)"인데 기술이 다른 영역과 상호작용하여 사회가 특정한 방향으로 변할 수 있는 가능성을 제시할 뿐이라는 것입니다[3].

다르게는 기술결정론을 비관적인 기술결정론과 낙천적 기술결정론으로 나누기도 한다. "비관적 기술결정론(pessimistic technological determinism)"에 따르면 과학기술의 발달은 생활세계가 기능하기 위한 가치체계를 변질시킬 뿐더러, 인간이 결국 과학기술의 발전에 종속됨으로써 인본주의 실천이 불가능해진 다고 주장하는 것입니다. 따라서 과학기술은 인문학이나 종교와 같은 다른 분야에 의해 제어

되어야만, 사회 속에서 긍정적 역할을 할 수 있다는 과학기술의 인문학적 제어론(制御論)입니다. 우리나라에서 언급된 기술결정론은 주로 비관적 기술결정론이었습니다.

"낙천적 기술결정론(optimistic technological determinism)"은 사람이 환경을 결정하는 것이 아니라, 환경이 사람을 지배한다고 주장하는 것입니다. 또는 개인이 사회체계를 결정하는 것이 아니라, 사회체계가 개인을 지배한다는 것입니다. 이 문구는 부정적으로 혹은 긍정적으로 해석될 수 있는데, 낙천적 기술결정론은 긍정적 해석에 해당하는 것입니다. 결국 과학기술 발달에 의해 좋은 환경을 건설하면, 인간의 가치체계는 그에 따라서 긍정적으로 원활히 기능하게 될 것이라는 해석입니다. 유명한 노벨 물리학상 수상자인 와인버그(Steven Weinberg, 1933-)가 백악관 정책 결정에 개입할 때 사상적 줄기가 되었던 것이 낙천적 기술결정론입니다. 결국, 와인버그의 주장이 받아드려져 미국은 새로운 과학기술 개발 예산을 확보할 수 있게 되었습니다. 그렇다면 두 이론 모두 타당한가? 아니면 어느 한 이론이 더 타당한가?

기술비관론은 무엇인가?

1960년대 멈포드(Lewis Mumford)는 "과학기술의 위대한 성과에 인간의 주체성과 가치가 배제되어 있다"고 주장하였고, 카슨(Rachel Carson)은 과학기술이 인간의 삶과는 유리된 채로 인간과 자연을 제어하고 지배하려는 경향성이 있다고 주장하였습니다. 또한, 프랑스 보르도 출신의 학자 자크 엘뤼(Jacques Ellul, 1912-1992)은 이러한 현대사회의 상황을 "현대 기술이 자율적이 되었다."는 말로 표현했습니다. 엘뤼는 현대기술은 과거의 기술과 전혀 다른 특징들을 가진다고 주장합니다. 우선 전통 기술은 상위의 목적을 성취하기 위한 수단으로 인간의 다른 활동들(예를 들어 종교적 활동)에 비해 열등한 것으로 취급되었는데, 현대에는 기술의 발전이 그 자체로 의미 있는 것이 되었다는 것이죠. 또 기술의 제작에 있어서는 자동화를 통해 인간의 개입을 배제하면서, 사용에 있어서는 사용하지 않을 자유를 허용하지 않는다는 양면성이 있다는 것입니다.

현대기술의 중요한 특징은

> 첫째, 엄청난 발전의 속도와 지역의 문화와 상관없이 세계적으로 사용 가능한 보편성,
>
> 둘째, 그리고 여러 기술들이 거미줄처럼 엮여 하나의 거대한 시스템을 이루는 것입니다.

이 시스템은 자연을 대상으로 했던 전통적인 기술의 영역을 넘어, 인간 생활의 모든 부분으로 침투해 간다는 것입니다. 그가 보는 기술사회의 현실은 기술이 인간의 통제를 벗어나 자율적-자율적인 기술(atonomous technology)-으로 인간의 자유를 억압하는 방식으로 발전한다는 것입니다. 물론 전통적 기술의 발전도 한 개인이나 집단을 완전히 통제한 적은 없습니다. 그러나 과거 기술의 발달은 매우 느렸고 공간적 제약이 많아서 사람들은 그 변화에 억지로 자신을 맞출 필요가 없었습니다. 그러나 현대 기술사회의 문제는 컴퓨터와 휴대전화와 은행카드를 사용해야만 하고, 이런 것들은 내 의지와 무관하게 때가 되면 바꿔야만 하고, 바꾸면서 나의 삶이 더욱 나아졌다고 생각하게 된다는 것이죠. 기술이 '자율적'이라는 말은 기계가 생각하게 되었다거나 비행기가 조종사 없이 멋대로 날아다는 것을 의미하는 것이 아니라, 인간의 개입 없이 어떤 기술 시스템의 관성에 의해서만 그 기술이 계속 발전한다는 것을 뜻합니다. 이처럼 오늘날 기술사회

를 이끌어가는 기술 시스템은 인간들에 의해 조정되기보다는 "효율성의 법칙"에 따라 운영되고 발전한다고 보여 집니다. 이런 효율성의 법칙은 현대 첨단 전자·정보 기술시대에 더욱 뚜렷하게 나타납니다. 보다 더 빠른 컴퓨터나 스마트폰이 꼭 필요해서 구입하는 것이 아니라, 기술의 발전으로 기존 제품이 단절되고 새로운 기술의 산물이 출시되므로 새로운 제품을 구입할 수밖에 없는 것이 그 예 입니다. 즉, 소비자의 필요에 의해 기술이 발전하는 것이 라기 보다는, 오히려 기술이 필요를 창출하는 거죠. 언제부터 개인용 무선 컴퓨터나 스마트폰으로 메일을 주고받고, 사진을 찍어 전송하고 얼굴을 마주하며 통화하기를 기대했는가? 현대 기술시스템은 미래에 인류를 어떤 모습으로 바꿀 것인가?[4]

8.3 과학의 한계는 무엇인가?

- 과학은 자연에 대해서 많은 지식을 쌓고, 인과관계를 설명하는 데 성공하였지만, 모든 것을 같은 방법으로 설명하기에는 충분치 못하다 .
- 과학자들의 의견의 불일치는 종종 '변수(變數)' 의 통제능력이 없어서 야기된다.

과학의 한계는 무엇인가? 이에 대한 답을 얻기 위해서는 먼저 과학의 본질에 대한 이해가 필요합니다. 과학의 본질에 대한 정의는 다양합니다. 표준 국어대사전에서 과학(科學)은 "보편적인 진리나 법칙의 발견을 목적으로 한 체계적인 지식", 넓은 뜻으로는 "학學을 이르고, 좁은 뜻으로는 자연 과학을 이른다." 라고 정의하고 있습니다. 여기서 자연과학(自然科學)이란 인간에 의해 나타나지 않는 모든 자연현상을 의미합니다. 그렇다면 과학의 본질은 무엇일까요?

토마 쿤의 스승이었던 코넌트(James B. Conant)는 "과학은 풍부한 실험과 관찰의 결과로 개발된 개념과 개념체계로서의 정(停)적인 산물과 동(動)적인 과정으로 이루어진 것이다."라고 정의하였습니다[5]. 여기서 산물(産物)이라 함은 발견된 지식과 개념을 뜻하며, 과정은 발명이나 발견에 이르는데 필요한 과학의 제반 절차 및 사고 기능을 의미합니다. 코넌트에 의하면 과학은 확실한 것에 대한 추구가 아니라 미래성(未來性)에로의 연속적인 추구를 의미합니다. 블로그(G. O. Blough)와 슈왈츠(J. Schwartz)는 과학을 보다 구체적이고 실험적인 관점에서 다음과 같이 넓은 의미로 정의하고 있습니다[6]. 즉 과학은,

첫째, 인간이 문제를 의식하고 가설을 세우고, 자료를 모아 결론을 내리고 검증하는 일련의 절차이며,
둘째, 정확히 판단하고 가설로부터 결론으로 비약하지 않으며, 신뢰성 있는 근거를 토대로 결론을 내리는 방법이며,
셋째, 미래 인류사회에 필요한 과학적 사고력과 현명한 판단을 내리는데 도움이 되는 개념, 원리 및 방법이다.

과학 발전의 원동력은 관측과 실험이라고 할 수 있으며, 이는 인간이 경험을 통해 얻는 사실과 결과들입니다. 이런 사실과 이론은 차이가 있고, '사실'과 달리 '이론'은 변할 수 있기 때문입니다. 어떤 과학 이론이 변하면, 이를 증명하기 위한 과학적 방법 또한 변할 수 있습니다. 과학은 자연에 대해서 많은 지식을 쌓고, 인과관계(因果關係)를 설명하는 데 성공적이었지만, 모든 것을 같은 방법으로 설명하기에는 충분치 못합니다. 인간의 정신세계를 하나의 명확한 과학법칙으로 설명할 수는 없습니다. 오늘날 복잡 과학계가 다방면에서 시도되

기는 하지만, 아직 일기예보나 주가 변동 상황 등과 같은 복잡계(複雜界)를 명쾌하게 설명할 수 있는 간단한 방법이 제시되지 못하고 있습니다.

사람들은 종종 과학적 방법을 사용하면 모든 문제를 해결할 수 있을 것이라고 믿으며, 과학적 방법이 하나가 아니라는 것도 이미 알고 있습니다. 그러면서도 왜 과학적 방법이 사회적, 정치적 윤리적, 경제문제들에 적용될 수 없는가? 왜 과학자들은 환경, 사회 정치 문제에 대해 일치하는 의견을 내지 못하는가? 이런 의견의 불일치는 종종 '변수(變數 variable)' 의 통제능력이 없어서 생기는 것입니다. '변수'란 실험과정 중에 변할 수 있는 조건이나 요인입니다. 따라서 새로운 학문 영역으로 복잡과학 등이 등장하는지도 모릅니다[1].

현대적 관점에서 보는 과학의 5가지 특징이 있다

- 시험할 수 있어야 한다.
- 재현 가능해야한다.
- 설명에 도움이 되어야한다.
- 예측할 수 있어야 한다.
- 잠정적이다.

과학(科學)은 지식의 본체(本體)가 됩니다. 과학자들은 이론(理論 theory) 이라고 부르는 자세한 설명의 뼈대위에 이 지식을 체계화 시킵니다. "이론은 다양한 현상에 대한 현재의 가장 합리적이고 좋은 설명 수단"입니다.

오늘날에는 과학(科學 science)이란 "자연과 물질세계에 관한 지식과 지식을 설명하기 위하여 사용하는 이론의 집합체"로 봅니다. 따라서 과학은 관찰과 가정을 실험적으로 시험한 것을 기초로 합니다. 그러나 과학은 완성되지 않은 작업인 샘이죠. 우리가 알고 있는 과학적 사실은 우리가 모르는 과학적 사실에 비해 매우 적습니다. 따라서 새로운 이론이 나오거나 보다 더 우수한 실험방법이 제시되면 언제나 기존의 주장은 바뀔 수 있습니다. 그래서 과학은 동적(動的)일 수밖에 없습니다. 뿐만 아니라 자연법칙에 따라 설명하고, 실제 자연계에서 검증할 수 있어야 합니다. 과학의 권위는 "확실한 증거와 탄탄한 이론으로 확보"될 수 있습니다.

갈릴레이적 '자연과학의 방법론'을 토대로 현대적 관점에서 과학의 특징을 다음과 같이 들 수 있습니다[1]. 즉, 과학은

첫째, 시험할 수 있어야 하고,
둘째, 같은 실험이 재현 가능해야 하며,
셋째, 어떤 다른 자연현상의 설명에 도움이 되어야 하고,
넷째, 제시된 이론이나 결과로 다른 자연현상을 예측 할 수 있어야 합니다.
다섯째, 그러나 이런 결과는 잠정적인 결과일 뿐입니다.

최근 들어 이미 발표한 실험적 사실의 재현성에 대한 문제로, 연구결과의 조작이나 연구내용의 윤리성 문제 등이 여러 나라에서 문제시되고 있습니다. 과학자가 공개적으로 발표한 연구내용은 누구나 반복 가능해야 하고, 또 같은 결과를 도출 할 수 있을 때 그 과학적 사실에 대해 공식적으로 인정받게 됩니다. 또 다른 문제로 최근 연구업적을 중시하는 사회적 분위기 때문에 여러 논문의 일부 결과를 짜깁기하여 새로운 논문처럼 발표하거나, 다른 사람의 발표하지 않은 연구결과를 먼저 발표하는 등의 비윤리적 사건들이 자주 보도되고 있습니

다. 이런 이유 때문에 오늘날 과학 윤리가 더욱 강조되고 있습니다.

8.4 과학의 연구윤리는 왜 필요한가?

- 연구자들은 책임 있는 연구를 수행해야할 명백한 의무를 가진다.
- 연구수행에는 정직성, 정확성, 효율성, 객관성과 같은 공통의 가치가 존재한다.

왜 연구윤리가 필요한가?

일세기 전만해도 과학 연구가 일반 대중의 삶에 즉각적으로 큰 영향을 미치지는 않았습니다. 그러나 오늘날에는 과학적인 연구결과와 정보가 매우 폭 넓고 빠른 속도로 인류의 삶에 큰 영향을 미치고 있어, 연구내용의 진실성 확보 내지는 권리 보호 등을 위해 연구윤리가 매우 중요하게 되었습니다. 연구내용의 권리 보호는 발표된 학술지의 권위와 특허 제도를 통해 인정 되거나 보호받습니다. 여기서는 연구내용의 진실성 확보를 중심으로 한 연구윤리에 대해서 만 논하기로 하겠습니다.

연구윤리 역사는 언제부터인가?

연구윤리는 역사적으로는 기원전 5세기 히포크라테스의 의료윤리 강령부터입니다. 그 후 여러 강령들이 있었으나 '뉘른베르그 강령(Neuremberg Code, 1947년)'이 국제적으로 인정된 최초의 연구윤리 강령입니다. 1964년 선언한 '헬싱키 선언'(핀란드)에서 "건강한 피 실험자에 대한 실험에서 지켜야할 윤리를 환자 대상 실험에서도 지켜져야 한다"는 것을 명시한 것입니다. 그러나 서구사회에서 대중을 경악하게 한 연구 부정 사건들이 다수가 발생하면서, 서구 각 국에서 연구 부정행위에 대한 대응책을 모색하기 시작하였습니다. 현재는 미국, 독일, 일본, 영국 등을 비롯한 여러 나라가 관련법이나 규정을 정하고 있습니다.

아울러 최근 우리나라에서도 생명·의학 분야를 시작으로 연구 부정행위가 나타나면서 2004년 "생명 윤리 및 안전에 관한 법률"을 제정하였고, 2009년에 교육과학기술부훈령(제236호)으로 "연구 윤리 확보를 위한 지침"을 마련하였습니다[7].

책임 있는 연구수행에는 공통의 가치가 존재한다

20세기에 들어와서 각 나라마다 과학기술의 중요성을 인식하면서 자연 과학 연구에 대한 공공지원이 매우 큰 폭으로 확대되었습니다. 이에 따라 연구가 어떻게 수행되었는가에 대한 관심도 높아졌고, 연구자들은 책임 있는 연구를 수행해야할 명백한 의무를 가지게 되었습니다. 미시간 대학교(Univesity of Michigan, 앤아버)의 니콜라스 스테넥(Nicholas H. Steneck)교수는 책임 있는 연구수행이란? "전문적 영역에서 발휘되는 좋은 시민정신이라"고 요약해서 정의하였습니다. 연구수행에서 최선의 방법은 없습니다. 그렇다고 모든 과학적 탐구에 적용되는 보편적 방법도 없습니다. 책임 있는 연구 행위로 인정되는 관행들은 학문별로, 연구실 별로 다를 수도 있고, 실제로 다릅니다. 그러나 책임 있는 연구수행에는 정직성(正直性), 정확성(正確性), 효율성(效率性) 그리고 객관성(客觀性)과 같은 공통의 가치가 존재합니다.

정직성: 정보를 정직하게 전달하고 약속을 지킨다.

정확성: 연구결과를 정확하게 보고하고, 오차를 피하는 데 최선을 다한다.

효율성: 자원을 현명하게 사용하고 낭비하지 않는다.

객관성: 명확하게 밝히고 부당한 편견을 피한다.

책임 있는 연구자는 위와 같은 사항들을 지키고, 연구의 윤리성을 정의하는 중요한 가치들을 지켜야 합니다. 그럴 때에 자연과학은 현대사회에서 보다 확고한 위치를 확보하고 인정받을 수 있는 학문분야가 될 것이다.

8.5 과학기술의 만남과 현대적 관계

- 국가나 사회의 선진화는 "과학·기술의 진보 → 기술혁신 → 고도 산업화 → 경제성장 → 사회변화" 의 경로를 거친다.
- 과학기술과 경제, 사회, 교육 사이에는 밀접한 관계가 있고, 더불어 기초 과학과 기술이 상호 의존적으로 발전한다.
- 과학과 기술은 공통적으로 검증 가능한 실증적인 연구를 중시하고, 수학적 이론과 실험을 중시하며, 새로운 발견이나 발명 혹은 혁신을 추구하려는 공통점도 있다.

기술과 과학은
필요에 의해 만났다

앞에서 논의한 것처럼 기술은 과학이 있기 이전부터 있었습니다. 그렇다면, 현대와 같은 과학과 기술 사이의 밀접한 관계는 언제, 어떻게 생겨났을까? 과학과 기술의 발생 시기는 그렇다 하더라도 과학의 새로운 지식과 이론이 산업기술에 제공되고 영향을 미치게 된 것은 언제, 어떻게 가능했는가? 또 과학과 산업기술이 상호의존적인 관계로 된 것은 언제 어떻게 시작되었을까? 이런 관점에서 과학과 기술의 관계를 살펴보는 것도 현대 첨단과학 기술시대를 이해하는데 중요하다고 봅니다. 여기서는 임경순 교수의 '과학사 개론'의 내용을 중심으로 살펴보겠습니다.

19세기 이전의 기술은 기계, 철, 석탄 및 섬유 등을 중심으로 발전되어 습니다. 당시에 이 기술 분야는 영국이 선두주자였지만, 당시로서는 이 기술 분야를 이끌어갈 만한 특별한 과학 지식의 발전도 또한 없었습니다. 그러나 유기화학(有機化學, organaic chemistry)과 전기화학(電氣化學, electrochemistry) 같은 새로운 과학지식이 등장하면서 전기공업과 화학염료 공업이 새로운 분야로 발전하였습니다. 즉, 이런 새로운 과학지식이 밝혀지면서 이를 이용한 특별한 분야의 기술이 탄생하고 발전하였으며, 더불어 다른 관련 공업 분야의 발전도 가속화 되었습니다.

화학염료 공업의 기원은 아닐린(aniline, C6H5NH2) 염료를 발명하고부터라고 볼 수 있죠. 기센(Gieβen)대학의 리비히(Justus von Liebig, 1803-1873)와 호프만(August von Hofmann, 1818-1892)이 리비히 연구실에서 석탄을 원료로 하여 얻을 수 있는 물질들을 연구하는 과정에 색을 띠는 물질들을 발견(1843년)하게 되었습니다. 그 후에 호프만이 1845년 영국의 왕립 화학 칼리지(Royal College of Chemistry)로 옮기면서 이 화학 지식이 영국에 전래되었고, 이를 바탕으로 영국 과학자 퍼킨(Willaim Henry Perkin, 1838-1907)이 아닐린 염료를 발명하였습니다(1857년). 퍼킨의 아닐린 염료 생산 덕분에 1850-1860년대에는 영국과 프랑스가 독일에 비해 화학염료 공업이 앞서 있었으나, 19세기 후반에는 독일의 화학염료 회사들(Bayer, Höchst, BASF, Agfa)들이 염료산업을 지배하게 됩니다. 또한 독일 통일 이후 독일제국은 자신들의 산업을 보호하기 위해서 특허법을 제정하였고, 1880년대 중반 이후에는 산업체 내에 연구소가 제도적으로 정착되고, 발명의 제도화가 진행되어 독일 화학공업의 성장에 커다란 영향을 미치게 되었습니다. 이처럼 독일 화학공업이 급속히 발전한데는 정부의 적극적인 지원, 사내 연구소를 통한 산업화 연구제도의 정착과 더불어 회사와 대학 간의 산·학 연구 체제 도입 등이라고 분석됩니다. 이러한 체제는 오늘날 까지 이어져오고 있습니다.

한편, 19세기 말에 미국에서도 전기공업 분야를 중심으로, 독일 화학공업 발전과정과 유사한 방식으로 전기공업이 크게 발전하였습니다. 특히 전기공업 분야는 관련된 전문 과학지식의 의존도가 화학공업보다 더 컸기 때문에, 전기공업 분야의 회사들이 많은 기업체 연구소를 설립하고 연구소를 중심으로 '산업적 연구(industrial research)'가 활발하게 이루어 졌습니다. 오늘날 세계적으로 유명한 제너럴 일렉트릭(General Electric)연구소와 벨 전화연구소(Bell Telephone Laboratory)가 그 예들입니다. 이들 연구소가 기대하는 연구 활동은 실용 기술 지식의 개발이었지만, 당장 이용될 수 있는 지식에 못지않게, 보다 기초적인 과학 지식들도 많이 연구되었고, 때로는 이런 기초 과학적 연구가 실용적 지식의 연구를 압도하기도 했습니다.

물론 당시로써는 기업체 연구소의 과학자들은 순수 기초연구를 합리화해야 했지만, 그 후에 응용할 수 있는 분야가 나타나기도 했습니다. 원자 에너지에 응용된 원자 물리학, 컴퓨터에 이용된 반도체 이론과 유전공학에 응용한 유전자 지식 등이 이에 대한 예들입니다. 이런 결과가 산업체 연구소의 순수연구를 받아들이고 지원하게 유도했고, 산업에서의 기초과학 연구가 정착하게 되었다고 생각합니다. 과학이 기술에 영향을 미친 또 다른 두 가지 예를 더 들면 다음과 같습니다. 즉, 패러데이(Michael Faraday, 1791-1867)의 '전자기 유도효과'가 '전동기'와 '발전기'를 탄생시켰고, 헤르츠(Heinrich Rudolf Hertz, 1857-1894)의 '전자기파 효과'실험이 '무선통신'의 기초이론이 되었습니다. 또 기술이 과학에 미친 영향으로 대표적인 것으로 '산업혁명기의 증기기관'의 발명입니다. 이 증기기관의 발명이 오늘날의 열역학의 주요 이론들이 등장하게 만들었습니다. 물론 이러한 현상의 전용이나 이론의 응용이, 곧바로 기술이나 과학에 영향을 미친 것은 아닙니다. 응용기간이 짧은 경우도 있고, 경우에 따라서는 매우 오랜 시간이 걸리기도 했습니다.

과거에는 과학과 기술의 접근이나 접합이 비교적 단순하였으나, 오늘날에는 과학지식과 기술의 다양한 수준 때문에 과학과 기술이 더 복잡하고 다양한 복합체 형식으로 발전하고 있습니다. 어떤 면에서는 이런 현상이 과학·기술의 융합을 촉진하기도 합니다. 현대로 오면서 과학과 기술 둘 사이의 경계가 모호한 기업 연구소나 대학의 연구소 등과 같은 새로운 연구 공간이 증가하고 있음을 볼 수 있습니다. 즉, 산·학 연구가 활발해지는 것이 그 원인이기도 합니다.

현대 과학기술이 미래의 과학기술로 진보하기 위해서는 계속적인 연구 개발에 의해서만 가능합니다. 그러나 여기에는 막대한 비용과 시간이 소요되므로 과학 후진 국가의 경우에는 선진기술을 우선적으로 도입하여 모방하고, 점차 새로운 과학기술을 연구하고 창출하는 것이 일반적입니다. 물론, 과학기술의 진보와 활용을 위해서는 과학기술 인력이 양성되어야 하고, 이를 뒷받침하기 위한 자본의 축적 내지는 지원이 이루어져야 합니다. 오늘날의 국가나 사회의 선진화는

"과학·기술의 진보 → 기술혁신 → 고도 산업화 → 경제성장 → 사회변화"의 경로를 거친다고 봅니다. 이런 면에서 과학기술과 경제, 사회, 교육 사이에는 밀접한 관계가 있고, 더불어 기초과학과 기술이 상호 의존적으로 발전합니다. 물론, 과학기술이 경제·사회와 같은 다른 분야로 확산되는 과정에서 환경파괴나 인류의 정신세계나 생활양상 등에 다양한 유형의 문제를 일으킬 수도 있습니다. 따라서 오늘날의 과학기술은 이런 문제를 최소화하면서 인류사회 번영에 공헌해야 하는 등의 또 다른 과제를 안고 있다고 생각합니다.

과학과 기술의 관계에 대한 다른 시각도 있다

어셈블리 라인 이론(assembly line theory)은 "과학이 기술이라는 결과를 만든다"는 이론입니다. 이 이론은 바네바 부시(Vannevar Bush, 1890-1974)와 제임스 코넌트(James Conant)같은 미국의 과학 정책가들이 1945 이후 주장한 이론으로 "과학이라는 원인이 기술이라는 결과를 만든다"라는 논리입니다[8]. 즉, 과학과 기술을 "제품 생산라인의 처음과 끝이 연결된 것처럼 서로 밀접하게 연관된 관계"로 보는 것이죠. 제품 생산라인에서는 초기 과정에서 원자재를 투입하면 여러 단계의 공정을 거쳐 마지막 과정에서 완제품이 만들어 집니다. 그러므로 기술과 산업을 발전시키려면, 순수과학에 집중 투자해야 한다고 하는 주장입니다. 그러나 이 이론이 실제로 정확하게 적용되지 않음이 밝혀지게 되면서, 점차 설득력을 잃게 되었습니다.

그러자, 과학과 기술에 대해 "기술이 과학에 대해 독자성을 가진다"는 새로운 해석이 나타나기 시작했습니다. 역사가들은 과거의 사례에 대한 치밀한 분석을 통해, 기술이 정치나 경제, 이데올로기 등의 요소들과 관련되어 있음에도 기술이 독자적인 성격을 가지고 있는 것처럼, 과학과의 관계에서도 기술이 독자성(獨自性)을 가진 "독립적인 영역"이라는 주장입니다. 즉 과학에 대한 투자가 곧바로 기술로 나타나는 원인과 결과라는 의존적인 관계 설정에 반대하는 것입니다. 기술의 독자성을 주장하는 이들이 발굴한 사례 중 몇 가지를 들면 다음과 같습니다. 재료공학의 경우, 과학이 기술적 발전에 오히려 뒤져 있었고, 디젤엔진 개발의 경우에도 열역학적 과학지식의 적용보다는 기술적인 작업 전통이 더 근본적인 영향을 미쳤다고 주장합니다. 또 19세기 말과 20세기 초 기술의 발전과정은 패러데이나 맥스웰 전자기 이론의 단순한 응용 때문이 아니라, 과학자 사회와 관련 없이 이론과 실험에 모두 능숙했던 기술자들의 활약이 매우 중요했다고 강조합니다. 그렇다고 하면 이론과 실험에 능한 기술자는 과학자로 볼 것 인가, 아니면 기술자로 보아야 하는가?

한편, 크랜즈버그(Melvin Kranzberg, 1917-1995)는 20세기에 들어오면서 과학과 기술이 일종의 긴 결혼 관계에 진입하게 되었다고 주장했습니다. 그가 말하는 '결혼 관계(marriage)'는 "편의를 위한 결합"입니다. 오늘날 과학과 기술의 복잡성으로 인해 과학자와 기술자들은 필요한 기기와 정보 그리고 지식과 통찰을 얻기 위해 상호의존하게 되면서, 이러한 편의를 위한 결합이 가능해지게 되었다고 주장합니다. 이런 두 영역의 결합에도 불구하고 과학과 기술은 여전히 독자성이 유지되고 있다는 점이 이 모델의 중요 요점이며, 이런 독자성의 유지는 과학과 기술이 각각 추구하는 목적이 다르기 때문이라고 보는 것입니다[9].

레이튼(Edwin Layton)도 기술의 독자성을 강조하며, 과학과 기술이 '쌍둥이 거울 이미지(twin mirror image)' 관계 가 있다고 주장합니다. 과학과 기술이 거울에 비친 쌍둥이처럼 비슷한 모습을 하고 있지만,

자세히 보면 거울에 비친 상(象 image)의 좌우가 바뀌어 보이듯이, 여러 측면에서 정반대의 특징을 가지고 있다고 지적합니다. 이런 차이는 과학과 기술이 추구하는 목표가 다르기 때문이라고 주장하고 있습니다. 과학은 '앎(to know)'을 추구하고, 기술은 '실행(to do)'을 추구한다고 보는 것입니다. 한편, 레이튼은 과학과 기술은 공통적으로 검증 가능한 실증적인 연구를 중시하고, 수학적 이론과 실험을 중시하며, 새로운 발견이나 발명 혹은 혁신을 추구하려는 공통점도 있다고 주장합니다. '쌍둥이 거울 이미지'이론은 과학과 기술의 지식이 대등한 수준에서 이루어지며, 상호영향을 주는 관계 면에서도 역시 일방적이지는 않다고 주장합니다. 하지만 독자적인 두 영역이 연결되려면 중재자가 필요한데, 이 중재자의 역할은 과학과 기술 두 영역에 속해 있는 '기술자적 과학자' 혹은 '과학자적 기술자'가 이 역할을 한다고 보고 있습니다[10].

8.6 새로운 과학기술 환경의 전개

미국 정치인인 깅리치(Newton Leroy 'Newt'Gingrich)는 과학의 융합에 대해 "이러한 (융합과학) 큰 변화의 본질과 양상을 연구하고 이해하고 투자하는 사람들은 이러한 변화를 무시하는 자들 보다 더 드라마틱하게 살 것이다.(중략) 이러한 (융합과학) 변화의 패턴을 무시하는 국가는 변화를 지향하는 보다 더 현명한 이웃 국가보다 더 뒤떨어지며 더 약하고, 가난하며 쇠퇴하여 결국은 망각될 것이다."라고 말했다. 과학의 융합화가 현대와 미래에 어떤 영향을 미칠 것인가를 잘 나타낸 표현이라고 생각합니다. 그렇다면 과학은 왜 융합되며, 과학간의 융합은 어떻게 되는 가를 이해하는 것도 중요합니다. 이 강좌에서 이런 것들을 살펴보고자 합니다.

융합과학이란?

- 융합과학이란 세분화 된 과학, 기술 및 인문·사회과학의 특정 분야들이 서로 결합하거나 통합되어 형성되는 새로운 과학 분야이다.
- 학문간 융합으로 새로운 과학의 영역이 탄생한다.

최근 들어 과학기술 분야 뿐만 아니라 일반인들 사이에서조차 융합과학(融合科學, convergence science)이라는 용어가 쉽게 오르내립니다. 그러면 융합과학이란 무엇인가? 융합과학이란 세분화 된 과학, 기술 및 인문·사회과학의 특정 분야들이 서로 결합하거나 통합되어 형성되는 새로운 과학 분야를 말합니다. 이러한 학문 간의 활발한 융합은 20세기 중엽부터 시작되었지만, 융합과학의 역사는 훨씬 그 이전으로 거슬러 올라갈 수 있습니다.

우리가 알고 있는 것처럼, 16세기 이전의 서양과학에서도 지금과 같은 학문의 세분화는 없었습니다. 고대 그리스의 과학은 자연철학이라는 용어로 더 잘 표현되었습니다. 중세 유럽이나 르네상스 시대까지도 유명한 과학의 선구자였던 학자들은 당시 거의 모든 분야 학문의 전문가였습니다. 즉 융합과학자였다고 볼 수 있습니다. 조각, 해부학, 음악, 건축학, 지리학, 천문학 및 식물학 등에 많은 업적을 남긴 레오나르도 다 빈치(Leonardo da Vinci, 1452-1519)가 그런 예입니다. 인문학과 사회과학 그리고 과학의 구분이 없었던 이런 형태의 사상은 융합과학의 바탕이 되었다고 볼 수 있습니다. 16세기를 지나면서 각 연구 영역마다 연구 대상과 방법이 있다고 생각되면서 과학은 다양하게 세분화되어 발전되어 왔습니다. 이런 세분화와 전문화 경향은 20세기 전반까지 그랬습니다. 이런 경향이 이 시대 과학의 특징이기도 합니다. 근대를 거쳐 현대에 이르면서, 여러 학문 분야 간에 공통법칙이 발견되고, 나타난 한 과학적 사실을 여러 분야 전문지식을 활용하여 설명할 수 있다는 인식이 커졌습니다. 그리고 실재로 이런 설명이 이루어지면서, 다양한 분야의 과학이나 학문 분야가 서로 융합되기 시작 하였습니다. 이러한 학문 간의 융합은 각국의 과학기술정책에도 큰 변화를 가져왔습니다. 미국 과학재단이 나노과학을 중심으로 하여 융합된 미래 과학기술 모형을 도입하여 'GRIN'(Genetics, 유전학 + Robotics, 로보틱스 + Information science, 정보과학 + Nano technology, 나노공학)이라는 새로운 융합과학의 틀을 제시했습니다. 그 후에 유전학을 생명공학으로 확장하고, 인지과학(cognitive science)[1]을 포함시켜 2003년에 'NBIC'(Nano technology + Biotechnology + Information science + Cognitive science)라는 융합과학기술의 틀을 만들었습니다[11].

한편 유럽공동체는 인문과학과 사회과학 응용분야를 공학과 융합시켜 'CTEKS'(Conveging Technologies for the European Knowledge Society; 유럽 지식 사회를 위한 융합과학 기술)를 제시하였습니다. 이를 토대로 우리나라에도 과학 기술계, 학계 그리고 산업계 등 여러 분야에서 '융합'에 대한 논의가 일어났습니다. 따라서 정부지원 연구 분야에 이러한 융합분야 지원이 추가되고, 6T(Nano technology, Biotechnology, Environmental technology, Information technology, Space technology, Culture technology) 간의 융합분야의 지원을 시작하였으나 3T(Nano

1 인지과학(認知科學, cognitive science)은 인간의 마음과 동물 및 인공적 지적 시스템(artificial intelligent systems)에서 정보처리가 어떻게 일어나는가를 연구하는 학문 분야이다. 이 분야는 심리학, 철학, 신경과학, 언어학, 인류학, 전산학, 학습과학, 교육학, 사회학, 생물학, 로보틱스 등의 여러 학문과 깊이 연관되어 있다.

technology, Biotechnology, Information technology) 중심으로 치우친 감이 있다는 의견도 있습니다. 그렇다면 모든 분야에서 융합화가 계속될 것인가?

융합과학이 대세인가?

미래의 융합과학 기술의 개념은 미국 국립과학재단(NSF)이 발표한 'NBIC'(Nano technology + Biotechnology + Information science + Cognitive science)에 잘 나타나 있습니다. 기존의 물질중심 융합과학에서 일상적인 인간의 삶의 증진으로 변화되고 확장된 것입니다. 이 틀을 기준으로 유럽연합과 케나다의 미래 융합과학기술 틀이 마련되었습니다. 유럽연합의 융합과학인 CTEKS의 연구동향은 나노과학, 생명과학, 정보과학, 인지과학, 사회과학, 환경과학, 인류학, 철학, 지리학 등의 폭넓은 융합을 제시합니다. 유럽연합의 융합과학에서는 미국이 제시하는 융합과학기술에 사화과학적인 면을 더 추가한 융합과학기술 개념을 제시하고 있습니다. 반면에 캐나다의 융합과학기술은 거의 미국의 개념을 그대로 받아드리지만, 나노과학을 중심으로 한 특정한 목표와 응용을 규정하지 않고 있다는 점이 다릅니다. 즉, 미래 과학기술이 지향하는 목표는 획기적인 발견이나 인간의 장수(長壽)가 아니라, 일상적인 우리 인간의 삶을 증진시키는 것입니다. 오늘날의 선진국의 과학은 대부분 이러한 방향을 토대로 구분하고 서로 통합적이고 학제적으로 발전하는 경향을 보이고 있습니다. 아울러, 미래사회는 사회적 학문 인 사회학, 동물생태학, 언어학, 경제학, 정치학, 조직행동학과 공학적 학문인 테크놀로지디자인과학 생물공학, 인간공학 등의 융합이 더욱 강조될 것으로 보고 있습니다.

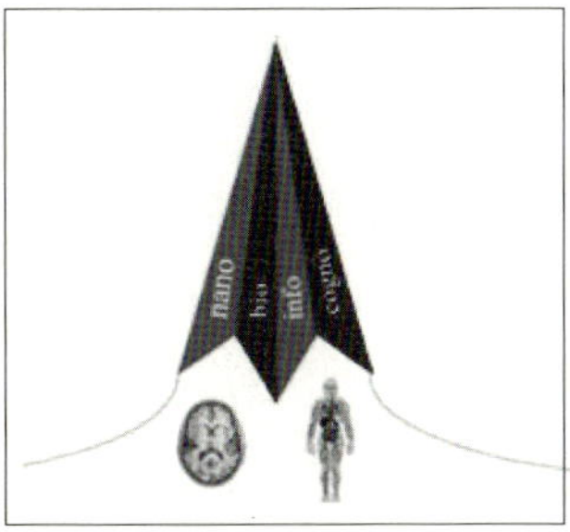

NBIC 형상화 그림. WWW.nsf.gov

여기서 근대 서양에서의 융합과학과 오늘날의 융합과학기술의 형태를 살펴보기로 하죠. 근대의 융합과학은 한 사람이 여러 학문에 대한 다양한 지식을 가지고 있어 행해진 일인(一人) 융합과학자 형태였으나, 오늘날의 융합과학기술은 다양한 분야의 지식을 가진 여러 전문 학자들이 모여서 이루는 다인(多人) 융합과학기술자 집단 형태입니다. 집단형태의 다인 융합과학기술자 형태는 그 구성요소 때문에 연구목표나 방향의 설정과정이 복잡하고, 접근 방법상의 차이나 공적에 대한 합리적 배분과 인정, 상호 신뢰 등의 다양한 요소들이 융합과학의 한계로 대두될 수 있습니다. 이러한 한계가 잘 만 극복된다면 인류사회를 풍요롭게 하는 놀라운 제3의 과학혁명이 탄생할 수 있을 것입니다.

그렇다고 기존의 세분화 전문화된 각 학문분야는 쇠퇴하는가? 아니면 과학과 기술 같은 상호 의존적으로 발전할 것인가?

새로운
분자과학 시대로 오다

- 초분자 화학과 나노과학은 자연에서 흔히 일어나는 과학현상이다.

우리는 매일 생각지도 못했던 새로운 과학제품의 등장에 놀라기도 합니다. 불과 50년 전에는 상상하지 못했던 놀라운 과학적 사실들이 우리의 일상생활 속에서 쉽게 이용되고 있으며, 그러한 기술들은 놀라운 속도로 발전하고 있습니다. 메모리칩의 소형화로 매우 작은 컴퓨터 화면이 가능해졌고, 병사를 대신한 로봇들이 전선과 후방에서 전쟁의 임무를 수행할 정도가 되었습니다. 휴대폰을 이용한 문자와 사진 전송은 물론, 실물 전송도 가능해졌으며 미니 로봇 하나로 우리의 인체 곳곳을 살피고 진단할 수 있는 시기가 가까워졌습니다. 공상과학 영화나 만화에서 볼 수 있었던 일이 현실로 다가왔습니다. 이러한 놀라운 과학기술 변화의 바탕에는 물질의 기본 구성요소인 원자나 분자들의 성질과 특성을 이해하고 이들을 자유롭게 다루는 기술의 발전이 있었기 때문입니다.

이러한 놀라운 과학기술 발전의 밑바탕에는 화학의 새로운 패러다임이라고 할 수 있는 초분자 화학(超分子 化學, supramolecular chemistry)[2]과 나노 과학(nano science)이 크게 기여하였습니다. 물론 이러한 초분자 화학이나 나노 과학적 현상은 우리의 일상생활 (예, 비누화 현상)이나 생명현상 (예, 생물세포의 자기조립)에서 오래 전부터 이루어졌고 또 이용되고 있었습니다. 그러나 그러한 과학적 현상을 이해하고 활용하는 이론과 기술의 발전이 없었기 때문에, 이 분야의 큰 진전이 없었던 것이죠. 분자수준의 과학을 이해하고 다룰 수 있게 되면서 현대과학은 새로운 분자과학 혁명의 시대에 접어들었습니다. 이 새로운 분자과학 혁명의 중심에는 초분자 화학과 나노과학이 있습니다.

초분자 화학은 '받게(receptor)'의 개념을 처음 도입한 얼리치(Paul Ehrlich), 분자인식을 기초로 한 '열쇄와 자물쇠(key and lock)'이론을 제안한 피셔(Hermann Emil Fischer, 1852-1919)와 두 물질 간에 공유결합이 아닌 '배위(coordination)'라는 친화력으로 고정될 수 있다고 한 베르너(Alfred Werner, 1866-1919) 등에 의해 정립되었습니다. 즉,

---

2 초분자란 둘 이상의 화학종(분자, 원자 또는 이온)이 공유결합 이외의 방법으로 회합하여 하나의 분자처럼 거동하는 조합체를 말한다. 혈액속의 헴(heme)도 초분자의 한 예이다. 유기 리간드와 금속이 이루는 착물(complex)도 초분자의 한 부류이다.

초분자 화학의 기본 개념은 고정(fixation), 인식(recorgnition) 및 배위(coordination) 등 3 가지입니다. 초분자는 특별한 분자나 원자를 인식할 수도 있고, 이들을 고정시켜 운반할 수도 있습니다. 1987년 노벨 화학상 수상자인 진-마리 렌 (Jean-Marie Lehn)은 초분자 화학을 '분자 조립체 화학(chemistry of molecular assemblies)' 그리고 '분자 간 결합의 화학(chemistry of the intermolecular bond)'이라고 정의했습니다. 다르게 표현하면 초분자 화학은 '분자 이외의 화학(chemistry beyond the molecule),' '비공유결합 화학 (chemistry of noncovalent bond)' 또는 '비분자 화학(chemistry of nonmolecular)'이라고 할 수 있습니다[12]. 여기서 비공유결합 화학 이란, 초분자가 공유결합이 아닌 다른 분자 간 작용하는 힘에 의해 만들어진 물질이므로 이런 물질의 화학을 말하는 것입니다. 화합물의 결합 중에서 공유결합은 매우 강한 결합이지만, 수소결합이나 정전기적 인력 등과 같은 결합력은 공유결합보다 훨씬 약합니다. 따라서 초분자의 형성은 공유결합으로 만들어 지는 분자들보다 쉽고, 자기조립 (自己組立, self-assembly)[3]이란 방식으로 만들어집니다. 또, '비분자 화학'이란 초분자가 하나 이상의 분자가 포함된 조립체이지만, 단일 분자의 화학적 물리적 성질과는 다르기 때문에 일컫는 말입니다. 이러한 초분자 화학의 독특한 성질이 자연과 생명계에서 다양하게 나타납니다. 생명계에서 관찰되거나 기여하는 초분자 화학은 DNA 복제, 헤모글로빈의 산소와 이산화탄소의 운반 기능, 녹색 식물의 광합성, coenzyme B12, 시각화학에 관련된 로돕신(rhodopsin) 작용 등을 들 수 있고, 그 외에도 생화학 물질의 자기조립과 알카리 금속(alkali metal) 양이온의 전달 기능 등을

3 자기조립이란 주어진 어떤 특정 조건에서 분자나 화학종이 스스로 나노구조를 만들거나 초분자를 형성하는 조합 방식을 말한다. 비누가 기름 방울과 미셀을 형성하는 것도 한 가지 예이다.

들 수 있습니다.

우주를 통 털어 대략 100 개의 원자들이 있을 뿐이며, 이들 원자들이 어떻게 나무나 자동차 그리고 타이어, 재 또는 동물들, 물이나 우리가 숨 쉬고 사는 공기들을 만들 것인가는 원자들이 서로 어떻게 결합하는 가에 달려있습니다. 그래서 화학자들은 화합물의 결합과 구조에 대한 이해를 통해 새로운 과학을 구현하려고 합니다. 초분자 과학이 그런 학문 분야이고 나노과학 또한 그렇습니다. 그러면 나노 과학은 무엇인가?에 대해 살펴보기로 하죠.

바이타민B12는 초분자라서 그 역할을 할 수 있다

화학은 물질과학이며 물질의 변환과 생명현상에서 중심적인 역할을 하는 과학입니다. 화학은 또한 기초과학과 응용과학의 연결고리, 물리법칙과 생명규칙 간의 연결, 간단한 분자와 복잡한 분자 간의 연결과학이 자 물질 간 '대화 중심의 과학'이기도 하며 '전달 과학'이기도 합니다. 화학을 방법론적인 관점과 물질적인 관점에서 정의할 수도 있습니다. 방법론적으로 정의하면 "화학은 모형의 변형과 상호작용의 과학"입니다 - 즉 어떤 면에서는 구조와 크기의 과학이기도 합니다. 한편 물질적인 관점으로는 화학은 새로운 물질을 만드는 창조과학입니다. 화학합성(chemical synthesis)[4]은 새로운 성질을 가지는 새로운 분자나 물질을 제조하는 창조의 수단입니다. 여러 자연과학 분야 중에서 창조의 수단을 갖는 분야는 화학이 유일하다고 볼 수

4 유기합성의 주요 수단은 특정 분자에 있는 기존의 결합을 분해시키고 새로운 결합을 형성하는 것이다. 공유결합의 분해와 생성은 특별한 조건이 필요함으로 어렵다. 오늘날에는 매우 다양한 방법들이 소개되어 매우 큰 분자들도 어렵지 않게 합성해 내고 있다.

도 있습니다. 1828년 프레드리히 볼러(Friedrich Wohler)가 요소(urea, $NH^2C(=O)NH_2$)를 합성한 이후, 분자화학(molecular chemistry, 分子化學)에서는 원자 간의 공유결합을 분해하거나 생성하는 다양한 방법들이 개발되었습니다.

그 결과로 지난 50년 동안에 유기합성(有機合成, organic synthesis)은 놀라울 정도로 발전하여, 매우 크고 복잡한 비타민(vitamin B12)를 합성할 수 있게 되었고 공유결합을 중심으로 한 단분자 화학(monomolecular chemistry)이 확립되었다. 그러나 이 비타민B12에는 공유결합 뿐 만이 아니라 질소 원자와 Co(III)가 배위결합에 의해 결합되어 있습니다. 즉 비타민B12는 Co(III)가 거대한 유기 리간드(organic ligand: 유기분자 부분을 말함)와 착물(complex)을 형성하고 있습니다.

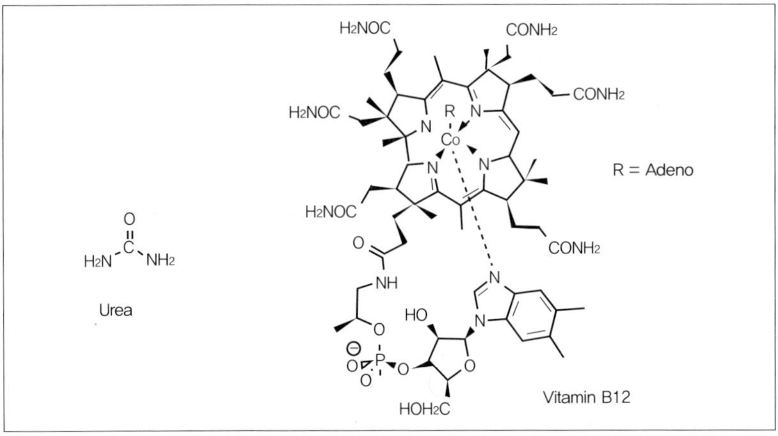

Urea와 Vitamin B12의 구조.

비타민B12는 공유결합으로 형성된 단 분자와 다른 화학종이 공유결합이 아닌 다른 결합 힘(배위결합 또는 수소결합 등)에 의해 연결되어 하나의 분자처럼 거동하는 '초분자(supramolecule)'입니다. 그러나 Co(III)가 없는 리간드는 단분자[5]입니다. 즉 요소분자도 단분자에 해

5 단분자(單分子, monomolecule)란 공유 결합으로 이루어진 분자 하나를 의미한다.

당합니다. 기존의 분자과학은 단분자 과학에 해당하며, 이런 분자들이 할 수 없는 물질의 인식(認識,recognition), 전달(傳達, transport) 및 촉매작용(觸媒作用, catalysis) 등을 할 수 있는 화학종이 초분자입니다. 또 다른 초분자의 예로 햄-B (heme B)을 들 수 있습니다. 햄은 폴피린(porphyrin)고리에 철 (Fe) 2가가 배위 결합된 초분자입니다. 만일 철이 결합되어 있지 않으면, 햄은 호흡 중에 산소를 운반하거나 이산화탄소를 운반할 수 없습니다. 즉, 단분자(monomolecule)인 폴피린 고리 만 존재하거나, 철 2가 이온만으로 우리의 체내에서 호흡에 도움을 줄 수 없습니다.

초분자는 하나의 분자와 하나의 금속이 결합하여 만들어질 수도 있고 여러 개의 분자와 금속들이 결합하여 만들어질 수도 있습니다. 초분자를 만드는 것을 자기조립 합성(self-assembly synthesis)이라고 합니다. 일반적으로 초분자들은 다음 같은 종류들의 비공유결합성 힘의 상호작용에 의해 만들어 집니다. 즉, 이온-이온 상호작용, 이온-쌍극자 상호작용, 쌍극자-쌍극자 상호작용, 수소결합, 양이온-파이(π)결합 상호작용, 파이(π)결합-파이(π)결합 쌓임, van-der Waals 힘, 고체에서의 조밀 쌓임 또는 소수성 효과 등에 의해 자기조립을 합니다. 이렇게 만들어진 초분자는 나름대로의 독특한 특성을 가지는 기능성 거대분자(macromolecule)로 되며, 이들을 이용하여 분자 스위치(molecular switch), 분자전선(molecular wire) 및 분자 정류기(molecular rectifier) 같은 초분자 장치(supramolecular devices, 또는 분자장치, molecular device라고도 한다)를 만들 수 있습니다. 초분자 화학종은 구성 성분이 이루는 초구조(superstructure) 또는 공간 배열(spatial arrangement)과 초분자를 구성하는 구성 성분 간의 분자 간

초분자와의 구별을 위해 사용된다. 예로서 벤젠(benzene)이나 아스피린(aspirin) 등이 단분자이다.

결합의 성질 등으로 특징 지웁니다. 초분자 형성과정에서 사용하는 리간드와 금속의 종류에 따라 다양한 구조나 공간이 있는 초분자를 만들 수 있어 결정공학(結晶工學crystal engineering)이라는 새로운 학문 분야를 탄생시키기도 하였습니다.

결정공학이란 "분자 간 상호 작용하는 힘을 이용하여 원하는 성질이나 크기를 가지는 고체상태의 초분자를 만드는 것"을 말합니다. 따라서 결정공학을 이용한 나노크기의 공간이나 물질을 만들 수 있고, 이런 이유로 초분자 과학이 나노과학과 매우 밀접한 관계를 가지게 됩니다.

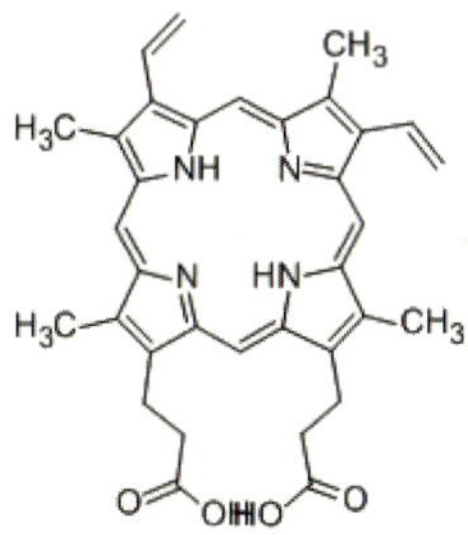

- Ligand -
단분자

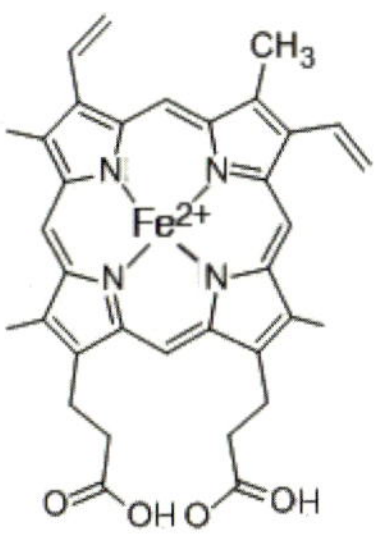

- Heme-B -
초분자

나노과학은 무엇인가?

▪ 나노기술은 새로운 세계로 들어가는 입구이다–Rita Colwell.

한편 또 다른 패러다임인 나노과학(nano science)은 1959년 당시 40대 초반이었던 양자역학자인 파인만(Richard Pinman)에 의해 제안되었습니다. 그는 "물질의 바닥에는 풍부한 공간이 있다"라고 주장했습니다. 즉, 분자로 특별한 성질이나 기능을 할 수 있는 다양한 종류의 매우 작은 구조물들을 만들 수 있다고 주장한 것입니다. 이러한 주장은 드랙슬러(K. Eric Drexler)에 의해 받아 드려 졌고, 마침내 2000년 미국의 빌 클린턴(William Jefferson 'Bill'Clinton)대통령이 국가나노기술계획(NNI)을 발표하면서 세계의 관심의 대상이 되기 시작했습니다. 그 결과 나노과학 분야가 엄청난 속도로 발전하는 계기가 되었습니다[6].

나노과학의 발전에 기여한 또 다른 사건은 1981년 '주사 터널링 현미경(scanning tunneling microscope, STM)'의 개발입니다. STM은 반도체나 전도체 물질표면의 구조를 나노미터 수준에서 관찰하거나 변형시키는 탐침 장치입니다. STM은 물질 표면의 분자나 원자를 관찰하는 것 이외에, 원자들을 이동시킬 수도 있음을 알게 되었습니다. 1990년 미국 IBM사의 연구진은 STM으로 35개의 Xe원자를 이용하여 5nm 크기의 IBM이란 글씨를 썼습니다. 이어 1986년 STM보다 원리가 더 간단한 '원자력 현미경 (atomic force microscope)'이 개발되었고, 이 기기들의 개발이 나노과학 발전의 가속화를 유도하게 되었습니다.

이러한 관련 학문 분야의 이론과 기술의 발전이 오늘날의 첨단 과학기술의 밑거름이 되었고, 그 범주에는 또한 독특한 성질이나 기능성을 가지는 많은 유기 화합물들이 포함되어 있습니다. 이러한 기능성 유기 화합물(advanced functional organic compounds)은 기능성 유

6 나노(nano)는 10억분의 1을 나타내는 단위이다. 1 나노미터(nm라고 쓴다)는 1미터의 1/1,000,000,000이다. 예를 들어보면, 사람의 머리카락 두께는 50,000nm이고, 사람이 맨눈으로 볼 수 있는 가장 작은 물체는 약 10,000nm정도이다. 원자 수준으로는 수소 원자 10개가 늘어서면 1nm쯤 된다.
또 나노과학은 어느 한쪽의 길이가 1nm−100nm인 분자나 구조물의 기본원리를 연구하는 학문이다.

기 소재(advanced functional organic materials 또는 advanced organic material)의 중요 원료이기도 합니다. 여기서는 초분자, 나노과학 관련분야의 전문용어 정의와 최근 관심이 많은 기능성 유기 화합물의 일부를 소개하고자 합니다. '미래를 위한 기술 나노테크놀러지(김희봉 역)'**[13]**을 읽으면 나노과학에 대해 더 많은 내용을 이해하는데 도움이 될 겁니다.

나노과학이 미래 기술과 산업을 주도한다

전 세계 과학자들은 나노과학이 가져올 기술과 문화 혁신에 큰 기대를 걸고 있습니다. 일부에서는 엄청난 맹신이 인류에게 재앙을 가져올지 모른다는 우려도하지만, 그럼에도 불구하고 선진 각국에서는 원천적인 나노기술을 선점하기 위해 엄청난 자금과 노력을 투자하고 있습니다.

'나노기술(nanotechnology)'이란 무엇인가? 나노기술은 1-100nm(1 nm = 10-9m) 크기 수준의 물체를 만들고 이들의 특성과 현상 또는 공정 들을 연구하는 기술을 통칭하는 용어입니다. 물질의 크기가 나노미터 수준으로 되면 크기에 따라 물질 내부의 전자가 취할 수 있는 에너지 준위가 달라지고, 이에 따라서 동일한 구성성분으로 이루어진 물질이라도 물리적 및 화학적 성질이 달라집니다. 예를 들어 카드뮴(Cd)과 셀레늄(Se)으로 구성된 물질을 각기 다른 크기로 제조하면 푸른색에서부터 붉은색까지 원하는 색깔의 물질을 만들 수 있습니다. 나노기술의 핵심은 분자나 원자 수준에서 나노 크기의 물질을 만들거나 조작하여 전혀 새로운 성질이나 기능을 가진 시스템을 구현하는 것입니다. 즉 나노미터 크기의 디바이스(장치)를 제작하는 것입니다.

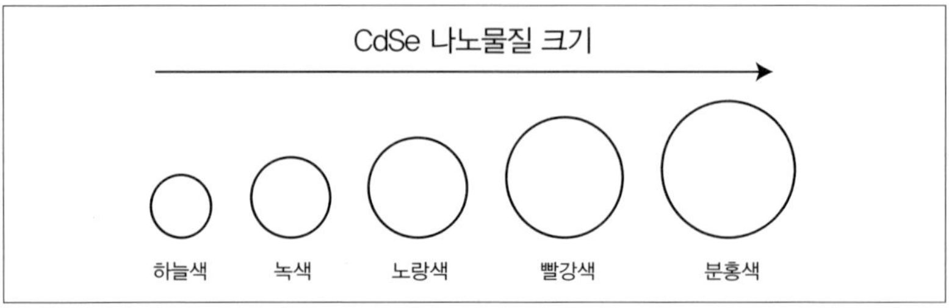

CdSe 나노물질: 크기에 따라 색깔이 다르다.

나노기술에서 수행하게 되는 분자조립(molecular assembly)의 전체 과정은

첫째, 분자들을 정해진 순서대로 배열 하는 배치(positioning) 과정,
둘째, 화학종들이 스스로 복제되거나 또는 배열하는 자기복제(self-assembly) 과정,
셋째, 그리고 부품들을 조립하여 다른 기계를 만드는 분자공장조립 과정으로 이루어 집니다.

20세기 말과 21세기에 들어서면서 나노기술은 개인용 컴퓨터의 경우와 유사한 투자 배경을 바탕으로 발전하고 있습니다[14]. 개인용 컴퓨터가 전 세계적으로 개인들이 사용하기 전에 세금으로 지원되는 군사 및 과학 분야 연구과정을 거쳤던 것처럼, 나노기술의 발달 과정도 유사한 과정을 거치고 있습니다. 20세기 말부터 미국, 일본 및 유럽을 비롯한 과학 선진국들이 정부나 주정부 차원에서 엄청난 연구비를 투자하고 있고 동시에 연구팀 수준에서도 급격한 증가를 보였습니다. 일본과 유럽이 적극적으로 연구소를 설립하였고, 이어서 캘리포니아 주 정부가 캘리포니아 대학 산타바바라 및 UCLA 캠퍼스에 나노시스템 연구소를 설치하였습니다. 뒤이어 컬럼비아대학, 코넬대학, 라이스 대학, 노스웨스턴 대학 그리고 하버드 대학에 나노기술

센터들이 설립되었습니다. 최근에는 벤처 투자자들이 나노과학 분야에 눈을 돌리면서 국가 간, 기업 간 및 연구소간에 첨예한 경쟁이 벌어지고 있습니다. 기술의 선점을 위해서죠. 나노과학에는 화학, 화공, 초분자 과학, IT 산업, 생명과학-바이오 기술, 심지어는 군사기술까지 매우 다양한 분야가 어우러져야하기 때문에 나노기술만을 바탕으로 하는 거대기업이 당장 등장하기는 어려울 것입니다. 그러나 이러한 경향성이 오늘날 여러 관련 학문의 융합화를 유도하는 것은 분명합니다. 이러한 학문의 융합화는 교육, 연구, 사회 및 산업 분야에 빠른 속도로 확산되어 가고 있습니다. 그러나 나노 기술로 제조하는 특별한 용도나 성질의 물질들은 정보기술, 에너지/환경, 생명-의료기술 및 기반기술 등 산업의 모든 분야에 혁신을 이루게 될 것이라 예상하는 대는 이견이 없습니다. 이러한 분자혁명이 미래에 어떤 모습으로 인류사회에 다가 올 것인가?

나노·초분자 과학 기술은 어떤 변화를 가져 올 것인가?

나노기술이란 실현되는데 수십 년의 기간이 요구될 수도 있는 전혀 새로운 기술이 아니므로, 이미 가지고 있는 것으로부터 논리적으로 발전시켜 나갈 수 있는 분야라고 생각합니다. 나노기술개발은 아주 놀라운 속도로 진행되고 있습니다. 원자 단위의 정밀한 분자조립기가 반드시 필요하지도 않으며, 초소형 정밀기계 기술로도 아주 작은 기계를 만들 수 있고, 단백질을 이용하여 우리가 원하는 일을 해낼 수도 있기 때문에 빠르게 발전하고 있습니다. 이런 빠른 기술의 진전이 인류사회에 어떤 변화를 가져올 것인가? 그 변화의 전환점은 언제인가? 를 예측하는 것도 흥미로운 일입니다. 논란이 되긴 하지만 인공지능(人工知能, autonomous artificial intelligence)의 출현이 전환점이라고 보기도 하고, 시기도 재 각각 다르지만 20세기 말에도 생각하지 못했던 나노기술들이 이미 상당 부분 실현되고 있습니다. 잉크젯 프린터 헤드에서 옥수수 전분이나 플라스틱 가루가 분산되는 3차원 프린터가 등장했고, MIT 학생들이 인쇄 가능한 자전거도 선보였으며, 구부릴 수 있는 전자 종이와 이-잉크(e-ink)가 벨연구소로부터 개발되었습니다. 머지않아 나노컴퓨팅이 가능해 질것이라는 전망도 나왔습니다. 이처럼 기술의 중심이 되는 개체들이 더 작아지고, 더 커지고 또 더 빨라지면 그들의 영향은 시대의 패러다임을 이동시키게 될 것이라고 보는 견해가 많습니다[15]. 그렇다면 미래에 다가올 나노컴퓨팅, 로봇공학, 유전공학 등의 융합기술이 인류에게 어떤 의미로 다가와 어떤 영향을 미칠 것인가?

복잡성의 과학은 무엇인가?

복잡계(複雜界) 과학은 일종의 '다중 전공계 과학(multidisciplinary science)'입니다. 복잡계를 이해하면 세상이 보인다고 합니다. 복잡계란 "수많은 구성요소들의 상호작용을 통해 구성요소 하나하나의 특성과는 사뭇 다른 새로운 현상과 질서가 나타나는 시스템"을 말 합니다. 대표적으로 우리의 뇌(腦)나 컴퓨터의 검색 키가 여기에 해당합니다. 여기서 복잡계 과학의 역사와 배경을 살펴보기로 하죠.

지금까지 우리는 세상의 여러 현실을 몇 가지 단순한 법칙으로 이해할 수 있다고 믿었습니다. 이 믿음은 시스템을 각각의 구성요소로 분해하고 분석하는 수많은 과학적 방법론을 이끌어 내었고, 오늘날 과학문명의 사상적 토대가 되었습니다. 하지만 인간을 분해하여 장기와 세포, 분자수준으로 파헤쳤음에도 불구하고, 왜 우리의 고도의 사고(思考) 작용과 정신세계는 여전히 미해결의 문제로 남아있는가? 하는 것입니다. 이렇게 분해와 분석만으로는 이해하기 어려운 문제들을 이해하고 해결하기 위하여 '복잡성 과학'(複雜性 科學, science of complexity)이 등장하였습니다. 복잡성 과학은 자연과 사회를 있는 그대로의 전체로서 받아들이는 전일 주의적 관점에서 문제를 풀어가려고 하는 거죠.

현재까지 결정론, 환원론, 가역론적인 패러다임이 과학을 이끌어왔다면 복잡성 과학 혹은 카오스(chaos), 비선형(非線型, nonlinearity) 과학이란 자연현상을 하나의 전제성으로 탐구하는 새로운 학문분야라고 할 수 있습니다. 뉴턴 시대에도 프앵카리(Jules Henri Poincare, 1854-1912) 등의 학자들에 의해 자연의 비선형 현상에 대한 논란이 있었습니다. 최근에 이르러서야 이러한 학문이 가능하게 된 것은 컴퓨터의 발전과 고등수학의 발전이 있었기 때문입니다. 이 분야의 연구가 구체적으로 오늘날과 같은 형태가 될 수 있도록 기여한 사람은 기상학자인 로렌츠(Edward N. Lorenz, 1917-2008)인데 그는 1963년에 복잡하고 변수가 많은 '기상예측(나비효과 라고도 함)'을 단순한 연립방정식으로 설명함으로써 소위 '카오스 이론(Chaos theory)'이라고 하는 새로운 학문분야를 개척하였습니다[16]. 이 같은 학문이 가능하였던 것은 물리학에서 아인슈타인의 상대성이론과 하이젠베르그의 '불확정성 이론'으로 입자의 절대성이 위협을 받게 되었고, 또한 20세기 최고의 논리학자로 불리는 쿠르트 괴델(Kurt Gödel, 1906-1978)의 '불완전성의 정리[7]'에 의하여 논리학의 한계를 인식하게 된 점 등의 영향을 받

7 불완전성의 원리는 자연수를 포함하는 수학의 형식화에 대한 한계를 증명한 것이다. 정리에 따르면, "자연수의 이론을 포함하며 모순이 없는 모든 공리계에는 참이지만 증명될 수 없는 명제가 존재하며, 또한 그 공리계는 자신의 무모순성을 증명할 수 없다"라고 하는 정리입니다.

았다고 생각합니다.

과학자들은 자연계에 존재하는 많은 현상들이 비선형적이어서 예측하였던 결과와 전혀 다른 결과를 얻게 되는 경우가 많다는 사실을 잘 알고 있었습니다. 그러나 최근까지지도 이러한 현상을 설명할 수 있는 이론과 방법이 없었던 거죠. 뤼엘(David Ruelle, 1935-)과 타켄스(Floris Takens, 1940-2010)가 "유체나 기상현상 등에서 발견되는 비선형 현상이 자연계에서 매우 보편적인 현상"이라는 것을 증명하고(1971년), 사제지간인 티엔 리(Tien Li) 와 메릴랜드 대학의 제임스 요크(James Yorke, 1941-)교수가 단순한 수학식에 의해 매우 복잡한 현상을 끌어낼 수 있는 카오스 이론을 발표하면서(1975년) 이 분야의 연구가 더욱 활발하여졌다고 생각합니다. 같은 해 파이겐바움(Mitchell J. Feigenbaum, 1944-)은 자연계에 매우 보편적으로 존재하는 비선형 현상을 수학적으로 '파이겐바움 수(Feigenbaum Number)[8]'라고 하는 단순한 숫자로 설명하면서 비로소 카오스 이론의 이론적인 배경이 완성된 것으로 봅니다[17]. 카오스 이론은 1976년 메이(Robert M. May, 1938-)의 종설이 'Nature'학술지에 실리면서 정상과학의 체계를 뒤흔드는 새로운 패러다임으로 각광을 받게 되었습니다[18].

특히 이 분야가 유명해진 것은 IBM 연구소의 만델브로(Benoit B. Mandelbrot) 교수가 창안한 "프랙털 기하학(Fractal Geometry)[9]"의 공로가 크다고 할 수 있습니다. 프랙털이라는 일부 작은 조각이 전체

8 파이겐바움 수(Feigenbaum Number)는 분기 다이어그램에서 나오는 두개의 수학 상수를 말한다. d=4.66920160910299067185320382... a=2.502907875095892822283902873218가 있다[19].

9 프랙털 기하학은 프랙털의 성질을 연구하는 수학 분야의 하나다. 대표적인 프랙털 도형에는 만델브로 집합, 칸토어 집합, 시에르핀스키 삼각형, 페아노 곡선, 코흐 눈송이 등이 있다. 이는 과학, 공학, 컴퓨터 예술에 적용되기도 한다. 자연계에서도 프랙털 구조가 자주 발견되며, 구름, 산, 번개, 난류, 해안선 및 나뭇가지 등이 그 예이다.

와 비슷한 기하학적 형태를 말합니다. 이런 특징을 "자기 유사성"이라고 하며, 다시 말해 자기 유사성을 갖는 기하학적 구조를 프랙털 구조라고 합니다. 즉, 길이, 부피 등의 절대적인 값을 버리고 어떤 사물의 복잡한 정도를 상대적으로 정량화하는 새로운 형태의 기하학적 용어입니다. 이것은 지금까지는 과학의 대상이 되지 못하고 있었던 정신세계의 복잡한 현상들까지도 정량화할 수 있는 가능성을 열어 주었을 뿐만 아니라, 고도의 전문화로 인하여 의견교환이 어려웠던 자연과학자와 사회과학자, 심지어는 철학자나 예술인들 간에 카오스, 프랙털이라는 공통의 언어를 가지고 토론할 수 있게 됨으로써 빠른 속도로 학문의 전 분야에 걸쳐 영향을 미치고 있습니다.

결론적으로 복잡계 과학이란 기존의 분석적인 연구방법에서 탈피하여 통합적인 시각의 새로운 연구방법을 과학, 의학(특히 뇌 과학) 혹은 경제 및 경영학의 문제에 적용하고자 하는 전혀 새로운 패러다임이라고 할 수 있습니다. 이 분야는 컴퓨터의 발전 덕분에 여러분야로의 응용 가능성이 큰 분야라고 생각합니다. 이 분야에서 가장 앞서가는 미국, 일본, 독일, 스웨덴, 영국 등의 경우 1960-70년대에 이미 정신의학, 신경과학, 물리학, 수학, 전자공학, 경제학 등 서로 다른 분야의 연구자들이 함께 모여 공통의 관심사를 토론하고 연구결과를 발표하는 다양한 학술모임들이 활동하기 시작하였습니다.

1988년 이후로는 기초과학분야와 임상의학분야를 막나한 다양한 학회들이 매우 활발하게 활동하고 있습니다. 관련분야의 흥미로운 최근의 연구 일부를 소개하면 다음과 같습니다. 1998년, 미국 물리학자 덩컨 왓츠(Duncan Watts)박사가 코넬대학 박사과정 중 할리우드 배우 21만 명의 연계 구조 분석에 관련된 분석 논문을 Nature지에 실었습니다[20]. 또 이탈리아 팔레르모대학 만테냐(Rosario N. Mantegna)교수는 한 기업의 주가가 오르면 다른 기업 주가가 어떻게 변화되는지를 연구하여 물리학술지 European Physical Journal B에 발표하였습니다[21]. 한편, 앨버트(R. Albert)와 한국과학기술원 정하웅 교수는 WWW(world wide web)에서 8억 개의 웹사이트가 어떻게 연결됐는지를 연구하여 Nature 지에 발표했습니다[22].

이와 같이 복잡성 과학의 응용범위는 넓고 다양하여, 사회·경제 분야 생명과학 분야와 더불어 기존의 자연과학적 방법으로 다루기 어려웠던 자연과학 분야에 까지 넘나들게 될 것으로 보입니다. 뿐만 아니라 학문의 융합과 통섭의 가속화와 더불어 더 높은 차원으로 발전도 예상해 볼 수 있습니다.

제9강

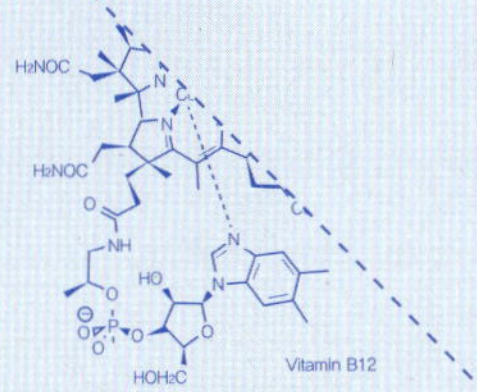

한국과학사 개요

9.1 동양 삼국은 서양과학을 어떻게 받아들였나?

9.2 개화기 이전의 우리나라 과학기술 역사

9.3 개화기 이후 우리나라 과학은?

9.4. 간단한 한의학의 역사와 이해

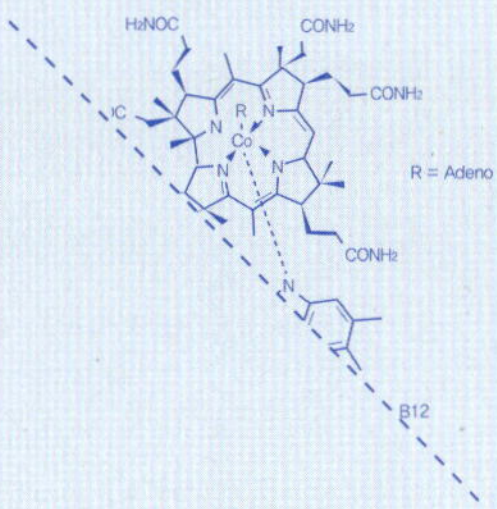

"우리의 현대과학은 전통과학과 서양과학이 어우러진 상태로 발전해왔다"

- 본문 중에서 -

제9강

들어가기 전

우리의 현대과학은 역사적 상황 때문에 두 가지 서로 다른 과학의 전통이 접목(어우러진)된 상태입니다. 즉 서양과학이 들어오기 이전의 우리 고유의 전통과학과 개화기를 지나면서 들어온 서양과학이 접목된 것이죠. 따라서 우리의 현대 과학사를 이해하려면, 이 두 가지 과학전통을 함께 고찰해야 합니다. 지금 우리가 정규 교과과정을 통해 배우고 다루는 과학은 서양과학이기 때문에 이전의 우리 전통과학은 사라져 버린 듯하지만, 한국과학사는 기존의 과학전통과 서양과학의 전통을 동시에 포함하는 배경 아래 전개되는 것이라고 생각해야 합니다.

한국과학사는 대부분 개화기 이전과 개화기 이후로 구분하여 논의합니다. 개화기 이전의 우리 전통과학은 중국 과학전통의 영향을 크게 받았던 것으로 보여지며, 개화기 이후 우리가 받아들인 서양과학은 수천 년의 역사와 전통을 가진 서양과학과 일본과 중국의 전통에 의해 얼마간(비교적 단기간 이기는 하지만)은 동화된 다른 모양의 서양과학이 짧은 시기에 전달되었습니다. 그러나 과학의 속성상 서양의 과학적 사실이 중국이나 일본을 거치는 동안 특별히 크게 변질되지는 않았겠지만, 이들을 받아들이는 당시의 사람들의 우주관이나 물질관이 서양과는 차이가 있었으므로 생각이나 관점이 어느 정도는 달랐을 것으로 생각됩니다. 이것이 우리의 과학사를 개화기를 중심으로 구분해야 하는 이유가 되기도 합니다. 그런 면에서 한국과학사는 독특한 구조를 이루고 있다고 볼 수 있습니다. 이 강좌에서는 '한국과학사(박성래)' **[1]**와 일부 자료들을 중심으로 우리의 근대 과학사를 살펴보고, 아울러 간단한 우리나라 과학기술의 역사와 한의학의 역사도 살펴보려고 합니다.

제9강 한국과학사 개요

9.1 동양 삼국은 서양과학을 어떻게 받아들였나?

▪ 한국·중국·일본의 새로운 학풍인 실학(實學), 고증학(考證學), 난학(蘭學)은 서양의 근대과학이 동양에 미친 영향 가운데 발생했다는 공통점이 있다.

우리나라의 개화기 이전에 중국, 일본 및 우리의 서양과학 전래 상황이나 수용상황을 살펴보기로 하죠. 19세기 당시의 동양 삼국의 근대화 수준을 비교하면, 우리의 과학수준이 가장 낮았다고 하는 견해가 일반적이고 그것은 사실입니다. 잠시 중국과 유럽의 교류를 살펴봅시다. 지형적인 이유 때문에 이들의 교류는 이미 기원전부터 이루어져 왔습니다. 후한(後漢)시대에는 마루크스 아우렐리우스(Marcus Aurelius) 황제의 이름인 안토니우스(Antonius)가 안돈(安敦)이라는 이름으로 기록되었고, 로마의 상류 계급들은 중국 비단 옷을 입었습니다. 로마가 쇠퇴하면서 교류는 중단되었다가, 유럽과 중국의 교류가 새로 시작된 것은 수 백 년이 지난 십자군 전쟁 후 서양의 중세시대에 원 나라에 로마 교황과 기독교 군주를 대신하여 사신을 보내면서 재개되었습니다(대략 13세기 쯤). 당시 원나라의 지배 계급 중에는 기독교 신자를 아내로 맞이한 사람도 있었다고 하나, 원나라가 쇠퇴하면서 기독교도 소멸하게 되었습니다. 1500년대 횡단항로가 발견되면서 예수회 선교사의 동양 선교가 다시 시작되면서, 유럽에서 중국의 지식이 축적되기 시작하였습니다. 서양에서의 중국학의 시작은 처음으로 명(明)나라 수도에 들어간 예수회 선교사 마테오 리치(Matteo Ricci, 중국 이름: 리마두 利瑪竇, 1552-1610)로부터라고 봅니다. 중국의 대표적인 사상가 양계초(梁啓超, 1873-1929)에 의하면 중국에는 두 번의 큰 왜래 문화 수용이 있었는데 그중 하나는 진나라와 당나라시기에 전래된 불교문화의 수용이고, 또 다른 하나는 명나라 말과 청나라 초기의 서양과학의 전래가 역사상 두 번째의 큰 왜래 문화수용이었다고 하였습니다. 양계초도 서양과학을 중국에 전달하는 데 공헌한 인물로 마테오 리치를 꼽고 있습니다[2].

마테오 리치는 1601년 북경에 있으면서 사대부 층에 선교를 시작했고 예부시랑(禮部侍郎)지위에 있던 서광계(徐光啓, 1562-1633)를 만납니다. 이들 두 사람은 다른 사람들의 협조를 얻어 교리서(教理書) 뿐만 아니라 수학서, 천문학, 지리학 및 기술서 등을 번역했다고 알려졌습니다. 즉 상당한 수준의 당시 서양 과학기슬이 중국에 전수되었던 거죠. 어떤 면에서 보면 이 당시의 서양 과학기슬은 선교사들이 선교의 수단으로 들여온 것 이었으나, 중국인들에게는 새롭고 놀라운 것이었습니다. 중국인들은 초기에는 종교 보다는 과학기술에 더 흥미를 보였지만, 후에는 기독교에 대한 반발로 서양과학을 보는 시각에 변화가 생겼습니다. 마테오 리치가 사망한 후로 천주교 박해사건(1616년)이 일어나면서 전통적인 가치관을 흔든다는 이유로 서양과학에 대한 인식에도 영향을 미쳤습니다. 그러나 명(明)나라 황실에서 외부 세력에 맞서기 위해 서양의 대포 기술이 필요했기 때문에 선교사를 다시 받아드렸습니다. 그로인해 서양 천문학이 다시 고개를 들었고, 이런 이질 문화가 중국의 전통문화를 잠식한다는 생각에서 양과학의 우월성을 무시하고 전통문화를 고수하려는 세력과의 충돌을 피할 수 없었습니다.

서양과학이 본격적으로 중국에 영향을 미친것은 1600년 전후라고 볼 수 있지만, 일본의 경우는 중국 보다 더 일찍 서양과학의 영향을 받았습니다. 1543년 일본 구주(九州) 남쪽 바다에 표류하던 서양 선박에 장착되어 있던 철포(鐵砲)를 보고, 이 제작기술을 즉시 받아드렸다는 기록도 남아 있습니다. 당시 일본은 전란 중이었으므로 앞 다투어 신무기를 개발하였고, 이 무기 중 하나가 바로 도요토미 히데요시(豊臣秀吉, 1537-1598)가 조선침략에 사용했던 조총(鳥銃)입니다. 일본도 중국과 마찬가지로 선교사에 의해 서양과학이 전래되었던 거죠. 1549년 파리 예수회 선교사 프란시스코 사비에르(Francisco Xavier, 1506-1552) 일행이 일본에 오면서 자명종, 악기, 안경, 거울, 직물, 유리, 포도주 등을 진헌 품으로 가져왔고, 그 후로 계속 선교사들이 일본에 들어왔습니다. 영주들이 선교사들의 입국을 허락한 것은 종교적인 것 보다는 선교사들이 가져오는 서양 과학기술을 이용하여 권력을 확보하고, 무역(貿易)적으로 이익을 얻기 위해서였다고 보여집니다. 천문학은 지식인층의 관심사였고 서민층에는 서양 의술의 혜택이 컸습니다. 당시 페드로 고메즈(Pedro Gomez)가 지은 '요강(要綱)'에서 서양의 우주관과 사원소설 등이 소개되었습니다. 17세기에 와서 천주교의 전파가 금지되면서 서양과학의 수용도 늦어지게 되었습니다. 그러나 18세기 초에 와서 일본의 서양과학 수용이 활기를 띄었고, 서양과학을 장려하게 되었습니다. 그러면서 중국에서 번역된 과학기술 서적이 들어오고 서양언어(당시는 화란어)를 배우면서 서양학술의 도입이 가속화되어 '난학(蘭學)'이 탄생합니다. 1734년 서양 해부학 책을 번역한 '해체신서(解體新書)'가 발행되었습니다. 일본은 중국보다 더 다양한 서양 과학기술이 전래되었고, 당시 서양의 물리학 및 화학 지식도 빠르게 전달되었던 같습니다. 이런 결과로 일본은 개국 이전에 이미 상당한 서양 과학기술을 가지고 있었고, 그로인해 명치(明治) 이후에 급속한 근대화가 가능했다고 봅니다.

우리나라에 서양과학이 전해진 과정은 일본이나 중국과는 매우 다릅니다. 이처럼 전래과정이 다른 이유는 서양 선교사들의 선교 대상국에서 우리나라가 다소 소외되었기 때문이었습니다. 따라서 중국과 일본은 서양 선교사로부터 직접 전해진 것이었으나, 우리나라(조선)의 경우는 우리나라 사람들이 중국이나 일본으로부터(대부분 중국에서) 얻어 오는 단편적 지식에 의해 서양 과학기술이 들어왔습니다. 그 예로 1645년 소현세자가 탕약망이 번역한 서양 천문학서를 가져왔다는 것을 들 수 있습니다. 또한 조선에는 서양인 선교사가 직접 온 것이 아니라, 사람보다는 책, 즉 서양 학문이 먼저 들어왔다는 점도 다릅니다. 이런 제한된 여건 때문에 개국 이전의 비슷한 시기에 서양과학이 순조롭게 전해지지 못했습니다. 실제로 우리나라의 근대과학의 수용은 중국을 통해 이루어지다, 그 후에는 일본을 통해 수용하게 되는 간접성을 벗어나지 못한 체 1945년 해방을 맞게 됩니다. 이런 전래과정의 간접성이 우리나라 근대과학 발전에 지대한 영향을 미쳤다고 봅니다.

그러나 히라카와 스케히로(平川祐弘)은 그의 저서 마테오 리치[2]에서 18세기 리마두가 우리나라에도 영향을 미쳤다고 언급하고 있습니다. 여기서 저자는 1766년 1월 7일 홍대용이 서양인 신부에게 보낸 편지를 소개하고 있습니다. 편지의 내용은 이렇습니다.

"엎드려 생각건대 신년에 큰 복을 받았으리로다. 우리가 사는 곳은 궁벽하고 소견이 고루하여, 하늘의 도수와 의기제양(儀器諸樣)은 진실로 앎직한 재주가 아니로다. 그러나 망령되이 스스로 헤아리지 아니하여 배우기를 원하는 뜻이 평생에 맺혔는지라. 그윽이 들으매 두 분 선생이 하늘의 근원을 궁구하고 역리(曆理)의 기묘함을 사무쳐, 그 궁극이 높고 극진히 넓음은 대개 천 백 새로 헤아려도 미칠 이가 없는지라. 우리는 몸이 바닷가에 엎드려 마음이 천당에 달리었으되, 오직 지경에 한정이 있어 우러르는 마음을 품었을 뿐이었다. 다행이 사신을 따라 몸이 이곳에 이르렀으니, 한번 높은 덕을 우러러 거의 숙원을 갚을 것이로다. 다만 외국의 천한 차죄라, 문 지킨 자의 거리낌을 염려하여 날이 오래도록 나가지 못하고 두어 줄 글로 대강 정성을 펴고자 한다. 또 두어 가지 토산물은 비록 이젓지 아니하나 옛사람이 서로 만날 때 폐백을 잡음을 본받음이니 오직 선생의 헤아려 살핌을 바라노라."

이 편지를 보면 홍대용은 조선에 있을 때부터 예수회 선교사들이 지은 천문학과 역법에 깊은 관심을 가지고 있었음을 알 수 있습니다. 또 함께 보낸 토산물은 두꺼운 종이인 장지(壯紙) 두 두루마리, 부채 세 자루, 진묵 세 갑과 청심환 세 알을 보냈다고 알려졌습니다. 홍대용은 천주당을 방문한 후에 적은 일기에서 서양인들이(선교사) 천문성상(天文星象)과 산수역법(算數曆法)을 잘 알고 있다고 쓰고 있습니다.

조선에 리마두가 끼친 영향을 분명하게 볼 수 있는 것은 지도입니다. 중국에서 마테오 리치가 만든 지도가 조선 중기의 문신이었던 이공정과 권희에 의해 궁궐로 들여왔다고 알려져 있습니다. 이 지도는 왕명에 의해 여러 개의 사본이 만들어 졌습니다. 조선을 포함한 중국과 일본 같은 한자문화권 사람들은 세계지도를 보면서 중국 중심의 지리적 세계관과 서양인들의 새로운 세계관 사이에서 상당한 갈등을 일으켰을 것입니다. 그래서 일부 지식인들은 이런 세계관에 대해 반발도 있었으나 곧 기존에 조선이 가지고 있던 석본(天象列次分野圖를 말함) 보다 서양의 천체도가 더 참되다고 인정하게 됩니다. 그러나 당시의 조선인들로서는 중화사상적 세계관에서 탈출하기가 매우 어려웠을 겁니다.

중국과 일본에 서양과학이 전래되는 과정에서의 받아드리려는 동기(動機)면에서 살펴보면 공통점도 있고, 차이점도 있습니다. 공통점은 "서양 과학기술이 선교사들에 의해 전래 된다"는 것이었고, 차이점은 "중국의 경우는 학술적 실용성"때문이었다면, 일본의 경우는 "무기경쟁과 무역적 이익"이라는 차이가 있습니다. 또한 수용된 서양과학의 전파 대상과 과정 면에서도 두 지역에서는 차이가 있었습니다. 중국의 경우는 중앙집권적 사대부 사이로 전파되었으나, 일본의 경우는 서양 선교사들이 세운 학교 교육을 통해 수학, 천문학, 지리학, 점성학 등이 전파되었습니다. 즉 일본은 일반 국민을 통한 전래였다 면, 중국은 소수 지배계급에만 전파 되었다는 점도에서도 차이가 있습니다. 즉 19세기중반 까지 한국·중국·일본 세 나라는 이미 근대 과학기술의 잠재력이 크게 차이가 나고 있었던 겁니다. 이 이유를 다음과 같이 보고 있습니다.

첫째, 세 나라에 서양과학이 영향을 미치는 시차에 큰 차이가 있다는 것입니다. 중국은 1600년 이후, 일본은 1550년 이 후 지속적인 접촉이 있었으나, 우리나라는 1700 년 이후부터 서양과학에 영향을 받았다.

둘째, 세 나라가 가진 각 나라의 전통이 미친 영향의 정도가 다르다는 것입니다. 중국은 동양 문화권에서 문화 수출국이었기 때문에 외부 문화 수용에 크게 영향을 받지 않았다. 그러나 일본은 외부 문화 수용에 관대했고 서양과학의 유용성을 일찍 인식했기 때문에 서양문화에 대한 저항도 약했다.

셋째, 세 나라의 지식인층의 반응이 각기 달랐습니다. 이는 앞서 언급한 전통의 차이에 기인한다고 봅니다. 중국의 상류 지식층은 서양과학의 우수성을 인정하지 않으려 했지만, 반면에 일본의 정인계층(町人階層: 당시 경제권의 주체적 계층이었음)과 하급의 무사계층(武士階層)은 보다 진보적인 계층이어서 서양과학 수용에 적극적 이었던 거죠. 우리나라의 경우에는 조선 후기 지식층은 양반(兩班)과 중인(中人)으로 나누어진 사회구조 때문에 보수성이 강했다.

넷째, 중국은 서양 선교사들이 서양 과학책을 번역하였으나, 일본의 경우는 일본학자가 직접 서양언어를 배워 번역하였다는 점도 다릅니다. 이와 같은 일본의 지식인 중심의 주도적이고도 적극적인 서양과학의 수용 방식이, 세 지역(나라) 중에서 일본이 가장 풍부한 서양과학을 수용하게 하는 원인이 되었다.

18세기를 전후하여 한국·중국·일본 세 나라에서 새로운 학풍인 실학(實學), 고증학(考證學), 난학(蘭學)이 태동했습니다. 이 학풍들은 서양의 근대과학이 동양에 미친 영향 가운데 발생했다는 공통점을 갖고 있습니다. 과연 이 학풍이 각 나라에 서양과학이 수용되고 발전하는데 얼마나 긍정적인 영향을 미쳤을까?

9.2 개화기 이전의 우리나라 과학기술 역사

- 우리나라의 고대, 중세의 천문학, 금속 가공 기술 및 인쇄 기술은 당시 최고의 수준으로 평가된다.

우리나라의 서양과학 전래 역사는 매우 짧고 중국과 일본에 의존적이었습니다. 그러나 우리는 우리의 전통적인 과학이 있었습니다. 우리나라의 고대, 중세의 천문학, 금속 가공 기술 및 인쇄 기술은 당시 세계 최고의 수준으로 평가받고 있습니다. 여기서 간단 하나마, 우리의 삼국시대로부터 개화기 직전까지의 과학기술 역사를 살펴보기로 합시다.

삼국시대 과학은?

우리나라 과학은 우리의 조상이 살기 시작하면서부터 시작되었겠지만 유물을 근거로 한 한국과학사의 서술은 대부분 삼국시대부터 시작하는 것이 일반적입니다. '삼국사기(三國史記, 12 세기, 김부식)'와 '삼국유사(三國遺事, 13 세기, 일연)'에 전해지는 과학기술의 내용은 극히 적지만, 여기에는 상당히 많은 자연현상에 대한 기록이 포함되어 있었습니다. 이는 당시의 자연관을 보여주는 과학사 자료가 됩니다. 삼국사기에는 천여 개의 자연현상의 기록이 실려 있습니다. 실제로 삼국시대부터 가장 일찍 발달한 과학 분야는 천문학이었습니다. 그 대표적인 유적이 첨성대입니다. 첨성대가 세워진 647년 전후에는 신라 천문학 발달의 모습이 단편적이지만 기록에 남아 있습니다[1].

그러나 고구려와 백제에 어떤 천문학이 발달하고 있었는가에 대한 확실한 기록은 없지만, 당시 일본의 기록을 보면 그 수준이 높았다는 것을 알 수 있습니다. 4세기에 백제의 왕인과 아직기가 일본에 학

---

1 대나마(大奈麻) 덕복(德福)이 당(唐)나라에서 천문역산학을 배워왔고(674), 승려 도증(道證)은 천문도를 얻어왔다는 기록이 남아있다(692). 물시계를 만든 기록도 있으며(718), 누각전 이라는 관서에 천문박사(1명)와 누각박사(6명)을 배치하여 물시계를 관리한 기록도 남아 있다(749).

문을 전한 이후 여러 차례 백제와 고구려에서 천문학, 역산학, 역학, 의학, 약학 및 그 밖의 여러 가지 기술이 전해졌다는 내용이 '니혼쇼키(日本書)'에 남아 있습니다. 특히 602년 백제의 승려 관륵(觀勒)이 일본에 역(曆)을 전하고 역법을 가르쳤다고 기록되어 있습니다. 이는 백제가 6세기까지는 천문역법에 대한 수준이 상당했음을 간접적으로 보여주는 것입니다.

고려시대 과학은 기술 분야에서 뛰어나 삼국시대의 과학기술이 계승 전수되고 중국의 송(宋)나라와 원(元)나라 시대의 과학기술이 전파되어 발전하였다고 생각합니다. 고려의 대표적 기술로 인정하는 인쇄술과 고려청자는 일종의 귀족문화의 소산이라는 시각도 있습니다. '삼국시대 과학사' 한국 브리태니커[3]를 참고하면 더 많은 내용을 볼 수 있습니다.

고려 말에는 화약을 제조할 줄 알았으며, 병선(兵船)을 만드는 조선기술(造船技術)도 뛰어났습니다. 고려시대의 의학은 958년에 시작된 과거제(科擧制)에 의학부문이 포함될 만큼 발전하였고, 중국의 의서(醫書)와 향약구급방(鄕藥救急方) 등의 의서를 발간하기도 했습니다[4].

조선시대의 과학기술의 발전은 임진왜란 전과 후가 차이가 있습니다. 임진왜란 이전에는 주로 활자, 의학, 천문학, 무기 제조기술 등 실생활에 밀접한 관련이 있는 과학기술이 발전하였습니다. 임진왜란 후에는 서양 문물의 전래로 인하여 서양의 과학기술 문화를 연구하는 활동이 두드러졌습니다. 조선 전기는 과학기술의 황금기였으며, 태종(太宗)과 세종(世宗)대의 과학문화 정책은 이론과 실천이 조화되어 학자, 정치가, 기술자들이 협력하여 과학기술의 통일성을 이루었고, 과학기술이 대중의 생활향상에 기여했던 시대였던 것 같습니다. 많은 유능한 인재를 발굴하여 나라의 후원으로 공동 연구하도록 하는 정책 등이, 놀라운 과학적 산물을 탄생시킨 원동력이 되었다고 생각합니다. 금속활자 인쇄(1402년)나 세종대에 이룩된 많은 과학적 산물은 바로 이러한 노력의 소산입니다.

세종대에는 우리만의 새로운 역법(曆法)을 확립하고 '천문관측의상(天文觀測儀象)'을 만들어 천문·기상학을 크게 발전시켰고, 이런 지식이 농업·지리학·의학 및 물리학적 기술 등의 여러 분야에 확대되었습니다. 세종 때 천문 역산학의 발달은 조선 전기의 과학 발달상을 대변하는 산물이기도 합니다. 또 이 시기에는 많은 과학기술서가 편찬되었는데 이는 개량된 활판인쇄에 영향을 크게 받았던 것으로 보입니다. 세종 때의 과학기술 발달상을 보여주는 다른 예로는 '농사직설(農事直說)', '향약집성방(鄕藥集成方)', '의방유취(醫方類聚)', '팔도지리지(八道地理)', '총통등록(銃筒謄錄)' 등을 들 수 있습니다. 이들은 모두 기술에 관한 책이지만, 농업기술과 의약 지식, 박물학, 생물학 등에 관한 서적들입니다. 조선 전기의 의학 지식은 후일에 허준에 의해 '동의보감(東醫寶鑑)'으로 정리되었습니다. 조선시대에 출판된 훌륭한 과학 서적의 절반가량이 조선시대 초기의 1세기 동안에 이루어진 것이 조선의 과학기술 자립에 크게 기여하였다고 생각합니다. 그러나 이런 과학의 발달은 15세기 말 이후의 내적인 정책 빈곤과 두 차례의 전란으로 정체기를 맞게 됩니다**[5]**.

한편 조선 후기의 과학 기술은 왜란(倭亂)과 호란(胡亂)의 두 차례에 걸친 전란으로 학문과 함께 침체기를 겪습니다. 그러나 중국의 청조(淸朝) 문화의 자극으로 '시헌역법(時憲曆法)'이 시행되고, 천문시계의 제작, 북극고도(北極高度)의 새로운 측정, 천문도(天文圖)의 재각(再刻) 등 새로운 과학기술이 발전하기도 하였습니다. 그 결과로 17-18세기의 '이용후생학파(利用厚生學派)'라고 하는 이수광, 유형원, 이익, 정약용 등 여러 학자들에 의하여 과학적 개혁이 추진되었습니다. 이들은 중국을 통한 서양의 근대 과학기술의 자극을 받아 철학적 사색에만

치중하던 사조에 반발하여 '실학운동(實學運動)[2]'을 벌였던 겁니다. 이들은 한국 근대과학의 선구자적 역할을 하였다고 봅니다[6].

서양 과학기술의 수용에 상당한 진전을 보였던 일본과 중국에 비해 근대 조선은 근대 서양 과학기술을 받아 드리는데 매우 뒤져 있었습니다. 다만 최한기 같은 극소수의 학자들만이 중국의 과학기술서를 국내에 번역해 들여왔을 뿐입니다. 이처럼 근대 서양 과학기술의 도입에 뒤쳐진 것은 지배계층의 위기의식 때문이라고 보는 견해가 주류입니다. 당시 근대 조선의 지배계층은 중국의 아편전쟁으로 인한 참담한 사회적 현실과 미국에 의해 개국당한 일본의 경우를 알게 되면서 상당한 위기의식을 느꼈을 것은 분명합니다.

9.3 개화기 이후 우리나라 과학은?

- 오늘날의 우리나라 과학기술의 발전에는 일제 식민지하에서 벌렸던 과학운동, 서양과학을 배워온 유학생의 기여, 선진기술의 모방, 과학교육의 대중화가 기여했다.

개화기에 개국과 더불어 서양 과학을 배우려는 지식인들이 있었으나 내적 혼란과 조선을 에워싼 국제 사회갈등으로 근대 서양 과학을 배울 기회를 잡지 못했습니다. 다행이도 우리나라 최초의 근대 신문인 '한성순보(漢城旬報 1883년 창간)'가 서양 과학지식을 보도했을 뿐이고,

2 실학운동은 실사구시(實事求是)를 이상(理想)으로 삼는 과학정신에 입각한 과학운동이다. 이러한 실학운동은 1601년 중국 북경에 서양 선교사 마테오 리치가 정착해 기독교와 함께 서양의 새로운 과학 지식을 전파하기 시작하면서 그 영향이 조선에 미치기 시작했다. 특히 해마다 파견된 조선 사신들을 통해 서양의 과학기술 지식이 전파되기 시작했다. 서양과학의 영향은 실학자들 사이에서 뚜렷하게 나타난다.

독립협회와 애국 계몽운동을 통해 과학의 중요성을 외쳤지만 제대로 된 과학교육의 기회를 가지지 못한 체 일제강점기를 맞이했습니다.

앞에서 언급한 바와 같이 우리나라의 근대과학에 대한 지식은 다분히 중국과 일본에 의존하고 있었습니다. 당시 중국을 통해 과학 근대화에 교량구실을 한 사람은 최한기(崔漢綺, 1803-1877)였고, 주저서인 '기측체의(基測體義)'를 비롯해 광범위한 분야에 걸쳐 1000권에 이르는 책을 저술하였습니다[7]. 당시 우리나라에서는 개화기 과학기술에 대한 중요성에 대한 인식은 높았으나 실제 과학기술을 습득하거나 전수받기는 매우 어려웠습니다. 이런 문제의 해결을 위해 당시 182명의 유학생을 일본에 파견하기 시작했고, 일본 유학생은 1900년을 전후하여 증가하였으나, 한일 합병 때까지도 큰 효과를 내지 못했습니다.

실제로 근대 서양과학이 수용되고 교육되는 시기는 선교사들에 의해 새워진 배재학당 및 이화학당 같은 근대적 사립학교가 설립되던 무렵 미국인 의사 아렌(Horace Allen, 1858-1932)이 몇 사람의 한국인에게 근대 서양 의학을 가르치기 위한 교과목으로 물리와 화학을 가르친 것이 그 시작입니다(1886년, 광혜원). 과학교육의 도약은 갑오개혁(1894년) 이후로 볼 수 있습니다. 이때부터 우리나라에 위생국, 전신국, 철도국, 광산국, 기기국이 설치되었고, 중학교, 대학교 기술학교 등이 세워졌습니다. 1890년 이후 전기, 전신 및 철도가 들어오고, 공장공업이 시작되면서 일본에서 교육 받은 기술자들이 활동하게 되었으나 그 숫자는 소수였습니다. 이 시기의 우리나라 과학기술은 매우 낮은 수준이었고, 을사조약(1905년) 이후 지식인들을 중심으로 애국계몽단체가 만들어 지면서 교육을 통한 민족과 국가의 발전을 추구하게 되었습니다. 일제의 고등교육 억제 정책으로 인해, 물리학이나 화학 등은 중등학교 수준의 교육만으로 제한되었습니다. 이런 이유로 우리나라 개화기 근대과학은 더 이상 발전하지 못한 체 해방을 맞게 됩니다. 1945년 해방이 되면서 일본인들이 물러나자, 그들이 세웠던 우리나라의 공장은 모두 폐허 상태였습니다. 과학기술 교육을 억압함으로서 양성된 한국인 과학자 기술자가 없었기 때문이죠. 그러나 식민지시기 조선의 지식층은 과학교육 고등교육기관 설립 운동과 과학 대중화 운동을 벌렸습니다. 1920년대 과학기술 대중화 운동으로 중요한 사건은 안창남의 모국 방문 비행(1922년) 이었습니다. 당시 비행기술은 각 나라의 과학기술 수준을 가늠하는 것이었음으로 대중화 운동에 의미 있는 사건이었습니다. 과학 계몽단체들이 발족되기 시작한 때도 이 시기입니다. 발명학회(1924년), 동경 유학생들이 주축이 된 과학문명보급회, 고려발명협회(1928년) 등이 그런 단체들이죠. 이런 과학 대중화 운동이 본격화된 것은 1932년 발명학회가 활성화되면서 부터라고 볼 수 있습니다. 이듬해에는 '조선과학(朝鮮科學)'이 창간되고 1934년 4월 19일을 '과학데이'로 정해 대중화 운동을 전개하였습니다(지금은 1967년 4월 21일 문을 연 과학기술처 설립 기념일 인 4월 21일 로 변경되었음). 1933년 이후 이런 운동은 일제의 탄압을 받게 되었고, 그런 가운데 이루어진 석주명(石宙明, 1908-50)의 조선의 나비 분류 연구, 우장춘(禹長春, 1898-1958)의 농학 연구 등은 한국 근대과학사의 큰 업적들입니다. 해방 전까지 한국인 근대 과학자로 지칭할 만한 사람은 소수였고, 또한 6·25전쟁으로 근대과학을 시작할 기회를 가지지 못했습니다. 결국 한국 근대과학의 시작은 1959년 원자력원이 실제적인 과학기술 행정 관서로 출발하고, 그에 전후해서 약 200명이나 되는 전례 없이 많은 국비 과학 분야 유학생이 파견되면서부터였다고 할 수 있습니다. 1966년 문을 연 한국과학기술연구원(KIST)과 그 후의 여러 과학기술 연구교육기관들은 당시 유학생들이 귀국, 활약하면서 생겨난 것이었습니다.

지난 60년 동안 우리나라 과학기술이 놀라운 속도로 발전했고, 또한 높은 수준으로 성장할 수 있었던 바탕에는 일제 식민지하에서 벌렸던 과학운동, 서양과학을 배워온 유학생의 기여, 선진기술의 모방, 과학교육의 대중화를 들 수 있습니다. 한편 1948년 8월 15일 대한민국 수립 후 정부의 과학 관련 정부조직의 변화를 살펴보는 것도 과학사적으로 가치가 있습니다.

제1공화국(第一共和國)의 초기 정부조직 중에서 과학기술을 다룰 수 있는 분야래야 고작 문교부, 농림부 상공부, 보건사회부, 부흥부 등이 이었습니다. 그러나 이 시기에는 한국전쟁 이후 파괴된 국토 복구사업이 주였고, 대부분의 식량은 미국의 무상 원조로 해결하는 정도였으며, 정부 주도적인 특별한 과학기술 진흥정책 등은 없었습니다.

제2공화국(第二共和國)은 1960년 6월 15일부터 1962년 3월 22일까지 존속하였던 대한민국의 두 번째 공화국입니다. 제2공화국의 정부조직 중 과학기술 관련 부서는 문교부, 농림부 상공부, 건설부, 보건사회부, 경제기획원 등이 있었습니다. 이 시기에 10만 킬로와트 규모의 화력발전소의 건설을 시도 하는 등 경제제일주의를 내걸고, 1961년 봄부터 댐 건설을 비롯한 '국토개발사업'에 착수했습니다. 그리고 '장기 경제개발계획'을 성안하여 다음해 시행하기 위해 재원확보에 나서기도 했습니다.

제3공화국(第三共和國)은 1961년 5·16 군사정변에 의한 군정 이후 1962년 12월 17일 국민 투표로 확정된 개정 헌법에 의해 설립된 공화 헌정체제입니다. 정부조직에 이 때 처음 '과학기술처'가 신설되면서 국가 차원의 과학기술 진흥정책의 수립이 시작되었습니다. 박정희 정부는 제2공화국이 세운 경제개발계획을 토대로 제1차 경제개발5개년 계획을 추진하였으나 성공하지 못했습니다. 그 후 한일협정을 통해 확보한 자금으로 경제성장 정책을 추진하였습니다. 경부고속국

도를 비롯한 도로와 항만, 공항 등의 사회간접 시설도 확충하여 전국이 일일생활권에 들어가게 되었습니다. 아울러 간척사업도 진행되고 작물의 품종개량이 이루어져 식량생산도 증대되는 성과를 얻었습니다. 작지만 우리나라의 과학발전에서 의미 있는 시기였습니다. 아울러 1968년에 발표한 국민교육헌장을 통해 교육의 방향을 제시함으로서 과학기술 교육에 무게가 실리기 시작했습니다. 제2공화국정부의 경제개발 5개년 계획안이 주로 경공업 위주 중심의 수출주도형으로 수정되어 본격적으로 추진되었습니다. 이러한 전략으로 수출산업이 크게 육성되었고, 1964년 8월 식량증산 7개년계획이 발표되어 1965년부터 시행되었습니다. 농어촌개발공사(1967년 12월)가 창립되고, 농업기계화 8개년계획 수립(1969년 2월) 및 농어촌근대화촉진법(1969년 11월)의 제정 등으로 농업과 관련된 과학기술이 다소나마 발전하는 계기가 되었습니다. 1972년 제3차 경제개발 5개년계획이 실시되었고, 통일벼를 개발하여 쌀의 국내 자체생산 및 완전 자급자족을 달성하게 되었습니다(1976년). 식량의 자급자족을 성취한 것은 당시로서는 매우 획기적인 결과였습니다. 1976년에는 국비 장학생을 선발하여 유학 보내는 제도를 신설되었고, 이공계를 중심으로 시행하여 선진 과학기술의 도입에 크게 기여하는 계기가 되었습니다.

제4공화국(第四共和國)은 1972년 10월 유신으로 수립된 대한민국의 네 번째 공화국이고, 정부조직으로 동력자원부가 편성되었습니다. 이 시기에 함대함미사일 시험 발사에 성공(1975년)했고, 핵무기와 전투기를 제외한 모든 무기를 국산화(1977년)하였습니다. 이듬해에 세계 7번째로 국산 장거리 유도탄 등과 다연발 로켓 시험 발사(1978년)에도 성공합니다. 1977년부터 제4차 경제개발 5개년 계획이 시행됐는데, 이 시기에 경공업 중심에서 중화학공업 우선정책으로 정책방향이 전환되었고 우리나라는 산업사회로 진입하게 되었습니다. 포항제철

(1973년)과 고리원자력발전소(1978년)가 이 시기에 준공되었고, 1973년에는 공업진흥청을 신설하여 중화학공업정책을 강화했습니다. 같은 해 중화학공업의 기반을 확충하기 위해 온산, 창원, 여수-광양, 군산-비인, 구미 등 5개 대단위공업단지 조성계획이 수립되었습니다. 1981년에는 수출상품에서 공산품이 차지하는 비중이 90%를 넘어섰고, 공업생산에서 중화학공업이 차지하는 비중이 55%를 넘게 되었습니다. 이러한 경제성장은 당시 정치 지도자인 대통령의 강력한 신념과 개발중심형의 지도력이 크게 작용한 것이라 평가합니다.

제5, 6공화국(第五, 六共和國)시기는 정치적으로 복잡한 시기였지만, 정부 조직상에는 과학기술처, 동력자원부와 더불어 환경부가 신설되었습니다. 80년대 중반 이후로 부가가치가 높은 자동차, 전자, 기타 반도체 등 첨단산업이 활기를 띠고 성장하였습니다. 1980년부터 컬러 TV 방송이 시작된 것도 경제성장과 과학기술 발전의 한 징표였습니다. 제6공화국(노태우 정부)하에서 경제는 연평균 8.5%라는 고속성장을 누렸고, 1988년의 서울 올림픽 개최는 도핑관련 기술 및 체육과학을 한 단계 더 발전하는 계기가 되었습니다.

김영삼 정부(金泳三 政府, 1993년-1998년)에서는 그 동안의 과학기술의 발전을 토대로 정부 조직에 과학기술처, 해양수산부, 정보통신부, 환경부가 편성되어 관련 과학기술을 관장하였으나 과학계 특별한 사건들은 별로 없었습니다.

김대중 정부(金大中 政府, 1998년-2003년)는 국민의 정부(國民의 政府)라는 별칭을 가지고 있습니다. 국민의 정부는 정보기술(IT) 관련 벤처기업을 육성하는 데 힘을 쏟았습니다. 이러한 정책의 효과로, 경제 환란의 여파에도 불구하고 중소기업을 성장시키는 데에 많은 기여를 할 수 있었습니다. 또한 정보기술 육성 정책이 시행된 국민의 정부 5년 동안, 초고속 인터넷 가입자 수가 급증하고, 정보기술 산업 전체를 활성화시켰습니다. 이에 대해 인터넷 관련 기업의 모임인 한국인터넷기업협회는 이러한 정부정책이 지식정보화 강국으로 도약하는 토대가 되었고, 인터넷 산업이 오늘날 한국 경제의 한 축이 되는 기틀을 다졌다고 평가하기도 합니다.

노무현 정부(盧武鉉 政府, 참여정부 2003년-2008년)는 과학기술 중심사회 구축을 위한 정책 기조를 유지하였으나 큰 성과를 찾기는 어렵습니다.

이명박 정부(李明博 政府, 2009-)에서는 정보통신부, 과학기술부 및 환경부가 다른 부서로 통합되면서 오히려 과학기술에 대한 정부지원 기조가 축소되었고, 과학기술부의 폐지에 대한 부정적 시각이 많았습니다. 이러한 비판이 제기되던 가운데 교육과학기술부 산하에 '국가과학기술위원회'가 예산 편성 배분 권과 조정권을 갖도록 개편되면서, 사실상 과학기술부 기능을 부분적으로나마 부활시켰습니다(2011년).

제2강에서 논의한 것처럼 한나라의 지도자가 가지는 과학에 대한 생각과 나라의 정책이 과학 발전에 상당한 영향을 미친 다는 점은 부정할 수 없습니다. 그렇다면 과학자와 정치가, 아니 과학과 정치의 이상적인 관계는 어떤 것인가? 어떤 것이 둘 모두에게 승자가 될 수 있게 할 수 있을 것인가? 큰 틀에서 곰곰이 생각해볼 필요가 있어 보입니다.

9.4 간단한 한의학의 역사와 이해

- 동양의학은 대생지식적 관점에서 발전되어 왔다.
- 한의학(韓醫學)은 중국에서 전래되어 우리나라에서 독자적으로 발달한 전통의 학이다.

서양의학과 동양의학(東洋醫學, asian herbal medicine)의 차이도 서구사상과 동양사상의 차이로부터 기인한다고 볼 수 있습니다. 서양의학은 일단 인체를 대물지식(對物知識)적 관점에서 분석적으로 이해한 후, 이것의 정상적 기능을 정의하고 이기능이 상실되었을 경우 이 기능을 다시 회복시키려는 노력의 시도라고 봅니다. 한편 동양의학은 물질로서의 인체가 어떠하다는 데에 대한 관심을 넘어서, 삶이 유지되기 위해 이것은 이렇게 되어 있고 저것은 저렇게 되어 있다고 하는 대생지식(對生知識)적 관념으로 삼는 것입니다. 흥미로운 것은 동양의학이 말하는 오장육부(五臟六腑)가 해부학적 의미의 장기가 지닌 모습과 직접일치하지 않는다는 것입니다. 경락(經絡)과 같은 개념은 그 해부학적 실체 파악도 어렵습니다. 그럼에도 불구하고 이들이 기능적으로 효험을 가지는 것은 바로 대물지식으로서는 적절하지 않아도 대생지식적으로의 적절성을 가지고 있기 때문이라고 볼 수 있습니다.

동양의학
탄생과 생명관

고대에는 생명존중에 관한 인식이 어떤 의학적 치료와 처치로 발전해 나갔던 것일까? 이 세상에는 민족의 수만큼이나 많은 의학이 있습니다. 이 많은 의학들 가운데서 체계를 갖춰 발전한 의학은 고대그리스의 의학이론으로부터 세포병리학을 거쳐 분자병리학에 이른 오늘날의 서양의학과, 동양의 인도의학 그리고 한의학을 꼽아 볼 수 있습니다.

이 중 인도의 아율베다(Ayurveda) 의학은 이미 BC 13-7세기 사이에 독특한 의학체계를 가지고 상당한 수준에 이르렀다고 알려져 있습니다. 그 시기 인도의 베다문헌에는 치료와 약물에 관한 지식, 해부에 관한 지식, 발생학 및 위생학에 관한 지식이 기술되어 있을 정도입니다. BC 4세기의 베다문헌에는 이미 760종의 약품이 기재되어 있고, BC 6세기에는 수술이 내과, 안과, 외과 등의 분야로 세분화되어 통증 없는 외과수술, 두개골 천공술 등이 시행되었음을 찾아 볼 수 있습니다. 아율베다 의학은 그 즈음 탄생한 불교의 영향을 받아 지(地), 수(水), 화(火), 풍(風), 공(空)의 5 원소설에 바탕을 두고 인체 부위와 주위 환경과의 상호관계를 설명합니다. 이 5 원소설은 한의학의 오행설과 유사한 것으로, 현대의 서양의학이 분석적인 원자론에 바탕을 두고 있다면 동양의학의 생명관은 일원론적 음양오행설에 바탕을 두고 있다고 이해 할 수 있습니다.

한의학의 최고 경전인 '황제내경(BC 4-2세기 경 편수)'에서는 이미 이런 인식을 바탕으로 의학이 이야기되고 있습니다. 인체는 하나의 홀로그래픽한 기능구조로 되어 있고, 인체의 각 요소들은 음양오행의 원리에 의한 완벽한 시스템적 구조로 되어 있다고 보는 것입니다. 여기에 동양의학의 생명관에서 가장 중요한 비중을 차지하고 있는 개념이 바로 '기(氣)'라는 관념입니다. 이 과정에서 가장 큰 역할을 한 사람들은 당시 종교 지도자들이었던 샤먼(shaman)일 것입니다. 따라서 동양에서 기일원론적(氣一原論的) 우주관과 의학체계가 형성되는 초기단계에는 샤먼적 우주관이 가장 결정적인 역할을 했을 것입니다. 샤먼은 생명의 본원을 영혼이라 보았고, 동양의학은 그것을 신체가 조성하는 정기(精氣)라고 본 것이죠. 동양의학의 기(氣)관념의 배경에는 신(神)의 관념이 있었던 것입니다. 즉, 신(神)이 하던 역할을 기(氣)가 대체하게 됨으로서, 기의 개념이 신의 개념 일정부분을 대체하게 되었습니다.

황제내경이나 주역 등의 고전에는 신(神)에 대해 "잘 알 수 없는 것을 신이라 한다." "음양으로 가늠하지 못하는 것을 신이라 한다."

"신이란 형체가 없는 것이지만, 형체가 있는 만물을 떠나서는 존재하지 않는다." 등으로 설명하였습니다. 이것은 결국 기에 대한 설명과 잘 맞고 있습니다. 그렇다면 영혼, 즉 신이나 기가 생명의 전부인가? 동양의학에서는 샤먼의 영혼본원설과 더불어 생명의 근원 현상으로 정(精)의 개념을 택하고 있습니다. 즉, 사람의 생명은 먼저 정(精)이 형성한데서 시작되고, 그 정은 자라서 뇌수가 된다는 것입니다. 이것은 인간의 본원은 정(精)이며 정(精)이 생명의 원시물질임을 명확하게 표명하고 있는 말입니다. 정(精)이 자라서 인체의 여러 기관을 형성한다고 보는 것입니다. 현대적 개념으로 말하면 정(精)은 인체의 유전자인 셈입니다.

경락이론(經絡理論)은 주역의 기일원론적 우주관과 생명관을 구체화시킨 것입니다. 고대인들이 어떻게 인체에 산재해 있는 수백개소에 이르는 경혈과 기(氣)가 흐르는 통로인 경맥을 정확하게 발견하고, 질병의 치료에 활용하게 되었는지는 풀어야 하는 동양의학사상의 어려운 과제이기도 합니다. 침을 이용한 치료가 기원전 2000년대부터 시행되었다는 전설적인 자료와 석침, 골침 같은 것이 발굴되어 오랜 옛날부터 침구술이 존재했으리라는 것은 짐작할 수 있지만 '황제내경' 속에는 고도화된 경락현상과 침구치료에 관한 의학지식이 기록된 것은 놀라운 일입니다. 최근에 발굴된 황제내경보다 더 오래된 의학 자료들에 각각 경락과 경혈 등에 대한 부분적으로 기술 되어 있는 것으로 보아, 황제내경의 체계적 경락이론은 몇 사람의 천재적인 의사에 의하여 이루어 진 것이 아니라 수천 년 동안 전래된 의학지식이 집대성 된 것이라고 추정합니다. 그렇다면 동양의학의 기일원론적 생명관은 여전히 설명할 수 없는 것일까? 첨단 생명과학이 여기에 해답을 줄 수 있을까?

한국의 고대의학

한의학(韓醫學)은 중국에서 전래되어 우리나라에서 독자적으로 발달한 전통 의학으로 정의합니다[8]. 한의학은 오랜 발전의 역사를 가지고 있습니다. 중국 의학의 영향을 받았으면서도 독창적으로 발전해 온 한의학은 생활풍습과 체질에 맞게 민족의학으로 승화시켜 중국의학을 능가하는 전통의학 체계로 확립된 것입니다.

우리나라 의학의 기원은 아득히 먼 옛날로 거슬러 올라갑니다. 예로부터 우리나라는 인삼, 불로초를 비롯한 이름 있는 한약들이 많이 나는 나라로 알려져 있었습니다. 이 땅에 우리의 선조가 정착하던 먼 옛날부터 어떤 형태이든 의료행위는 존재했을 것입니다. 즉 이것은 아픈 데를 문지르거나 음식을 잘못 먹었을 때 토해내는 경우와 같은 본능적 의료행위를 말합니다. 이런 경험이 축적되어 가는 동안에, 모든 질병은 외부의 '이물질(異物質)'이 몸 안에 침입한 결과라고 믿게 되었을 것입니다. 이미 고조선 시대에 한약을 쓰고 침을 놓으며 뜸을 뜨는 것과 같은 의료 활동의 기록이 있습니다.

한편 당시의 사람들에게는 소박한 자연숭배의 신앙이 있었을 겁니다. 이 자연숭배는 차츰 모든 사물에는 정령이 깃들어 있다는 애니미즘(animism)[3]으로 발전되었고, 이로부터 고대 의료의 중심이 되는 샤머니즘(shamanism)이 형성되어 주술적 방법으로 질병을 치료하는 주술사, 즉 샤먼(shaman)가 등장하게 되었을 것입니다.

우리의 건국신화가 실려 있는 '삼국유사', '고 조선조'를 보면 인간이 되기를 바라는 곰과 호랑이에게 쑥과 마늘을 먹였다는 기록이 있습니다. '삼국유사'와 비슷한 시기에 저술된 '제왕운기'에 이를 '음약

3 애니미즘: 자연계의 모든 사물에는 영적·생명적인 것이 있으며, 자연계의 여러 현상도 영적·생명적인 것의 작용으로 보는 세계관 또는 원시 신앙.

(飮藥)'이라고 표현되어 있는 것으로 보아 주술적 의료가 중심이던 시대에 이미 약물요법이 있었음을 짐작케 합니다. 또한 쑥과 마늘은 중국본초학의 원전인 '신농본초경'에도 수록되어 있지 않은 것으로 보아, 한국의학이 그 형성초기부터 중국의학과는 다른 독자성을 지니고 있었던 것으로 생각됩니다. 이후 시간이 흐르면서 외래문화의 유입과 함께 한국의학에도 많은 변화가 있었지만, 조선조에 오면서 이들은 동의보감으로 체계화 되고 집약되었습니다.

경락과 경혈은 무엇인가?

경락과 경혈이란 무엇인가? '한국 한의학 연구원 자료'를 중심으로 살펴보겠습니다. 서양의학과 동양의학의 차이 가운데 가장 근본적이면서도 중요한 것은 경락과 경혈 개념입니다. 동양의학에서 핵심적인 개념인 경락(經絡)은 전신(全身)에 걸쳐 있는 인체의 생로병사(生老病死)를 주관하는 통로라고 알려져 왔습니다. 경혈(經穴)은 침을 놓고 뜸을 뜨는 경략의 중요지점을 말합니다. 자리이므로 따라서 인체에 질병이 생길 때 그 증상이 최초로 나타나는 곳도 경락이고, 또 질병치료도 경혈을 통해 그 경락을 조절함으로써 가능하다고 생각하는 것입니다. 경락의 조절방법 중 대표적인 것이 침구(針灸)법입니다. 그렇다면 경락과 경혈의 실체는 무엇이고, 어떻게 다르며, 어떻게 알 수 있는가?

동양의학의 근간이 되는 경락의 실체를 밝히려고 시도한 사람은 북한의 의사이자 과학자였던 김봉한[4]이고, 그는 '봉한학설'로 경락론

4 김봉한은 의학뿐만 아니라 물리학, 화학, 수학 등에도 뛰어난 식견을 갖춘 과학자였다. 일제 대 경성제대 의학부를 졸업하고, 서울에서 교수 생활을 하다가 한국전쟁 때

을 입증하고 발전방향을 제시하려고 하였습니다. 봉한학설은 경혈과 경락의 체계를 해부학적으로 규명하며 세운 하나의 이론체계로 알려져 있습니다.

김봉한은 독특한 실험 연구방법을 창안하여 경락의 실태를 파악했는데, 동물 및 인간 유기체 내에는 조직학적 및 실험생리학적 성질에 있어서 신경계통, 혈관 및 임파 계통과는 명확히 구별되며 현재까지 알려지지 않은 새로운 해부조직학적 계통으로써 경락계통이 존재한다는 것을 해명하였습니다. 그는 경락경혈의 해부학적인 실체를 전기특성을 통한 실험을 통해 찾던 중 특이적인 푸른 염색약에 의해 (아직까지 이 염색약의 실체는 밝혀지지 않고 있다) 경혈점이 염색된다는 사실을 발견했다고 합니다.

경락상의 중요 지점인 경혈(經穴)은 침을 놓고 뜸을 뜨는 자리이므로 경락론은 한의학의 토대가 되는 셈입니다. 경락계통에 관한 연구성과는 경락 계통의 엄격한 객관적 존재를 알지 못한 채, 생체의 조절기전을 포함한 생명 현상의 근본문제를 일면적으로 설명해 온 기존 학설들의 재검를 요구하고 있다는 점에서 그 가치를 인정받는 것 같습니다. 김봉한의 경락은 고전 경락학설의 설명을 훨씬 뛰어넘는 엄청난 것입니다. 경락은 생명의 발생과 유지를 원천적으로 책임지고 있는 조직이라는 것입니다. 봉한학설에서 침구술 같은 경락조절 의술

월북해 북한에서 교수생활을 계속했다. 김봉한은 당시로서는 첨단 분야였던 원자물리학에 관심이 깊었다. 그가 대학에서 공부하던 1930년대 말은 아직 최초의 원자폭탄도 만들어지기 이전이어서 원자물리학 개념을 이해하기가 쉽지 않아서 공부하기가 매우 까다로운 분야였을 것이다. 그럼에도 불구하고 그는 원자물리학을 열심히 해둔 덕분에 나중에 경락체계를 발견하는 데 결정적 도움을 얻는다. 김봉한은 1960년대, 당시로서는 최첨단의 과학기술을 총동원해 경락을 추적해 나간다. 전자현미경, 분광 분석기, 오토라디오그래프, 특수색소도포, 전기적 분석 등으로 당시 선진국의 과학자들도 접근하기 만만치 않은 것들이었다. 그는 방사성 동위원소의 방사선 방출 성질을 이용한 방사선추적법을 이용해 경락의 존재를 증명했던 것이다.

에 의한 질병치유 효과를 결정적으로 뒷받침하는 흥미로운 연구 중의 하나는, 태아 수태시의 경락에 대한 관찰입니다. 놀랍게도 수정란으로부터 태아가 수태되는 과정에서 가장 먼저 생기는 것이 '경락조직'이라는 것입니다. 경락이 가장 먼저 발생해 다른 조직의 형성을 유도한다는 것이죠. 따라서 경락이 생기지 않고는 다른 어떠한 조직이나 기관도 만들어질 수 없다는 주장입니다.

과학사적 의미로 보면, "동양의학의 핵심적 개념인 경락의 실체를 발견했을 뿐만 아니라, 경락이 진단과 치료의 핵심체이며 아울러 생명 현상의 근원이라는 것을 구명했다"고 하는 것은 오랜 동안 실체를 규명하지 못해 인정받지 못했던 현대의 동양의학과 한의학으로서는 획기적인 발견입니다. 그의 연구결과는 '경락계통에 관하여(1963년, 조선의학)', '경락체계(1965, 조선의학)', '산알학설(1965년, 조선의학)'과 혈구의 '봉한산알-세포환'(1965년, 조선의학) 등의 논문에 발표되었습니다. 이에 대한 연구 내용은 1980년대 말 미국인 의학박사와 일본의 의학자들을 통해 우리에게 알려지게 되었습니다. 최근 우리나라에서도, 이에 대한 연구가 한국한의학연구원과 대한한의사협회 중심으로 다양한 연구를 시도하고 있습니다.

동의보감의 역사적 의미는 무엇인가?

동의보감(東醫寶鑑)은 태의(太醫) 허준(許浚)이 선조의 명을 받아 10여년에 걸쳐 총 수 25권 25책으로 완성한 한의학의 총서입니다. 허준의 동의보감은 내경편(內景篇, 6권), 외형편(外形篇, 4권), 잡병편(雜病篇, 11권), 탕액편(湯液篇, 3권) 그리고 침구편(鍼灸篇, 1권) 등 5대 강목으로 구성되어 있고, 각 강편 아래에는 질병의 종류에 따라 항(項)과 목(目)

을 정하고 각 항목에 해당하는 질병의 이론과 처방들을 출처와 치료 경험 등과 함께 자세히 열거하였습니다. 즉, 임상의학의 각 분과와 더불어 약물학(藥物學) 및 침구술에 대한 술법(術法)들이 포괄적으로 수록되어 있습니다. 동의보감은 또한 방대한 분량의 의학서적을 인용하고 있는데, 중국의 한나라와 당나라 시대 이후부터 명나라 초기까지의 의학서적을 참고했음을 기록하고 있습니다. 참고 서적에 당시의 중요한 중국의서와 세종 때의 의학 서적이 모두 포함되어 있습니다. 따라서 동의보감은 당시 중국과 우리나라의 의학을 간단히 집대성한 것을 넘어서 우리의 독보적인 한의학의 기초와 당시로서는 완벽할 정도의 틀을 마련한 것이라고 볼 수 있습니다. 이러한 가치는 동의보감이 우리나라에서 발간된 이후, 당시 일본과 청나라에서 수차례 번역 간행되었다는 사실로 미루어 알 수 있습니다. 동의보감은 1611년 광해군 3년 초판이 발행되었고, 그 후 3 개도에 나누어 발간되었습니다. 일본에서는 1724년 경도서림(京都書林)에서, 1799년 대판서림(大坂書林)에서 재 간행했다는 기록이 있습니다. 중국에서는 1763년에 초판이 발간되고, 1796년 이후 에도 몇 번 추가로 발간되었습니다. 당시뿐만 아니라, 오늘날에도 동양 삼국에서 동의보감은 그 가치가 인정되어 많은 연구가 진행되고 있고 활용되고 있으나, 현대 서양 의학에 대체 의학으로 인식되고 있음이 아쉽습니다. 보다 적극적인 연구를 통해 한의학의 과학화가 실현된다면 한의학의 위상이나 인식이 더욱 높아지고 인류의 건강한 삶에 더 많이 기여하리라 생각됩니다**[9]**.

한편, 1613년(광해군 5년) 찍은 25권 25책의 초판 완질본이 2009년 유네스코 '세계기록문화유산'으로 지정되었습니다. 유네스코 한국위원회는 등재 사유에 대해 "16세기 이전 동아시아 의학서적 1000여권을 집대성한 의학 백과사전으로서, 세계 최초의 공중 보건 안내서라는 점 등이 인정됐다"며 "질병과 치료의 정신적 측면 등을 강조하는 총체적 접근법의 사회적·철학적 가치, 이상적인 보존 환경도 높은 평가를 받았다"고 밝히고 있습니다.

사상의학은 체질의학이다

동의보감을 바탕으로 한 또 다른 의학이론으로 사상의학(四象醫學)이 태동하였습니다. 사상의학(sasang constitutional medicine, SCM)은 동무 이제마(東武 李濟馬, 1837-1900)가 창시한 이론입니다. 그가 쓴 '동의수세보원(東醫壽世保元)'은 사상의학의 원서로서, 이 책에서 다음과 같이 사상의학이 종래의 의학과는 전혀 다른 새로운 이론의 체질 의학임을 밝히고 있습니다.

> "나는 의학경험이 있은 지 수 천년 후에 태어나서 옛 사람들이 전하여 온 저술을 통하여 우연히 사상인(四象人, 4 type constitution)의 장부성리(臟腑性理)를 발견하였다. 이는 종래의 의학사상과는 확연히 다르므로, 그 뿌리를 찾은 연후에 가지와 잎사귀를 취할 것이다."

체질(體質, constitution)이라 함은 사람이 선천적으로 타고난 정신 및 신체의 본바탕을 말합니다. 정신작용을 포함하여 신체의 형태 및 기능의 본성은 대부분 유전적 영향으로 형성됩니다. 유전적 영향으로 형성된 본성은 환경이나 교육 또는 나이와 같은 후천적 조건에 의하여 변화되지 않기 때문에 사람은 누구나 타고난 체질을 유지하며 살아간다 할 수 있습니다. 체질에 대한 논의는 비단 어제, 오늘에 시작된 것은 아닙니다. 그리스의 히포크라테스도 "인체는 혈액, 점액, 담즙, 흑담즙의 4종 액체로 되어 있다"하였고, 심리학에서는 사람을 다혈질, 담즙질, 우울질, 점액질 등으로 분류하여 인간의 성격이나 기질을 설명하려 하였습니다. 한의학에서도 내경(內經)이라는 책에 이미 오행이론을 응용하여 사람의 체형이나 성격 등을 25종으로 분류하여 설명한 25 태인론(態人論)이 있습니다. 그러나 이와 같은 고대의 체질론들은 관념적이고 막연하여 의학적으로 적용되기 어려웠습니다. 근래에 와서도 체질에 대한 관심은 높으나 뚜렷한 이론은 없습니다. 다만 평소에는 별다른 장애가 없다가 외적인 환경인자가 작용할 때만 비로소 병적인 반응을 나타내는 특이체질이 의학적으로 중요한 의미를 갖기는 하지만 모든 사람에게 적용되지는 않습니다.

이제마가 사상설(四象說)[5]이라고 하는 독특한 이론의 체계화를 할 수 있었던 것은,

첫째, 유학에 대한 깊은 이해와 조예가 사상적 배경이 되었고,

둘째, 사상체질의 발견은 자신의 독특한 체질과 오랜 지병(持病)이 동기가 되었다고 합니다.

즉 사상과 실제가 결합되어 사상체질 의학이 탄생한 것이죠. 구체적인 인체 조직학이나 생리학이 발전되지 않았던 당시로서는 이러한 시도는 새로운 것이며, 또한 매우 현실적이었으므로 한의약사에서 한 획을 긋는 이론이라고 인정받고 있습니다. 이제마는 많은 경험적 지식을 바탕으로 동일한 병과 증상이라도 사람의 체질에 따라 다르게 치료해야 한다는 것을 알게 되었습니다. 그 결과를 인간의 인체조직

5 사상설의 사상이란 말은 주역(周易)에서 기인하며, 음양은 오행(木, 火, 土, 金, 水) 중 土(부동의 體로써 겉으로 드러나지 않으므로)를 제외한 나머지 네 가지가 곧 사상(금金, 목木, 수水, 화火, 또는 태양太陽, 소양少陽, 태음太陰, 소음少陰으로 구분)이다. 사상이란 천도(天道, 우주의 근원적 이치)의 존재 구조에서는 원(元, 만물의 시초; 春), 형(亨, 만물의 성장;夏), 이(利, 만물을 거두어들임;秋), 정(貞, 만물을 저장함;冬)으로 나타나지만 인간 본래 성에 있어서는 인(仁), 예(禮), 의(義), 지(智)의 사덕(四德)으로 주체화된다.

과 생리현상을 바탕으로 사람을 네 가지 형질로 나누어 치료하려고 시도하였습니다. 즉 각기 다른 네 가지 사람의 형질에 따라 각 사람의 외모, 취향, 성격, 특성, 바람직한 인간관계 등이 다르므로 동일한 병과 증상이라도, 각기 다른 약을 써야 된다는 것을 체계화 한 것입니다. 이제마는 자신의 발견을 '동의수세보원'을 비롯한 4편의 저서에 밝혔습니다. 약 100년이 지난 오늘날 이제마의 사상의학은 한의학계의 주목을 받고 있고, 우리 일상생활에 더 깊이 들어와 있습니다.

인간의 사상체질은 우주와 자연의 이치가 불변(天人合一의 원리)하듯이 변화하지 않는다는 것입니다. 즉, 인간과 자연과 우주의 이치를 하나로 보는 동양적 사고를 바탕으로 하고 있습니다. 그러므로 자연과 우주의 이치를 통하여 인간의 체질을 알 수 있고, 인간의 체질을 통하여 그 사람의 타고난 성격을 알 수 있다고 생각한 것입니다. 그러나 타고난 인간의 성격이 불변하는 것은 아니며, 교육이나 삶의 환경에 따라 변화할 수 있으며, 어떤 환경이나 교육이 효과적인가는 사상적 특질에 따라 차이가 있을 수 있습니다. 이제마의 사상이론은 의학적으로 병을 다스리고 치료하는데 결정적 단서가 될 뿐 아니라, 예방의학에도 상당한 의의가 있다고 간주되어 우리나라에서는 이미 한의학 분야에서 연구가 활발하게 전개되어 활용되고 있으며, 최근 일부 약학자들에 의해 검사에 의한 치료의학인 서양의학의 임상에도 이미 일부가 응용되고 있습니다.

사상의학의 특징은 무엇인가?

사람은 누구나 반드시 이 네 가지 체질 중 어느 한 체질을 타고 태어난다는 것이죠. 타고난 체질은 후천적 조건에 의해 기본적으로 변화하지 않는다고 보고 있습니다. 사상인은 체질에 따라 심리상태나 병리상태가 다르기 때문에 쉽게 걸리는 질병과 위험한 질병의 종류 또한 다르며, 같은 질병에 걸렸어도 체질에 따라 치료법과 치료약이 달라야 한다는 것입니다. 각 체질은 약물뿐만 아니라 적응하는 음식도 달라서 한 체질에 맞는 음식이 다른 체질에 잘 맞지 않는다고 하는 것입니다. 인체는 기본적으로 오장육부의 기능이 생리적으로 균형을 이룰 때가 건강상태이고, 어떠한 원인으로 불균형이 되면 병적상태가 되는 것입니다. 여기에서 오장이란 간장·심장·비장·폐장·신장을 말하고 육부란 쓸개·소장·위·대장·방광·삼초(三焦) 말합니다. 이들 장기간에는 상생상극(相生相克)의 관계가 있다고 보는 것입니다. 이때 어느 한 개의 기관이라도 기능이 지나치게 항진하거나 저하하면 정상적인 상생상극의 관계가 깨져서 질병상태가 된다는 것입니다. 사상의학은 이런 생각을 바탕으로 하였습니다. 사상의학의 특징은 다음과 같이 볼 수 있습니다.

첫째, "사상 의학은 병을 고치는 것이 아니라 사람을 고치는 의학" 이라는 특징을 가집니다. 병은 같아도 사람에 따라서 나타나는 반응은 모두 다릅니다. 즉, 환자가 갖고 있는 병의 문제만이 아니고 한 걸음 더 나아가 그 사람의 타고난 체질까지 고려해서 치료해야 한다는 것이 바로 사상의학의 근본생각입니다.

둘째, "사상의학은 타고난 장부의 기능에 따라 치료를 달리해야 한다" 는 것입니다. 사상의학에서 말하는 체질은 타고 난 바탕을 네 가지 유형으로 나누어 그것이 변하지 않을 뿐 아니라 그에 따라 병도 다르고 치료도 다르고 양생법도 다르다는 것을 체계화한 것입니다. 즉, 사상의학은 사람의 타고난 장부의 기능과 이에 따른 질병 치료법, 섭생법, 나아가 성격까지를 체계화한 것입니다.

셋째, "사상의학에서는 환자의 마음을 고쳐서 병을 고친다"는 것입니다. 이는 사람의 몸과 마음이 직접적인 관련이 있으므로 몸과 마음을 하나로 보아야 한다는 것이죠. 예를 들어 한의학에서는 자주 화가 나거나 늘 불안하거나 하는 것은 간이나 심장에 문제가 생겼기 때문이라고 보고, 신경 안정제를 처방하기보다는 간이나 심장을 치료하여 증상을 치료하는 식으로 처방합니다. 몸과 마음을 하나로 인식할 뿐만 아니라, 나아가서 마음을 고쳐서 병을 고친다는 관점에서 각 개인의 특징에 따라 치료한다는 특징이 있습니다.

사상체질을 어떻게 분류하나? 사상체질이란 태양인(太陽人: Tae-yangin, TY Type)·태음인(太陰人: Tae-eumin, TE Type)·소양인(少陽人: So-yangin, SY Type)·소음인(少陰人: So-eumin, SE Type)의 네 가지 체질을 말합니다. 사상체질은 장부의 대소와 기능의 허실로 분류하고 있으며, 천부적으로 타고난 장부의 대소(大小)와 그 기능의 허실(虛實)에 따라서 결정합니다. 즉 태양인은 폐대간소(肺大肝小)한 체질로서, 허파의 기능이 크고 간장의 기능이 작은 체질입니다. 태음인은 태양인과 대조적으로 간장의 기능이 크고 허파의 기능이 작아서 간대폐소(肝大肺小)한 체질입니다. 소양인은 지라의 기능이 크고 콩팥의 기능이 작은 비대신소(脾大腎小)한 체질이고 소음인은 반대로 콩 팥의 기능이 크고 지라의 기능이 작은 신대비소(腎大脾小)한 체질입니다. 이와 같은 특성은 선천적으로 타고난 것이므로 후천적으로 바뀌지는 않는다고 봅니다. 예를 들어 폐대간(肺大肝小)한 태양인이 간대폐소(肝大肺小)하게 되는 일은 없습니다. 오히려 사상체질의 장부기능은 큰(大)것은 더욱 실(實)해지고 작은(小)것은 더욱 허(虛)해지려는 속성이 있다고 설명합니다.

형상의학이란?

일반적으로 한의학은 증상과 맥을 위주로 진단 치료가 이루어져 왔습니다. 그러나 동의보감에서는 형태와 색깔, 맥, 증상을 종합하여 진단 치료를 하게 되어 있습니다. 형상의학은 지산 박인규(芝山 朴仁圭, 1927-2000)가 간과하기 쉬운 사람의 생김새와 피부색깔을 동의보감 원전을 바탕으로 재 발굴하여 완성한 이론입니다. 얼굴의 모양에 따라 성격과 질병이 다르게 나타나다는 것이 형상의학의 바탕입니다. 모든 사람은 생긴 모습도 다르고 살아가는 방식도 다르기에 각각의 사람마다 질병도 다르게 온다는 거죠. 한의학에서는 형태가 인체의 오장육부를 만들고 오장육부가 몸의 형태를 이루고 경락이 몸의 형태를 감싼다고 인식합니다. 바로 형상의학은 형상이 인체내부를 다스리는 기틀이 되고, 인체를 영위하는 것으로 보고 있습니다. 형상의학에서는 사람의 피부색깔(黑白)이 흰지 검은지, 살이 찐 편인지 마른 편인지(肥瘦), 신장이 큰 지 작은 지(長短), 전체적인 인상과 골격이 강한지 부드러워 보이는지에 따라 병이 생기는 원인과 이치를 설명해 내고 있습니다. 형상의학의 특징은 바로 "생긴 대로 병이 온다"는 것입니다. 이 세상 사람들은 모두 생긴 모습이 다르고 머릿속의 생각이 다르며 생활 방식이 다릅니다. 그래서 각자 고통 받는 질병의 형태도 다르고 치료법도 달라진다는 것입니다. 뚱뚱한 사람은 뚱뚱한 게 병의 원인으로 작용하며, 마른 사람은 말랐다는 게 병의 원인이 되는 것입니다. 그래서 생긴 모습에 따라 질병을 치료하고 건강을 지켜 나갈 수 있도록 도와주는 것이 바로 형상의학의 목적이 됩니다.

형상의학에서는 얼굴의 모양에 따라 성격과 질병이 다르게 나타난다고 보아 얼굴의 형태에 따른 유형을 정과(精科 : 둥근형), 기과(氣科: 사각형 또는 마름모형으로 각진형), 신과(神科: 역삼각형) 그리고 혈과(血科: 둥글면서 긴 계란형이거나 삼각형) 으로 구별합니다.6 이들 네 유형의 습성과 자주올 수 있는 질병을 서술하고 있어 진단과 치료의 지침서입니다.

또한 형상의학에서는 남녀와 노소에 따라 질병이 차이가 난다고 봅니다. 노인이라 하면 여자는 생리현상이 멈추는 49세 이상, 남자는 정(精)이 고갈하는 64세 이상을 말합니다. 소아는 10세 이하를 말합니다.

남자와 여자는 근본적으로 인체구조가 다르기 때문에 생리적 현상과 병이 다르게 나타나는데, 그래서 형상의학에서는 남자와 여자의 치료법이 구분되어 있습니다7.

---

6 대한 형상의학회에서 소개한 네 가지 형상의 특성을 나타내면 다음과 같다.
정과(精科) - 둥근형:
•성격이 명랑하고 낙천적이며 비위가 좋다.
•습(濕)이 많은 체질이라 몸이 잘 붓는다. 인체 근본인정(精- 영양 분)을 많이 사용하면 병이 생긴다.
•허리와 등이 아프고, 류머티즘 관절염이 오기 쉽다.
기과(氣科) - 각진형:
•마음이 좋긴 하나 고집이 세다.
•부지런한 노력가
•인체 기(氣)가 과다하거나 부족해지는 기병(氣病:기가 원활하게 •순환되지 않는 병)을 많이 앓는다.
신과(神科) - 역삼각형:
•머리가 좋으나, 예민하여 신경성 질환이 많다.
•허리와 하체가 약하다. •매사에 꼼꼼한 편이다
혈과(血科) - 둥글면서 긴형:
•여성스러운 성격이 많다.
•혈허(血虛)에 의한 두통증상이나 생리불순이 오기 쉽다.
•산후병에 고생하므로 어혈을 풀어 산후조리를 잘해야 한다.
•혈병은 밤이 되면 증상이 더욱 심해진다.

7 형상의학에서 보는 남녀노소의 형상적 차이는 다음과 같다.
•남자들은 대체로 코가 발달하고, 여자들은 입이 발달해 있다. 남자는 코가 발달하여 코로 호흡하여 하늘의 기운을 많이 받게 되고 여자는 입이 발달하여 땅에서 나는 음식을 먹어서 땅의 기운을 많이 받는다는 의미이다. 남자는 코가 잘 생겨야 하고, 여자는 입이 잘 생겨야 한다.
•남자는 몸이 발달하고 여자는 머리가 발달해 있다. 남자는 여자에 비해 체격이 크고

〔이것을 두고 "형(形)이 성(盛)하다"라고 이야기함〕, 여자는 몸이 약한 대신 머리가 발달하여 잘 돈다〔기(氣)가 성(盛)하고 형(形, 몸)이 약하게 만들어졌다고 함〕.

- 남자는 상체가 넓고 여자는 하체가 넓다. 동의보감에 따르면 "남자는 상체가 넓고 하체가 좁고, 여자는 하체가 넓고 상체가 좁은"것이 기본원칙이다. 남자는 하체가 약하기 때문에 오장육부 중에서도 아래쪽에 있는 간과 신장이 약하고 여자는 상체가 약하기 때문에 오장육부 중에서 위쪽에 있는 심장과 폐가 약하다.
- 피부가 남자는 검고 여자는 희다. 동의보감에서는 "얼굴색이 흰 사람은 기(氣)가 약하고, 얼굴색이 검은 사람은 기가실하다"라고 하나, 형상의학에서는 여자가 검거나, 남자가 희게 생기면 이것을 흠으로 본다.
- 남자는 몸이 차고 여자는 몸이 따뜻해야 한다. 남자는 원래 땀을 조금씩 흘리는 것이 정상이고, 여자는 땀을 많이 안 흘리는 것이 원칙이다. 병이 생길 때는 여자는 몸이 차가 워서 병이 생기고 남자는 열이 많아서 오는 경우가 많다. 여자가 몸이 차가워지면 손발이 시리고, 소화가 잘 안돼면서 생리가 늦어지고 임신이 안 되는 경우가 많다. 남자가 몸이 너무 뜨거워지면 밤에 잘 때 식은땀이 나면서 발바닥이 화끈거려서 이불 속에 발을 넣어놓지 못하고 오후만 되면 피로가 몰려와서 견디지 못한다.
- 남자는 등과 배가 발달하고 여자는 가슴과 엉덩이가 발달한다. 남자는 엉덩이에 비해 어깨가 발달하였고 여자는 어깨에 비해 엉덩이가 발달한 것이 정상이다.

부 록

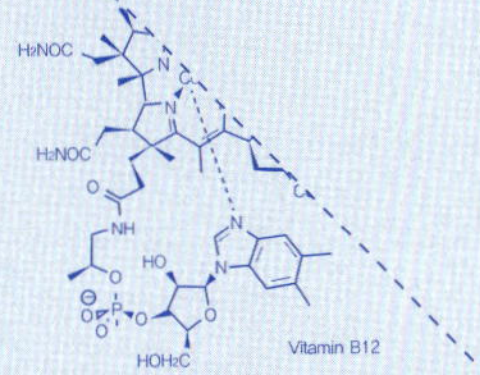

참고문헌, 세계 과학사 연표, 한국 과학사 연표

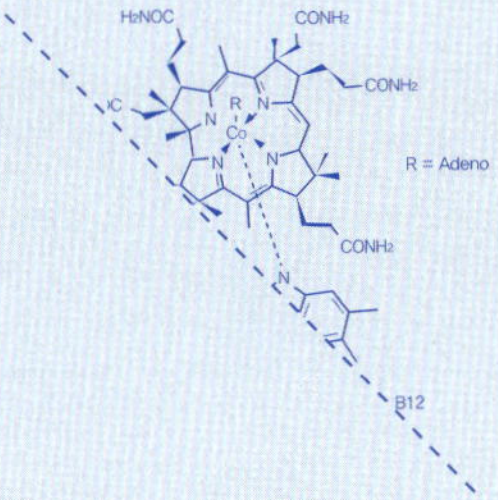

"B.C. 2500만년 최초의 인류 등장에서 1996년 복제양 돌리 탄생까지"

- 세계 과학사 연표 중에서 -

참고문헌

제1강

〔1〕 표준국어대사전, 국어문화원, 인터넷 판.

〔2〕 서양과학의 흐름, 송상용, 강원대학교출판부, 1990, p 7.

〔3〕 과학사개론 ,임경순, 인터넷 판.

〔4〕 "Nano 기술이 미래를 바꾼다", 이인식, 김영사, 2002.

〔5〕 생각의 역사, Peter Watson, 남경태 역, 들녘, 2009.

〔6〕 세상의 모든 철학, Robert C. Solomon & Kathleen M. Higgins, 박창호 역, 이론과 실천, 2007.

〔8〕 한국과학사학회지, 제32권제2호, p259(2010).

〔9〕 박성래, 한국외국어대학교 인문대학 사학과, 인터넷 강좌.

제2강

〔1〕 엔트로피, Jeremy Rifkin, 이창희 역, 세종연구원, 1996, p 19.

〔2〕 엔트로피, Jeremy Rifkin, 이창희 역, 세종연구원, 1996, p 25.

〔3〕 전쟁과 과학, 그 야합의 역사, Ernest Volkman, 석기용 역, 이마고, 2003.

〔4〕 한국과학사학회지, 제30권제2호, p417(2008).

〔5〕 한국농촌경재연구원, 제8장농업기술개발, 한국농정 50년사, 농림부(1999).

〔6〕 한국과학사학회지, 제30권 제2호, p414(2008).

〔7〕 Sheng Wang, et al, Chem. Commun., 2008, 3756.

〔8〕 책의 우주, Umberto Eco, Jean-Clauae Carriere, 임호경 역, 열린책들, 2009.

제3강

〔1〕 人間의 歷史, Jacob Bronowski, 삼성문화문고, 1979, pp119-147.

〔2〕 동서 문명과 자연과학, 김필년, 까치글방, 1992, p11.

제4강

〔1〕 한국과학사, KBS 공개대학 시리즈(5), 박성래, 1982.

〔2〕 삶과 온 생명, 장회익, 솔출판사, 1999.

〔3〕 마테오 리치(Matteo Ricci), 平川祐弘(Suckehiro Hirakawa, 1997), 노영희 역, 도서 출판동아시아, 2002.

〔4〕 한국의 생태사상, 박희병, 돌베게, 1999, p16.

〔5〕 대학·중용, 김시준, 혜원출판사, 1991, p47.

〔6〕 동양수학사, 장혜원, 두리미디어, 2006.

〔7〕 동양수학사, 장혜원, 두리미디어, 2006, p15.

〔8〕 동양수학사, 장혜원, 두리미디어, 2006, p277.

〔9〕 Menninger, 1957 재인용, 동양수학사, 장혜원, 두리미디어, 2006, p278.

〔10〕 동양수학사, 장혜원, 두리미디어, 2006, pp290-291.

〔11〕 동양수학사, 장혜원, 두리미디어, 2006, p292.

〔12〕 표준국어대사전, 국립국어원, 인터넷 판.

〔13〕 과학사의 이해, 과학사의 이해 편찬위원회, 경북대학교 출판부, 2000.

〔15〕 물리학과 역사- 역사적 교수법을 이용한 물리학 개념학습, 양승훈, 청문각, 1996.

〔16〕 이야기 물리학사, 다케우치 히토시, 전파과학사, 1995.

〔17〕 훈민정음, 조규태, 한국문화사, 2000.

〔18〕 동·서 문명과 자연과학, 김필년, 까치글방, 1992.

제5강

〔1〕 동·서문명과 자연과학, 김필년, 까치글방, 1992.

〔2〕 Science, Technology and Society in Seventeenth Century England(17세기 영국의 과학, 기술사회), R. K. Merton, 1970.

〔3〕 갈릴레이 연구, A. Koyre, 1939.

〔4〕 서양과학의 흐름, 송상용, 강원대학교 출판부, 1991.

〔5〕 과학혁명 강좌, 송상용, 인터넷 판.

〔6〕 과학사개론, 임경순. 인터넷 판.

〔7〕 M. E. Wieser, T. B. Coplen, Pur. Appl. Chem., 83, 359(2011).

〔8〕 화학세계, 대한화학회, 52(10), 48-49 (2012).

〔9〕 http://old.iupac.org/reports/periodic_table/IUPAC_Periodic_Table-1Jun12.pdf)

〔10〕 현대과학의 풍경(1권), Peter J.Boeler, Iwan Rhys Morus, 김봉국, 홍성욱 공역, 궁리, 2005, p 108.

〔11〕 과학혁명: 전통적 관점과 새로운 관점, 김영식, 아르케, 2001, p.271).

〔12〕 현대과학의 풍경, 1권, 제2장 "Peter J.Boeler, Iwan Rhys Morus, 김봉국, 홍성욱 공역, 2005, 궁리.

〔13〕 The Scientific Revolution, Chicago: The University of Chicago Press, Steven Shapin, 1996, 과학혁명, 한영덕 역, 영림카디널, 2002.

〔14〕 This Is Biology, Cambridge, M.A.: The Belknap Press of the Harvard University Press, -Ernst Mayr, 1997, "Does Science Advance through Revloutions?" pp.91-99. 이것이 생물학이다, 최재천 외 공역, 몸과마음, 2002.

〔15〕 Our molecular future, D. Mulhall, 분자혁명과 준비된 미래, 노용환 역, 한티미디어, 2004, p58.

제6강

〔1〕 The Evolution of Physics, Simon and Schuster, A. Einstein, L. Infeld, New York, 1961.

〔2〕 엔트로피, Jeremy Rifkin, 이창희 역, 세종연구원, 1996.

제7강

〔1〕 Scientific Elite, Harriet Zuckerman, 1977, 과학 엘리트, 송인명 역, 교학사, 1988.

〔2〕 Science, vol. 189, p979, 1975.

〔3〕 미국 유대인 정보, www.jinfor.org.

〔4〕 KISTEP 자료에 2012년 해당 부분을 첨가하였음.

제8강

〔1〕 Chemistry for Changing Times, 11th ed. J. W. Hill, D. K. Kolb by Pearson education, 2007.

〔2〕 한국과학사학회지, 2001, 23권 2호 p157.

〔3〕 한국과학사학회지, 2001, 23권 2호 pp157-158.

〔4〕 한국과학사학회지, 23권 제2호, 2001, pp170-174.

〔5〕 Science and Common Sence, J. B. Conant, New York, Yale, 1951.

〔6〕 Elemetary School Science, G. O. Blough, J. Schwartz, New York, Holt, 1964, pp.6-8.

〔7〕 연구윤리소개, 교육인적자원부, 학술진흥재단, 2006.

〔8〕 The Effortless Economy of Science? Philip Mirowski, Duke University Press, 2004.

〔9〕 Technology and Culture, 1986, 27(3), pp 544-560.

〔10〕 Technology and Culture, 1971, 12, pp562-80.

〔11〕 인지과학-학문간 융합의 원리와 응용, 이정모, 성균관대학교 출판부, 2009.

〔12〕 Supramolecular Chemsitry, J.W.Steed, J.L.Atwood, John Wiley & Sons, Ltd., New York, 2000, p2.

〔13〕 미래를 위한 가술 나노테크놀러지, M. Ratner, D.Ratner , 김희봉 역, 2003.

〔14〕 Our molecular future, D.Mulhall, 분자혁명과 준비된 미래, 노용환 역, 한티미디어, 2004, p58.

〔15〕 Our molecular future, D.Mulhall, 분자혁명과 준비된 미래, 노용환 역, 한티미디어, 2004.

〔16〕 Deterministic Non-periodic Flow.E.N.Lorenz, 1963, J Atmos Sci, 20(2), pp130-141.

〔17〕 M.J. Feigenbaum 'Quantative Universality for a Class of Nonlinear Transformations. J Stat Phys, 1978, 19(1), p25.

〔18〕 Simple mathematical models with very complicated dynamics, R. M. May, Nature, 1976, 261, pp459-467.

〔19〕 출처:http://ko.wikipedia.org/w/index.php?title=파이겐바움_상수&oldid=7887916.

〔20〕 The Watts-Strogatz model-Duncan Watts & Steven Strogatz, Collective Dynamics of Small-World Networks, D.J.Watts, S.H. Strogatz, Nature, 1998, 393, pp440-442.

〔21〕 G.Bonanno, G.Caldarelli, F.Lillo, S.Micciche, N.Vandewalle, R. N.Mantegna, Networks of equities in financial markets, Eur. Physical J.B, 2004, 38, pp363-371.

〔22〕 The diameter of the World Wide Web, R. Albert, H.Jeong, A.-

L. Barabasi, Nature, 1999, 401, pp130-131.

제9강

〔1〕 한국과학사, 박성래, 한국방송사업단, 1982.

〔2〕 마테오 리치(Matteo Ricci), 平川祐弘(Suckehiro Hirakawa, 1997), 노영희 역, 도서 출판동아시아, 2002.

〔3〕 삼국시대 과학사, 한국 브리태니커 온라인, 〈http://preview.britannica.co.kr/bol/topic.asp?article_id=b24h2602b001〉.

〔4〕 글로벌 세계 대백과사전, 2004, 인터넷 판.

〔5〕 글로벌 세계 대백과사전, 조선 전기의 과학기, 2004, 인터넷 판.

〔6〕 글로벌 세계 대백과사전, 조선후기의 과학기술, 2004, 인터넷 판.

〔7〕 우리화학계의 선구자, 제1편 안동혁 선생, 대한화학회, 2003.

〔8〕 표준국어대사전, 국립국어원, 인터넷 판.

〔9〕 동양의학의 세계, 김두종, 한국방송사업단, 1982.

세계 과학사 연표

년 도	세계 과학사
B.C. 2500만	최초의 인류 등장
B.C. 2570	대 피라미드 완성
B.C. 550	피타고라스 정리 증명
B.C. 450	고대 원자론 제창
B.C. 300	유클리드 기하학 정립
B.C. 240	아르키메데스 부력 발견
B.C. 약214	만리장성 건축 시작
약105	종이 발명 – 중국
약220	나침반 발명
약330	춘추분점의 세차 발견
5세기	원주율 값 계산
8–9세기	흑색화약 제조
1000	이븐 알하이탐 고대 광학 집대성
1150	중세대학 시작
1450	구텐베르크 금속활자 인쇄
1543	지동설 제창
1582	그레고리오력 반포
1589	낙하의 법칙 발견
1619	케플러의 법칙 완성
1653	파스칼의 원리 발표
1662	보일의 법칙 발표
1665	세포 발견
1673	미생물 발견
1687	만유인력의 법칙 발견
1724	수은 온도계 등장
1758	린네 '자연의 체계' 출판
1769	아크라이트 방적기 개발
1774	질량보존의 법칙 발견
1776	증기기관 시운전

1785	쿨롱의 법칙 발견
1796	천연두 예방 접종
1800	전지 발명
1803	원자설 발표
1825	증기기관차 상용화
1831	전자기 유도법칙 발견
1834	전동기 발명
1837	전신기 발명
1841	화학비료 개발
1847	에너지보존 법칙 발견
1859	진화론 발표
1860	내연기관 발명
1865	유전법칙 발표
1867	다이나마이트 발명
1873	전자기파 존재 증명
1876	전화 발명
1879	백열전등 발명
1895	X선 발견
1896	무선 전신 발명
1896	방사능 발견
1901	혈액형 발견
1904	진공관 발명
1903	최초의 동력비행
1905	특수 상대성 이론 완성
1911	원자핵 발견
1913	포드 대량생산시스템 활용
1920	라디오 방송 개시
1926	TV 방송 개시
1928	페니실린 발견
1937	나일론 발명
1942	원자로 가동
1946	에니악 완성

1947	트랜지스터 발명
1953	상업용 원자력 발전 개시
1953	DNA 분자구조 규명
1957	인공위성 발사
1961	인간 우주여행
1967	심장이식
1969	아폴로 11호 달 착륙
1971	CPU 발명
1978	시험관 아기 탄생
1989	WWW 고안
1996	복제양 돌리 탄생

출처: 교육과학기술부, 과학기술인명예의 전당

한국 과학사 연표

년 도	한국 과학사
18,630 B.P	석기의 대량생산기술
7,310 B.C	토기 제작기술
1,900 B.C	고인돌 축조기술
1,000 B.C	청동기 사용(비파형동검, 다뉴세문경, 팔주령 등 청동의기의 제작)
400 B.C	철기 사용, 철제련기술의 발달, 옥 가공기술 (굽은옥, 대롱옥 가공, 제천 황석리유적)
34 B.C	성곽축조기술(고구려 흘승골성)
330	백제 벽골제 건설, 수전농업에 이용
369	백제, 칠지도 제작, 백련검(단조와 열처리 기술의 과학)
4-6세기	고구려 석각천문도 제작
502	신라, 우경법 실시
602	승려 관륵이 왜에게 천문, 지리, 역서를 전함
645	신라, 황룡사 구층탑 축조
647	신라 첨성대(瞻星臺) 건립
약705	'무구정광대다라니경', 세계 최고(最古)의 목판본
725	신라, 상원사종 주조
751	신라, 석가탑, 다보탑 축조
751	석굴암 건축
771	신라, 성덕대왕신종 주조
약1020	독자적인 역법 사용
11세기	서적점 설치, 금속활자로 서적 인쇄
1234이전	남명천화상송증도가 주자, 세계 최초의 금속 활자본
1234	'고금상정예문' 인쇄, 세계 최초의 금속 활자본(유실)
1236	'향약구급방(鄕藥救急方)' 독자적 의약학의 시초
1251	팔만대장경 완성
1308	서운관(書雲觀) 개설, 천문담당 기관
약1374	최무선 화약제조법과 화약무기 개발
1377	'직지심체요절'인쇄, 세계 최고(最古)의 금속활자본(현존)
1392	동서대비원, 혜민고국, 전의감 설치, 의료기관 정비

1395	'천상열차분야지도(天象列次分野之圖)'제작
1398	숭례문 건설
1402	세계지도, 혼일강리역대국도지도 작성
1403	'주자소(鑄字所)' 설치, 계미자 주조
1429	'농사직설(農事直說)', 독자적 농업기술 정리
1433	세종의 천문역산사업 본격 시작, 칠정산내외편 편찬
1434	갑인자 주조, 청동활자 인쇄술 발전
1434	자격루 제작, 국가 표준 물시계
1434	해시계 '앙부일구', 혜종교와 종묘에 설치
1441	측우기 발명, 세계 최초
1443	훈민정음 창제
1448	'총통등록(銃筒謄錄)', 화포 주조와 화약 제조법 총정리
1451	문종화차 개발
1463	정척, 양성지 '동국지도' 제작
1466	서운관을 관상감(觀象監)으로 개칭
1474	'병기도설(兵器圖說)' 편찬, 로켓 형 화기 '신기전(神機箭)' 처음 기록
1481	'동국여지승람', 종합 지리지
1491	규표를 만듬
1526	간의혼상을 만듦
1584	갑사 동종 주조
1592	이장손 비격진천뢰 개발
1592	이순신 거북선 제작
1610	허준 '동의보감'
1613	허준 '벽역신방', 동아시아 최초로 성홍열 관찰 보고
1631	정두원 서양 서적과 기구 처음 소개
1636	중국에서 신법지평일귀 도입
1645	소현세자가 탕약망이 번역한 서양 천문학서를 가져옴
1653	보루각의 누기를 새 역법에 맞도록 개조
1653	효종 시헌력(時憲曆) 반포 , 서양 천문학 영향 받은 역법
1655	'농가집성(農歌集成)'
1669	이민철 수력식 혼천의, 송이영 자명종식 혼천의 제작
1684	금속활자 교서관인서체자 주조

18세기경	김석문 지전설 주장
1725	신수시헌칠정법을 사용
1740	표준 도량형 제도 재정비, '황종척', '주척', '영조척'
1745	안국빈이 '누주통의'를 편찬함
1770	'증보문헌비고', '상위'편찬, 천문역법 역사의 정리
1782	천세력을 만들어 간행
1789	김영 '적도경위의(赤道經緯儀)', '지평일구(地平日晷)' 제작
1794	수원 화성 건설
1796	'국조역상고'편찬, 정조대 천문학 성과 정리
1799	강명길, '제중신편'편찬
1813	'융원필비(戎垣必備)'편찬, 화포와 화약 서적
1818	'서운관지'편찬
약1827	서유구 '임원경제지(林園經濟志)'편찬
1855	남병길이 양도의를 도해하고 그 원리를 설명하여 양도의도설을 저술
약1859	남병철 '의기집설(儀器輯說)' 편찬
1861	김정호 '대동여지도(大東輿地圖)' 편찬
1879	지석영 종두법 전래
1883	기기국(機器局) 설치, 근대식 무기 제조
1894	이제마 '동의수세보원', 사상의학 창시
1896	태양력 채택
1945	조선공업기술연맹 창립
1950	공병우 세벌식 한글타자기 개발
1955	이태규 리-아이링이론 제시
1962	트리가 마크 II(TRIGA Mark-II) 연구용 원자로 최초 가동
1963	KS표시제 실시
1967	과학기술처 개청
1972	이휘소 소립자 게이지이론 제시
1974	대덕연구단지 건설 착공
1975	현대 포니자동차 생산
1978	고리원자력발전소 1호기 준공
1983	삼성 64K DRAM 개발
1986	한글워드프로세서 '한글'개발
1990	이호왕, 녹십자사 예방백신 '한타박스'개발
1992	과학위성 우리별 1호 발사
1995	한국 표준형 원전 건설
1996	CDMA기술 세계 최초 상용화
1996	다목적 연구용 원자로 하나로 가동
1999	아리랑 1호 발사

2005년	복제 개 스너피 탄생. 이병천, 세계 최초의 체세포 복제 개
2007년	세종대왕함 진수, 한국 최초 이지스함
2008년	한국 최초의 우주인 탄생, 이소연, 한국 최초의 우주 비행 참가자, 4번째 아시아 여성우주인
2009년	나로호 발사 시도, 한국 최초 우주발사체
2013년	나로호 3차 발사 성공

출처: 교육과학기술부, 과학기술인명예의 전당

윤용진

성균관대학교 이학박사
미국 미시간대학교 연구교수
대한화학회 종신회원
한국과학사학회 종신회원
현재 경상대학교 화학과 교수

역서 • 다수의 일반화학, 유기화학 교재 공역
저서 • 유기화학(녹문당, 2004, 공저)
유기화학실험(자유아카데미사, 2006)
유기화합물 명명법과 기초이론(자유아카데미사, 2005)

뉴턴, 음양오행설을 만나다

초판 1쇄 인쇄 • 2013년 2월 15일
초판 1쇄 발행 • 2013년 2월 20일
초판 2쇄 인쇄 • 2014년 9월 30일

지은이 • 윤용진 | 펴낸이 • 권순기 | 경영 • 문선욱
책임편집 • 김종길 | 디자인 • 권순식 | 도움 • 김수진

펴낸곳 • 경상대학교출판부
주소 • 경남 진주시 진주대로 501
전화 • 055) 772-0801~2
FAX • 055) 772-0809
E-mail • gspress@gnu.ac.kr
홈페이지 • http://gspress.gnu.ac.kr
등록 • 1989년 1월 7일 제16호

ISBN 978-89-6257-067-0

지앤유 는 국립 경상대학교출판부의 교양도서 브랜드입니다.

값 12,000원

이 도서의 국립중앙도서관 출판시도서목록(CIP)은 서지정보유통시스템 홈페이지(http://seoji.nl.go.kr)와 국가자료공동목록시스템(http://www.nl.go.kr/kolisnet)에서 이용하실 수 있습니다.(CIP제어번호: CIP2013000521)